Walter Heitler

Naturphilosophische Streifzüge

Walter Heitler

Naturphilosophische Streifzüge

Vorträge und Aufsätze

Mit 6 Bildern

Friedr. Vieweg + Sohn · Braunschweig

Verlagsredaktion: Werner Schröder

ISBN 978-3-528-08284-0   ISBN 978-3-663-06829-7 (eBook)
DOI 10.1007/978-3-663-06829-7

1970

Best.-Nr.: 8284

To N.

Who went all this way with me

Vorwort

Wozu Naturphilosophie? Alles was sämtliche Philosophen je über die Natur zusammenspekuliert haben, reicht doch nicht im entferntesten heran an das, was Naturwissenschaft selbst erreicht hat. Hat etwa ein Philosoph von der Einheit von Raum und Zeit gewußt, wie sie *Einstein* entdeckte? Auch der große *Kant* ist doch hereingefallen, wenn er glaubte, daß das geometrische Axiom, nach dem Parallelen sich nicht schneiden, ein „synthetisches Urteil a priori" sei. Bald nachher war doch klar, daß es auch eine Geometrie gibt, in der die Parallelen sich eben doch schneiden, die nichteuklidische Geometrie. Das berühmte Axiom ist eine liebgewordene Erfahrungstatsache, aber bei weitem nicht „a priori".

So ungefähr sagte es der Verfasser im letzten Semester seines theoretisch-physikalischen Studiums zu einem befreundeten Studenten der Philosophie, begeistert über die neuen Entdeckungen in seinem Fach. Jeder einzelne Satz ist richtig, aber das Argument als Ganzes ist grundfalsch.

Nicht darum handelt es sich, daß Philosophie spezielle naturwissenschaftliche Ergebnisse vorwegnehmen könnte. Wenn ein Philosoph das tut, wie es z. B. *Kant* in der zitierten Behauptung tat, dann besteht eben das Risiko, widerlegt zu werden. Daß aber Naturwissenschaft frei von philosophischen Vor-Urteilen, d. h. Urteilen, die vor ihr kamen, sei, ist ein Grundirrtum.

Wer die Geschichte der Naturwissenschaft zurückverfolgt, wird bald finden, daß die Weichen für ihre Entwicklung in der Hauptsache von Philosophen gestellt wurden. Sie legten eine Pfeilrichtung für die zukünftige Wissenschaft fest und diese folgte ihr, auch wenn sich dessen nicht alle Wissenschaftler bewußt waren und sind. Für den Großteil der heutigen Naturwissenschaft ist in erster Linie *Descartes* zu nennen, mit Vorläufern und zahlreichen zum Teil bedeutenden Nachfolgern, bis auf den heutigen Tag. Es war die Descartes'sche Spaltung der Welt in eine äußere Materie, die mathematischen Gesetzen folgen sollte, und das menschliche Bewußtsein, den menschlichen erkennenden Geist (mit Gott als Bindeglied), die richtunggebend war. Hierin lag die Aufforderung an den Menschen: Erforsche diese Materie und ihre mathematischen Gesetze. Es war die Grundlage für die ganze kommende Physik.

Die Richtung war sehr erfolgreich und lieferte reiche Ausbeute in der Beherrschung der Materie. Dies war eine Stütze für weitere philosophische Fundierung. Im Wechselspiel mit der sich entwickelnden Physik entstand der spätere Positivismus, der die Spaltung noch intensivierte und zuletzt nur noch Materie und Meßdaten sah und sieht. So kam es zu einer völlig falschen Verabsolutierung dieser Richtung mit verhängnisvollen Konsequenzen. Wissenschaft spielt sich nicht nur im Elfenbeinturm des Wissens ab, sie greift heute in das Leben jedes einzelnen Menschen ein.

Aber Pfeile können in verschiedene Richtungen weisen. Dieses Buch hat u. a. ein wesentliches Ziel: dem Absolutheitsanspruch des Descartes'schen Pfeils zu widersprechen und andere Pfeilrichtungen für die Wissenschaft aufzuzeigen. Nicht als ob uns solche noch nie vordemonstriert worden wären. Aber sie sind vergessen oder blieben unbeachtet, und die Früchte wissenschaftlicher Arbeit, die aus ihnen folgten, wurden von der Macht positivistischer Wissenschaft an die Wand gedrückt. Es soll u. a. unsere Aufgabe sein, die Relevanz anderer Richtungen gerade für die heutige Naturwissenschaft klarzulegen und zu unterstreichen.

Die positivistische Wissenschaft hat sich auf einen gefährlichen Weg begeben. Durch Einbeziehung des Menschen als eines ihrer Objekte (und des Lebens überhaupt) ist sie im Begriff, diesen nach dem Ebenbilde der Physik zu formen, d. h. ihn zu einem „physikalischen System" zu machen, wenigstens theoretisch, und wo es möglich scheint, auch praktisch. Aber höchstens für die Physik der leblosen Materie (und auch da nicht ganz, wie sich zeigen wird) hat die Descartes'sche These Anwendung. Nicht spezielle naturwissenschaftliche Ergebnisse, sondern unsere philosophische und damit auch ethische Grundeinstellung wird entscheiden, wie die Zukunft der Menschheit aussehen wird. Wird sie aus Menschen oder Automaten bestehen? Wir stehen an einem der ernstesten Scheidewege, die die Geschichte der Menschheit kennt.

Die Vorträge und Aufsätze, die hier gesammelt sind, folgten alle meinem Buch „Der Mensch und die naturwissenschaftliche Erkenntnis" [1]. Die Kapitel sind einzeln lesbar und verständlich, bilden aber doch ein zusammenhängendes Ganzes. Es war nicht zu vermeiden, daß derselbe Gedanke in verschiedenen Zusammenhängen in mehreren Kapiteln auftritt. Im Interesse einer klaren Durchführung jedes der 12 Themen schien es mir auch gar nicht wünschenswert, solche Überlappungen zu eliminieren. Alle Kapitel sind neu überarbeitet und zum Teil sehr stark erweitert. Das erste ist an die Spitze gestellt, weil hier manche Gedanken, die später genauer ausgeführt werden, kurz vorweggenommen sind.

Mein tiefer Dank gebührt den folgenden Kollegen: Prof. *G. Huber* (E. T. H. Zürich) für zahlreiche Diskussionen im Rahmen eines im Wintersemester 1968/69 gemeinsam durchgeführten naturphilosophischen Seminars; Prof. *A. Rich* (Universität Zürich) für den Hinweis auf das Pascal-Zitat im Schlußkapitel; Prof. *R. Haase* (Akademie für Musik, Wien) für die Hinweise auf das musikalische Hören in Kapitel 2 und 9; Prof. *F. Markgraf* (Universität Zürich), Prof. *H. Zoller* (Universität Basel) und Prof. *P. Matile* (E. T. H. Zürich) für Diskussionen über biologische Themen. Bei den beiden erstgenannten handelt es sich hauptsächlich um morphologische Fragen. Ferner danke ich Herrn Prof. *Bäbler* für den Hinweis auf das in der Fußnote Seite 3 besagte.

Zürich, Herbst 1969 *W. Heitler*

[1] 4. Aufl. Vieweg 1966; in diesem Buch kurz als M. u. N. E. zitiert.

Inhaltsverzeichnis

Einführung

Der neue Himmel

Anläßlich der Schweizerischen Landesausstellung in Lausanne „Expo 1964"
brachte die Zürcher Werkbühne eine Reihe von Einaktern auf die Bretter, die alle zu dem Titel
„Der neue Himmel" geschrieben wurden. Im Programmheft erschienen auch einige kurze Aufsätze zum gleichen Titel, darunter der folgende:

Es ist noch nicht lange her, da war der Himmel mit Göttern oder mit Engeln
bevölkert, die dort ihr seliges Dasein hatten. Erst vor ungefähr 350 Jahren begannen die
Menschen ihren Eroberungs-Feldzug gegen diese Spähren. Ich glaube nicht, daß es Neid
oder Eifersucht waren auf diese Seligkeit, die den Menschen in ihrem irdischen Leben
verschlossen blieb. Der Angriff scheint nicht einmal richtig geplant gewesen zu sein. Es
kam einfach dadurch, daß den Menschen eine neue Waffe geschenkt wurde, und neue
Waffen werden ja meistens auch benutzt. Die Waffe war das scharfe naturwissenschaftliche Denken. Schritt für Schritt wurde die Welt der Materie erobert, ihre Gesetze entfalteten sich in ihrer Strenge, Tiefe und Schönheit und auch in ihrer Gefährlichkeit. Kein
Mann hat wohl mit seinen Gedanken und seiner Naturphilosophie soviel dazu beigetragen, die Generalstabskarte für den Angriff zu entwerfen – unbewußt oder ungewollt
– wie *Galileo Galilei*, dessen 400. Geburtstag wir in diesem Jahr feiern werden (1964).

Aber wo die Materie ihre ehernen Gesetze befolgt, da können keine Götter
und keine Engel wohnen. Erschrocken stellte der Mensch fest: Der Himmel ist nicht mehr
da. – Aber hatte er jetzt nicht die Möglichkeit, einen neuen Himmel zu schaffen, sogar
ganz für sich selbst, und hier auf dieser Erde? Wer die Materie beherrscht, der kann
sich's doch gut gehen lassen; der kann sich's sogar leisten, gut zu seinen Mitmenschen zu
sein, ihnen zu helfen, sie sozial zu fördern und zu schützen, großzügige Entwicklungshilfe
zu gewähren. Kann da nicht der Himmel auf Erden sein?

Zum Himmel gehört auch immer die Hölle, zum alten Himmel die alte Hölle,
zum neuen die neue. Wer die Materie beherrscht, kann auch töten, seine Mitmenschen,
Pflanze und Tier, sich sebst, – die ganze Menschheit, das ganze Leben. Er kann auch
krank machen, Luft und Wasser verseuchen. Und er tut es, oft ohne es zu wollen. Er kann
auch die Menschen in Massen durch allerlei Reklame beeinflussen, sie dirigieren, sie mit
Terror unterdrücken, sie innerlich und äußerlich unfrei machen. Er kann die Menschen zu
willenlosen Automaten machen, er kann sie entmenschlichen. Er kann die Erde in eine
Hölle verwandeln.

Der neue Himmel der Wissenschaft ist nicht in seinem ganzen Glanz gekommen. Höchstens da und dort ein blasser Lichtschein. Und die neue Hölle? Der Leser
wird schon manches Flämmchen gesehen haben, das eine oder andere vielleicht gar nicht
so klein. Aber hoffen wir, daß sie nie in ihrer ganzen Furchtbarkeit erscheinen wird.

Müssen nun die Menschen mit dieser Wahl zwischen neuem Himmel und
neuer Hölle allein fertig werden, einsam, mit nichts anderem, das Ihnen helfen könnte,
als ihrer Wissenchaft? Ich fürchte, mit ihr werden sie die Wahl nicht treffen können. Die
Wahl zwischen gut und böse war noch nie die starke Seite der Menschen. Aber kann es
vielleicht nicht noch einen andern, einen ganz neuen Himmel geben? Über den Wolken
wird er nicht zu finden sein, und in der Welt der Wissenschaft und Technik auch nicht.

Von dort wird dem Menschen keine Hilfe geschenkt werden. Die Hilfe, die er braucht,
kann er nur in sich selbst finden und aus sich selbst erringen: Nur im Innern des Menschen wird der neue Himmel zu finden sein; dort nämlich, wo wahrer Geist (nicht bloß
geübte Gedankenschärfe), wo wahre Liebe (nicht bloß soziale Fürsorge und Entwicklungshilfe), wo das Gewissen und echte Verantwortung (nicht bloß Moralgesetze) und wo
wirkliche Freiheit des ganzen Menschen zu Hause sind. Dort sind die Gaben zu finden,
de er braucht, die ihm geschenkt wurden und immer wieder geschenkt werden. Dort
sollten wir alle suchen.

1.   Das Bild des Menschen als Objekt der Naturwissenschaft*)

Im Laufe seiner Geschichte hat sich der Mensch in Form von verschiedenen Bildern gesehen, die zwischen Extremen variieren, wie man sie sich krasser kaum denken kann. In der Bibel, im 1. Kapitel der Genesis, lesen wir: „Und Gott schuf den Menschen ihm zum Bilde, zum Bilde Gottes schuf er ihn." – Eine Richtung der modernen Biologie will die Lebewesen als physikalisch-chemisches System begreifen. ‚Leben ist komplizierte Chemie', kann man oft genug hören. So ist auch der Mensch ein kompliziertes Arrangement von Atomen geworden. Insbesondere die Molekulargenetik hat dazu beigetragen, die Lebewesen durch die Molekularstruktur der Chromosomen zu „definieren". Dazwischen finden wir Schillers „Mittelding zwischen Vieh und Engel" und das „höchst entwickelte Tier" der Darwinisten.

Die Naturwissenschaft hat das Menschenbild offenbar gründlich verändert. In der zitierten Bibelstelle ist vom körperlichen Sein des Menschen gar keine Rede, er ist nur das Ebenbild Gottes. Etwas später lesen wir im zweiten Schöpfungsbericht (2. Kapitel der Genesis), daß Gott den Menschen aus einem Erdenkloß machte und ihm den lebendigen Odem einblies, „also ward der Mensch eine lebendige Seele" [1]. Hier wird vom menschlichen Körper zwar Notiz genommen, aber der Mensch *ist* eine lebendige Seele (es steht da: „er wurde" und nicht: „er erhielt"). Von der Ähnlichkeit mit dem Tier ist auch hier keine Rede. In *Platon's* Timaios haben die „Söhne Gottes" einen sterblichen Körper um das „unsterbliche Prinzip der Seele" herum gebaut. Das Primäre ist die unsterbliche Seele. Außerdem wurde dem Menschen noch eine sterbliche Seele gegeben, – der Sitz der Empfindungen, Leidenschaften, usw.

Die Gewichtsverlagerung des Interesses zugunsten des menschlichen Körpers beginnt, wie es scheint, ernsthaft erst in der Renaissance, d. h. gleichzeitig mit dem Aufblühen der Naturwissenschaft überhaupt. Vorher war der Mensch in erster Linie eine „unsterbliche Seele", oder das „Ebenbild Gottes", und erst in zweiter Linie hatte er auch einen Körper. Mit der Entdeckung des menschlichen Körpers begann der Abstieg des Menschenbildes in die Materie, bis hinein in seine Molekularstruktur. Das Wort „Abstieg", das einen Unterschied von höher und tiefer impliziert, wird allerdings noch zu rechtfertigen sein.

Verfolgen wir diesen Weg zuerst kurz. Wir wollen dabei nicht historisch vorgehen, sondern die mehr ontologisch gegebenen Schritte verfolgen. Mit dem Entdecken der menschlichen Anatomie konnte die Erkenntnis nicht lange ausbleiben, daß der Mensch „ein Säugetier war"; genauer gesagt, daß sein Körper dem eines Säugetieres außerordentlich ähnlich war. Aber stillschweigend und allmählich *wurde* der Mensch zum

---

*) Erschienen in dem Sammelband: Menschliche Existenz und moderne Welt, herausgegeben von *R. Schwarz*, Walter de Gruyter, Berlin 1967.

[1]) Dies ist die *Luthersche* Übersetzung. Die Zürcher Bibel (auf *Zwingli* zurückgehend) übersetzt: „also ward der Mensch ein lebendiges Wesen". Von theologischer Seite bin ich darauf aufmerksam gemacht worden, daß diese beiden Übersetzungen den Unterschied des griechisch-westlichen Denkens und der vorgriechisch-östlichen Auffassung, zu der auch die althebräische gehört, wiederspiegeln. *Plato* macht einen scharfen Unterschied von Leib und Seele. Das althebräische sieht beide als Einheit. Wir werden auf diesen sehr wichtigen Punkt noch öfters in diesem Buch zurückkommen. In diesem Artikel betrachten wir die Dinge mehr vom westlichen Standpunkt. Es sei aber von vornherein gesagt: Für ein Verständnis der Naturdinge sind beide Aspekte, beide Standpunkte notwendig (vgl. insbesondere 12. Über das innere Wesen der Naturdinge).

Säugetier. Die Fortschritte der biologischen Erkenntnis, die sich auf das Tierähnliche des Menschen bezogen, sorgten dafür von allein. Ihnen stand kein äquivalenter Fortschritt in der Erkenntnis dessen gegenüber, was den Menschen vom Tier unterscheidet. Nennen wir dieses Etwas, das nie ein Objekt der Naturwissenschaft war und es nach der Bedeutung des Wortes Natur auch nicht sein kann, das aber in den antiken und vorantiken Schöpfungsgeschichten als ein Seiendes figuriert, für den Moment „die unsterbliche Seele". Wir wollen damit keine Aussage verbinden (wir verwenden lediglich den alten Ausdruck), sondern nur sagen, daß es, wenigstens nach den alten Zeugnissen, etwas im Menschen gibt, das verlorengeht, wenn wir die Gleichung „Mensch = höchst entwickeltes Tier" aufschreiben. Denn niemand hat je behauptet, daß das Tier eine unsterbliche Seele habe. Ob die Naturwissenschaft diesen Schritt der Elimination der „unsterblichen Seele" indiziert oder rechtfertigt, bleibt allerdings noch die Frage. Die Bedeutung des Wortes „Naturwissenschaft", das üblicherweise im Gegensatz zur „Geistes-Wissenschaft" steht, mag die Kompetenz der ersteren hier von vornherein in Frage stellen. Wir kommen darauf zurück.

Wir brauchen kaum zu betonen, daß der ganze Prozeß noch enorm gefördert wurde durch die *Darwin*'sche Evolutionstheorie, die den Menschen als Endglied der Entwicklung des Lebens begreift, und durch die *Haeckel*'sche Entdeckung der Paralleltendenzen in der Ontogenese des einzelnen Lebewesens (auch des Menschen) und der Phylogenese des ganzen Stamms.

Die Erforschung des menschlichen und tierischen Körpers schritt weiter fort. Wir betrachten als Nächstes die Erforschung des Nervensystems und des Gehirns, die Neurophysiologie. Der Mensch, wie auch die Tiere, besitzt Sinnesorgane, die Eindrücke der Außenwelt vermitteln. Wir wissen, daß Nerven diese Eindrücke durch physiologische Prozesse zum Gehirn weiterleiten. Wir wissen, wo das Sehzentrum oder das Schmerzzentrum des Gehirns liegt. Wir sehen, daß den Empfindungen gewisse, studierbare, physiologische, d. h. physikalisch-chemische Vorgänge zugeordnet sind. Wir beginnen zu glauben, daß dies bei allen seelischen und geistigen Regungen der Fall ist. Man glaubt sogar vielfach, daß diese Zuordnung ganz eindeutig ist. Wir entdecken ferner, daß gewisse Chemikalien tiefe seelische Wirkungen haben. Es gibt Rauschgifte, die Halluzinationen, Gesichtseindrücke intensiver Art bewirken. Wir glauben an den chemischen Stoff als das Primäre, – er ist ja zweifellos auch der Verursacher des Phänomens. Wir entdecken sogar Regelmechanismen, durch die auf den „Reiz" sofort die physische Reaktion folgt. Allmählich und ohne es recht zu merken, vergessen wir die *erlebte, innerliche* Komponente des Vorgangs oder fassen sie als (unwichtiges) Nebenprodukt der physiologischen Vorgänge auf. Mehr und mehr glauben wir, mit der Neurophysiologie und mit Regelmechanismen Sinneswahrnehmungen und andere seelische Erlebnisse erschöpfend verstehen zu können.

Und wiederum ändert sich das Bild des Menschen, und gleichzeitig auch das des Tieres. Die Sinneswahrnehmungen, die Farbe, der Geruch, werden zum rein physiologischen Vorgang. Der Schmerz wird ein ebensolcher Reiz, auf den automatisch die Reaktion mittels Regeltechnik folgt. Wiederum ist eine ganze Seinsschicht, von Mensch und Tier vergessen, abgestreift und ignoriert. Vielleicht dürfen wir für diese Schicht des Seins den *Platon*'schen Ausdruck „die sterbliche Seele" verwenden. Wir meinen den Sitz der Wahrnehmungen, der Gefühle, Leidenschaften, von Lust und Schmerz usw., die auch den höheren Tieren eigen sind.

Und nun der letzte Schritt. Die chemisch-physikalische Erforschung des menschlichen, wie auch jedes anderen lebenden Organismus, hat enorme Fortschritte gemacht. Und gerade in den letzten Jahrzehnten waren die Fortschritte besonders bedeutend. Mit zu den wichtigsten Entdeckungen gehört die Aufklärung der chemischen Struktur der Chromosome, die der Sitz vieler Erbeigenschaften des Organismus sind. Diese sind, sozusagen, kodifiziert als Anordnung von Atomen in den Molekülen der Chromosome enthalten. Mit diesen und vielen weiteren Entdeckungen wurde mehr und mehr darüber bekannt, wie jeder Organismus, vom Bakterium zum Menschen, physikalisch und chemisch funktioniert.

Und wieder der gleiche Vorgang: Der Macht der Entdeckungen auf biophysikalischem und biochemischem Gebiet stehen keine ebenso mächtigen Entdeckungen gegenüber, die das betreffen, was das Leben vom Toten unterscheidet. So setzt sich die Meinung fest, daß ein Organismus ein Laboratorium ist, in dem komplizierteste chemische Reaktionen und physikalische Prozesse stattfinden, viel komplizierter als in toter Materie, aber in der Hauptsache wesensgleich. Man identifiziert das Leben geradezu mit den Molekülen der Zelle. So ist der Mensch, und jeder Organismus, zuletzt zum physikalisch-chemischen „System" geworden.

Wiederum, so wollen wir zeigen, ist der Mensch einer Schicht seines Seins entkleidet worden, der letzten, die ihn von der toten Materie trennt. Diese Schicht tritt zwar in ihrer Wirksamkeit offen genug zutage, ist aber selbst vielleicht nicht so leicht zu sehen, wie die früheren. Um dies zu verstehen, betrachten wir zuerst die Welt der toten Materie. Wir kennen sie heute sehr genau, besser als irgend etwas anderes. Für die nichtlebende Materie sind Physik und Chemie zuständig. Ihr Verhalten ist durch Gesetze geregelt, die die Strenge, aber auch die Starrheit von mathematischen Tatsachen haben. Freilich, der Ablauf der Geschehnisse folgt zwangsläufig erst nach Angabe des Anfangszustandes zu irgendeinem Zeitpunkt. Dieser selbst folgt natürlich durch dieselben Gesetze aus einem früheren Anfangszustand. Man kann dabei aber nicht bis zur Entstehung der Welt zurückgehen. Wir müssen daher zu irgendeinem Zeitpunkt einen Anfangszustand vorgeben. Infolge der zahllosen, vorher erfolgten Einwirkungen von außen, ist dieser in der Natur immer etwas Zufälliges. Die Geschehnisse haben deshalb auch fast immer eine zufällige, *ungeordnete Komponente*. In der Atomphysik ist die Tendenz zum Zufälligen noch gesteigert. Gewisse Dinge werden durch Wahrscheinlichkeitsgesetze, die anstelle der starren klassischen Gesetze treten, bestimmt. Dadurch erhöht sich das Element des Zufälligen und Ungeordneten. Dies äußert sich z. B. darin, daß die Wirkung von Röntgenstrahlen auf ein Molekül nicht vorhersagbar ist, sondern nur durch Wahrscheinlichkeitsaussagen geregelt ist.

Andererseits bewirkt gerade die Quantentheorie unter manchen Umständen eine gewisse Ordnung. Dies zeigt sich in der Bildung von Kristallen, vor allem bei tiefen Temperaturen. Hier erzwingt das physikalische Gesetz selbst, unabhängig von den Anfangsbedingungen, die feste Anordnung der Atome z. B. im Kristallgitter. Wenn aber in der Physik eine solche Ordnung von allein entsteht, dann ist es eine *starre Ordnung*, ein „eingefrorener Zustand", sozusagen, in dem keine Vorgänge mehr stattfinden können. Nie entsteht eine Art funktioneller Ordnung, bei der verschiedene räumlich getrennte Teile in ihrem Verhalten oder in ihrer Funktion aufeinander abgestimmt sind. Dies kann nur dann geschehen, wenn die Anfangsbedingungen vorsätzlich durch ein intelligentes Wesen, das die Gesetzmäßigkeiten kennt, so gesetzt werden, daß ein geordneter Ablauf entsteht. Dies ist bei einer Maschine, die von Menschen konstruiert ist, der Fall. Die leblose Natur baut aber von sich aus keine Maschinen.

Ein Ziel kennt das physikalische Gesetz nicht. Es wirkt zielblind von einem Moment zum andern. Was dann im Laufe der Zeit passiert, ist das Ergebnis der Integration der einzelnen Schritte. – Die physikalischen Gesetze haben die Schönheit der kristallklaren (ich gebrauche den Ausdruck absichtlich), strengen, mathematischen Struktur.

Ein wichtiger philosophischer Punkt ist der folgende: Es ist kaum verständlich, wie man die Gesetze, denen die Dinge der Außenwelt gehorchen, von den Dingen selbst so scharf abtrennen konnte, wie es z. B. seit der Renaissance üblich geworden ist. Man nimmt an, daß die Dinge selbst etwas für sich sind, daß aber die Gesetze, denen sie folgen, einzig und allein *unserer* eigenen Denktätigkeit zuzuschreiben sind. Dies ist ein Standpunkt, der dem des Nominalismus verwandt ist, der schon in der Scholastik die Begriffe von den Dingen trennte und sie als reine Namensgebung durch den Menschen auffaßte. Die Gesetze können aber nicht nur unserem Geist angehören, sonst wären sie ja keine *Natur*gesetze. Der Mond richtet sich nun einmal in seiner Bahn nach dem Gravitationsgesetz, und folglich gehört die Gravitation und ihr Gesetz *auch zu ihm*. Die Materie und das Gesetz, das sie befolgt, gehören zusammen. Wenn wir letzteres als etwas Geistiges auffassen wollen, dann ist dieses Geistige von der Materie nicht zu trennen. Materie ohne ihr Gesetz gibt es nicht. Das Gesetz, das zur toten Materie gehört, ist aber etwas Erstarrtes, etwas, was die Materie in einem gewissen Rahmen zu strengem Verhalten zwingt. Was aber nicht durch diese Rahmengesetze geregelt wird, ist ohne Ordnung, ohne Ziel. Einen Sinn des Geschehens gibt es nicht.

Der Stamm der Sonnenblume besteht aus einer größeren Anzahl von konzentrisch angeordneten Zellschichten, die verschieden konstruiert sind und verschiedene Funktionen erfüllen. Ein *sehr* stark vereinfachtes Bild ist etwa dies: Die Außenzellen haben verdickte Wände, die durch Druck auf das innere Mark die Stabilität und Elastizität dieses langen Stammes, der oben die schwere Blüte trägt, sichern. Es gibt dann länglich angeordnete Zellschichten, die Nahrung mit Eiweiß von den Blättern nach unten, bis zu den Wurzeln, befördern. Eine weitere Schicht von Zellen befördert das Wasser von den Wurzeln in die Blätter [2]). Alle diese Zellen entstehen aus gleichwertigen nicht spezialisierten Zellen, die sich dann erst beim Wachstum in die für ihre Funktion eigens konstruierten Formen spezialisieren und an Ort und Stelle ausdifferenzieren. Dies geschieht in perfekter Ordnung, die Wasserleitungszellen entstehen nicht an Stellen, wo die Nahrungsleitung stehen soll. Die Entwicklung ist offensichtlich zielgerichtet oder, wie wir es nennen wollen, teleologisch.

Die Körcherfliegenlarve baut sich ein Gehäuse von Sandkörnern von bestimmter Form und Größe. Es ist gegenüber vorn und hinten unsymmetrisch. Wird das Gehäuse hinten abgeschnitten, so wird es wieder restauriert. Dabei gibt es aber verschiedene Verhaltensweisen. Die Larve baut vorn oder hinten an, dreht sich manchmal um oder baut ganz neu. Niemand wird auf die Idee kommen, daß die Larve bewußt einen Plan für den Neubau ersinnt. Das zielgerichtete Geschehen im Organismus ist ihm inhärent. Es kann eine gewisse Breite der „Handlungsfähigkeit" haben, die sich nach den äußeren Umständen richtet. Die Handlungsweise des Organismus ist offensichtlich bis zu einem gewissen Grad zweckbedingt. – Die Wundheilung bei Tieren und Menschen gehört zum gleichen Kapitel.

Kein physikalisches Gesetz kann diese geordnete, zielgerichtete Aktivität zustandebringen. Gewiß enthält die Keimzelle schon ein hohes Maß an Ordnung. Diese

---

[2]) Dies und das folgende Beispiel sind dem Buch von *E. S. Russell*, "The Directiveness of Organic Activities" (Cambridge 1945), entnommen (Deutsch: Lenkende Kräfte des Organischen, Bern). Wie schon aus dem Titel hervorgeht, ist der von *Russell* vertretene Standpunkt praktisch mit unserem identisch. Bei der Frage des bewußten Seelenlebens werden wir von *Russell* abweichen. – Eine Fülle von ähnlichen Beispielen findet sich auch in dem Buch „Das Mysterium des Lebens" (Basel, 1949) von *H. Wegmann*, der auch einen ähnlichen Standpunkt vertritt.

ist aber molekularer Natur. Sie liegt in der Molekularstruktur der Chromosome und Proteine. Sie enthält die zukünftige morphologische und funktionelle Ordnung nur als einen kodifizierten *Bauplan* in den Molekülen der Keimzelle. Dieser wird beim Wachstum und bei den Regenerationserscheinungen in Gestalt und Form, in geordneten Funktionen realisiert. Dies kann das zielblinde, stets in der Richtung auf Unordnung hin wirkende physikalische Gesetz nicht bewerkstelligen. Auch wenn noch so viele Enzyme und Wachstumshormone als Bindeglieder zwischen dem molekularen Code und der vollendeten Pflanze entdeckt werden, – aus einem Molekül entsteht physikalisch keine Blattgestalt, durch ein zielloses Gesetz entsteht keine sinnvolle Wiederherstellung einer geordneten Ganzheit. Wir haben ein Verhalten vor uns, das dem der Physik *diametral entgegengesetzt* ist. Offenbar haben wir es mit einer neuartigen Gesetzmäßigkeit zu tun, die nicht in der Physik vorkommt. *Aristoteles* sprach von dem Sitz des ganzmachenden, zielgerichteten Verhaltens und nannte ihn Entelechia. *Driesch* und seine vitalistischen Nachfolger haben den Ausdruck wieder neu in die Biologie eingeführt[3]. Andere Forscher ziehen andere Begriffsbildungen und Ausdrucksweisen vor. *A. Portmann*[4], z. B., spricht von der „Innerlichkeit", die der Organismus besitzt. Sie existiert in jedem Organismus, auch in der Pflanze. Nur ist natürlich Vorsicht geboten: Diese schon der Pflanze eigene „Innerlichkeit" ist nicht zu verwechseln mit dem Erleben des Tieres oder des Menschen, wie es z. B. in einer Sinneswahrnehmung zum Ausdruck kommt. Die völlig unbewußte Tätigkeit des organischen Lebens ist etwas anderes[5]. Wir werden gleich noch darauf zurückkommen.

Wir wollen die Frage offen lassen, ob wir uns in einem Organismus irgendeine, noch nicht näher bekannte, immaterielle Wesenheit vorstellen müssen, die der Träger der gestaltbildenden, zielstrebigen Kräfte ist[6]. Die zukünftige Forschung wird uns genauer darüber belehren müssen. Wir brauchen hier keine solche Wesenheit. So gut wie sicher ist aber, daß es sich um grundverschiedene Gesetzmäßigkeiten handelt, die in einem lebenden Organismus beheimatet sind. Man hat einen Organismus manchmal mit einer *Maschine* verglichen. Beide haben zielgerichtetes Verhalten, und die Vorgänge im Organismus sind noch raffinierter als im Laboratorium. Der Vergleich ist sehr oberflächlich und im wesentlichen Punkt falsch. Die Maschine ist von Menschen konstruiert und gebaut. Die Zielstrebigkeit und Zweckmäßigkeit ist durch die Tätigkeit eines intelligenten Wesens entstanden. Jede eingeschaltete Automation („die automatisch die Maschine baut") erhöht nur den Anteil an intelligenter Konstruktion, den der Mensch dabei leistet; er hat auch den Automatismus konstruiert. Ein Organismus baut sich aus der Keimzelle von allein auf, der Plan steckt in ihr, in ihrem Wesen, sie folgt dem Plan von sich aus. Innerhalb gewisser Grenzen weiß er sich sogar ganz unbewußt zu helfen, wenn es nötig ist.

Bei einem Organismus ist es völlig klar, daß das Gesetz seines Verhaltens von dem Objekt nicht zu trennen ist. Die etwas lockere Gesetzmäßigkeit seines zielgerichteten Verhaltens gehört unlösbar zu ihm. Sie ist geradezu definierendes Attribut

---

[3]) Vgl. z. B. *G. Siegmund* „Auf der Spur des Lebensgeheimnisses", Philos. Jahrbuch 1947.

[4]) z. B. Neue Wege der Biologie, München 1960.

[5]) Den Ausdruck „Seele" für diese Aktivität zu verwenden, wie es *Aristoteles* tut, halte ich für verwirrend.

[6]) Die Analogie mit dem unsichtbaren elektromagnetischen Feld, das der Träger der elektrischen und magnetischen Kräfte ist, drängt sich vielleicht auf, – trotz der vielen fundamentalen Unterschiede, insbesondere in den Gesetzmäßigkeiten selber.

dessen, was man Organismus nennt! Hier ist der „realistische Standpunkt" der Scholastik unausweichlich. Es ist der Standpunkt, bei dem die Begriffe – hier die Gesetze – als etwas „Reales", zum Objekt Gehörendes aufgefaßt werden. Dies ist es, was man hier unter dem Ausdruck „Innerlichkeit" zu verstehen hat: die intime Zusammengehörigkeit des Objektes mit seiner ihm *innewohnenden*, in diesem Fall teleologischen, Gesetzmäßigkeit oder Verhaltensweise. Vielleicht ist der Grund, warum uns heute das Verständnis für dieses zielgerichtete Verhalten so schwer fällt, gerade der, daß die Wissenschaft seit ihrem Beginn in der Renaissance fast ganz auf den nominalistischen Standpunkt eingeschworen war.

Wenn man will, kann man auch bei toter Materie von einer gewissen Innerlichkeit reden. Sie wäre das physikalische Gesetz, – eine erstarrte Innerlichkeit. Sie zwingt die Materie zu einem strengen Ablauf, aber ohne Ziel, ohne einen andern Sinn, als eben dem starren Gesetz zu folgen. Die Innerlichkeit des Organismus ist auf ein Ziel gerichtet, und zeigt ein bis zu einem gewissen Grad variables Verhalten.

Die Existenz dieser andersartigen Gesetzmäßigkeiten, die dem Organismus innewohnen, genügt, um festzustellen, daß ein Organismus – die Pflanze, wie der Mensch – etwas besitzt, eine *Schicht des Seins*, die *die tote Materie nicht hat*. Es ist sicher berechtigt, diese Seinsschicht des Organischen als etwas Höheres zu betrachten als die tote Materie. Die ins Kleinste ausgearbeitete, sinnvolle Ordnung des Organischen in ihrer feinen Differenziertheit ist mehr als das, was anorganische Materie aufweisen kann, die sich innerhalb des durch das Gesetz abgegrenzten Rahmens zufällig und ungeordnet verhält; Gestalt ist mehr als Gestaltlosigkeit; die unbewußte Anpassungsfähigkeit an unvorhergesehene Situationen ist mehr, als die Zielblindheit der Physik.

Wir haben nichts darüber gesagt, ob überhaupt, und wenn ja, wo und inwiefern, die Physik im Organismus außer Kraft gesetzt wird. Wir wissen nichts Bestimmtes darüber, außer daß eine direkte Verletzung der Physik nicht beobachtet ist. Die Frage des Nebeneinanderbestehens von physikalischer und organischer Wirksamkeit ist ein durchaus tiefes Problem, das hier nicht näher diskutiert werden soll[7]). Nur so viel sei gesagt, daß ein solches Nebeneinanderbestehen durchaus denkbar ist. Auch soll damit keine Abwertung der wunderbar klaren, tiefen, mathematisch gefaßten Gesetze der Physik verbunden sein.

Man hat oft der zielgerichteten, ganzheitlichen Betrachtungsweise den Vorwurf gemacht, sie sei mystisch oder metaphysisch. Sie ist es genau so viel und so wenig wie die kausal-analytische Betrachtungsweise der Physik. Daß die Dinge der Natur überhaupt Gesetzmäßigkeiten befolgen, ist gewiß eine tiefe Frage, die unmittelbar in die Metaphysik hineinführt. Daß aber zielgerichtetes Verhalten mit den zugehörigen Gesetzmäßigkeiten mystischer sein soll, als daß der Mond auf einer geodätischen Linie läuft, ist wohl nur so zu verstehen, daß wir an die Kausalgesetze seit 300 Jahren gewöhnt sind und nicht mehr darüber nachdenken, daß sie ein Wunder sind. Etwas, was neu und ungewohnt ist, wird gern als mystisch bezeichnet.

Gehen wir unsere Schritte wieder zurück. Im Tier finden wir das Erleben von Sinneseindrücken, Geruch, Gesicht, Gehör, Schmerz und Lust. Auch ein Hund empfindet Schmerz, wenn wir ihm versehentlich auf den Fuß treten. Hier handelt es sich um eine neue Schicht des Seins, die von der des Organischen wiederum grundverschieden ist. Wir haben sie anfangs, in Anlehnung an Platon's Timaios, die „sterbliche Seele" genannt. Sie

---

[7]) Näheres in meinem Buch M. u. N. E. und in 2. Gilt die Gleichung: Leben = Physik + Chemie? dieses Buches. In M. u. N. E. habe ich die „Innerlichkeit" eines Organismus in absichtlich unverbindlicher Ausdrucksweise das „typisch Lebendige" genannt.

beginnt bei der einfachsten Form der *erlebten* Innerlichkeit. Wenn ich mich in den Finger schneide, empfinde ich Schmerz. Dieser ist etwas anderes als die organische Tätigkeit der Wundheilung, die sofort einsetzt und völlig unbewußt ist. Die Existenz des seelischen Seins ist offensichtlich. Eine eigene Wissenschaft, die Psychologie, beschäftigt sich damit. Dies schließt nicht aus, daß es auch ein „unbewußtes Seelenleben" gibt, das von den Psychologen ja schon eingehend studiert wurde. Es ist hier nicht wesentlich, wie dieses Unbewußte mit dem bewußt werdenden Seelenleben zusammenhängt, noch was es mit der unbewußt organischen Aktivität zu tun hat. Wir stellen nur fest, daß das *erlebte* Seelenleben offensichtlich eine von dem rein Organischen verschiedene Seinsschicht ist.

Zwischen den seelischen und den organischen Vorgängen besteht, trotz ihrer grundsätzlichen Verschiedenheit, ein intimer Zusammenhang. Empfindungen sind von physiologischen Vorgängen begleitet, z. T. auch durch sie verursacht. (Nervenreizungen!) Körperliche Störungen können tiefe seelische Konsequenzen haben. Es wäre aber falsch, die organischen Vorgänge grundsätzlich als das Primäre anzusehen und die seelischen sozusagen als Nebenprodukt der organischen aufzufassen. Es ist auch umgekehrt wahr, daß seelische Vorgänge die körperlichen beeinflussen. Die psychosomatische Medizin legt davon ein eindrückliches Zeugnis ab [8]. Organisches und seelisches Geschehen sind eng ineinander geschachtelt, aber es kann nicht das eine lediglich die Folge des andern sein. Sie gehören zusammen, in einer uns noch kaum bekannten Weise. Daß der „nominalistische Standpunkt", der die Innerlichkeit der Dinge negiert, bzw. unserer Gedankentätigkeit zuschreibt, das berühmte „Leib-Seele-Problem" völlig unlösbar macht, ist wohl klar.

Die seelische Innerlichkeit von Tier und Mensch, die erlebt wird und bewußt werden kann, steht auf einer andern Stufe als die unbewußte Innerlichkeit der rein organischen Tätigkeit. Wir dürfen sie sicher als eine höhere Seinsstufe ansehen, weil sie mehr enthält: hier tritt zum ersten Mal die *erlebte* Empfindung auf. Hier ist alles noch feiner differenziert (was sich körperlich in der ungeheuren Kompliziertheit des Nervensystems zeigt): hier besteht auch wohl größere Variabilität des Erlebens und der Reaktion beim gleichen äußeren Reiz.

Wir wollen nicht behaupten, daß die Grenze zwischen der organischen und der seelischen Innerlichkeit ganz scharf ist. Es mag sehr wohl einen stetigen Übergang geben. Vielleicht reicht die Psychologie des Unbewußten bis in Regionen, die nicht allzuweit von dem ganz unbewußten Organischen liegen, und vielleicht sind die niedrigsten Tierformen der Pflanze näher als dem Affen. Wir brauchen auf diese Frage nicht einzugehen. In den höheren Tierformen jedenfalls manifestiert sich das seelische Sein als etwas ganz anderes als die unbewußte organische Aktivität.

Wir sprachen von verschiedenen Stufen des Seins. Sie waren schon im wesentlichen *Aristoteles* bekannt. Sie sind grundsätzlich verschieden und lassen sich nicht aufeinander zurückführen und nicht auseinander ableiten. Leben läßt sich nicht aus den Gesetzen der Physik herleiten, und Empfindung nicht aus denen der lebenden, aber nichtempfindenden Organismen. Und doch sind sie alle ineinander verwoben, untrennbar, zu einer Einheit verbunden. Wir wollen auf diesen Gesichtspunkt der Einheitlichkeit hier nicht besonders eingehen. Er wird ausführlicher in andern Aufsätzen dieses Buchs behandelt (vgl. 12. Über das innere Wesen der Naturdinge).

---

[8] Vgl. z. B. *W. Kütemeyer*, „Die Krankheit in ihrer Menschlichkeit", Göttingen 1963.
Wir weichen hier von *E. S. Russell* ab, der den Standpunkt vertritt, daß z. B. das menschliche, zweckhafte Verhalten nur eine Spezialisierung des allgemeinen organischen Gerichtetseins ist.

Und nun zum Menschen. Ist es wahr, daß der Mensch einen Besitz hat, der dem Tier im wesentlichen fehlt, und den die alten Zeugnisse die „unsterbliche Seele" nannten? Oder ist es wahr, daß der Mensch wirklich nur ein höher entwickeltes Tier ist? Auch hier wollen wir die Möglichkeit eines stetigen Übergangs nicht ausschließen. Sprechen wir aber vom heutigen Menschen. Der Mensch ist ein geistiges Wesen. Es ist leicht, eine Reihe von Eigenschaften und Fähigkeiten zu nennen, die ein Ausdruck seines Geistes sind. Zählen wir einige wenige auf: Der Mensch distanziert sich von der Natur, denkt über sie selbständig nach und ist schöpferisch in ihr tätig. Die Spinne baut stereotyp und immer das gleiche Netz. Sie baut kein Vogelnest und auch keinen Maulwurfsbau. Einzelne Spinnen, die kein Netz bauen, gibt es nicht. Sie selbst ist nicht schöpferisch tätig, ihr Organismus ist es unbewußt in ihr. Der Mensch ist bewußt schöpferisch, von sich aus. Er hat neue Dinge erfunden. Er ist schöpferisch in bezug auf die Dinge, die er macht; er ist es auch in rein geistigem Sinn. Er hat Gedanken, er ist der Schöpfer einer menschlichen Kultur, der Schöpfer der Baukunst, der Musik und der Wissenschaft. Der Mensch nimmt sein eigenes Verhalten selbst in die Hand. Er gab sich *ethische Richtlinien*, nach denen er sich (mehr oder weniger) verhält. Von einem frei lebenden Tier ist es lächerlich zu verlangen, es solle nicht stehlen. Vom Menschen verlangt man es, als ethische Norm. Nur der Mensch kann wirklich schlecht sein. Er kann es, weil er (mehr oder weniger) *frei* ist. Deshalb ist er auch – wenn auch selten – zu höchsten moralischen Taten fähig. – Im rein organischen Leben zeigt sich eine relativ geringe Variabilität der Tätigkeit. Sie wird größer in der Verhaltensweise des Tiers. Aber nur im Menschen steigert sie sich zur wirklichen *Freiheit* (natürlich auch in beschränktem Maß) des Handelns. Nur der Mensch kennt Ehrfurcht.

Die Menschen sind individuell verschieden. Es ist zwar wahr, daß ein Schafhiert die Schafe einzeln kennt, an ihrem Aussehen und an ihrem Gebaren. Es hat auch einzelne Tiere gegeben, die sich durch besondere Anhänglichkeit an Menschen oder besondere Intelligenz ausgezeichnet haben. Aber das reicht nicht an die individuelle Verschiedenheit der Menschen heran. Schließlich sagt nur der Mensch „ich" zu sich selbst. Philosophen und Dichter haben diese geistigen Eigenschaften des Menschen, insbesondere seine Schöpferkraft, den göttlichen Funken genannt, in Übereinstimmung mit den Aussagen der alten Zeugnisse. Sie fanden, daß dieser „göttliche Funke" den Menschen grundsätzlich und nicht nur quantitativ nach der Größe seiner Fähigkeiten, vom Tier unterscheidet. Freilich, vielleicht ist es schwer, jemanden, der überzeugt ist, daß der Mensch durch *zufällige* Mutationen aus einem gewissen Tierstamm entstanden ist, nun davon zu überzeugen, daß der menschliche Geist etwas grundsätzlich Neues und Anderes ist als die Evaporation eines vergrößerten Gehirns. Es ist auch schwer, einen Kybernetiker, der glaubt, daß eine Maschine nur groß genug sein muß, um plötzlich zu behaupten, sie habe Bewußtsein, und um sich fortzupflanzen, nun davon zu überzeugen, daß ein Rechenautomat und ein menschliches Gehirn zwei verschiedene Dinge sind. Schon allein deshalb, weil der Rechenautomat von einem Gehirn konstruiert ist (und nicht umgekehrt) und noch nie einen eigenen Gedanken gehabt hat.
Man ist versucht, die schönen Verse Hölderlins zu zitieren:
> An das Göttliche glauben
> die allein, die es selber sind.

Der Vers wäre heute auch richtig, wenn man das „Göttliche" durch das „Menschliche" ersetzt.

Der Mensch ist zum Objekt der Naturwissenschaft geworden, und das mit Recht. Er besitzt einen Körper, der dem der höheren Säugetiere ähnlich ist. Man kann ihn studieren und seine Funktionsweise kennenlernen, und man kann nachsehen, inwiefern sie der Funktionsweise in Tieren ähnlich ist. Man wird nicht überrascht sein dürfen, wenn sich Verschiedenheiten herausstellen. Auch die geistigen Eigenschaften des Menschen haben irgendwie ihr körperliches Äquivalent. Sogar die menschliche Individualität drückt sich darin aus, daß die Zellchemie von Mensch zu Mensch verschieden ist. Man untersucht den Menschen auch bis in die molekulare Struktur seiner Zellvorgänge hinein und fragt, wie viel man hier mit den normalen chemischen Begriffen verstehen kann. *Wahr aber wird diese Wissenschaft über den menschlichen Körper nur sein, wenn in jeder Phase auch klar ist, daß es die andern Schichten des Lebendigen und des menschlichen Seins gibt,* und daß die Geschehnisse im Körper unmöglich von diesen andern Schichten unabhängig sein können. Eine Wissenschaft, die so tut, als ob es nur die chemischen und physikalischen Prozesse im Körper gäbe, kann höchstens halbwahr sein.

Es handelt sich aber um mehr als um die Wahrheit der Wissenschaft. Die Spanne zwischen wissenschaftlicher Erkenntnis und praktischer Verwendung ist außerordentlich klein geworden. Das hat zur Folge, daß das, was heute am Schreibtisch gedacht und im Hörsaal gelehrt wird, morgen Lebenspraxis ist. Insbesondere beim Menschen ist das so, wo ja die Wissenschaft von seinem Körper von der Medizin nicht zu trennen ist. Das Bild, das der Mensch von sich selbst entwirft, wird auch das Bild sein, nach dem sein eigenes Leben gestaltet sein wird. Sieht er sich als „höher entwickeltes Tier" oder suggerieren ihm Andere dies mit dem Gewicht ihrer wissenschaftlichen Autorität, dann wird die Menschheit eine Zuchtfarm werden, bestehend aus Zuchtstier und „Milch"-Kühen, wobei nur, statt der erhöhten Milchproduktion, ein vergrößertes Gehirn erhofft wird. Sieht sich der Mensch als kompliziertes, chemisch-physikalisches Laboratorium, so wird er auch das Objekt chemisch-physikalischer Experimente sein, wie es die Tiere heute schon sind. Und er wird zuletzt in Theorie und Praxis zu einem Roboter-Automaten werden, in dem gerade alle *menschlichen* Schichten seines Wesens verkümmern müssen.

Der Prozeß der Vermathematisierung und Vermechanisierung des Menschen ist im vollen Gange auf fast allen Gebieten. Man könnte ihn geradezu einen Versuch der „Quadratur des Menschen" nennen. Wo der Mensch nicht in die Mechanik paßt, muß er dazu hergerichtet werden, physisch und durch geistige Abrichtung, durch die Umgebung, in der er gezwungen wird zu leben, zuletzt sogar durch die Kunst, die vielfach Zeichen dieser Quadratur aufweist. Es ist die Folge davon, daß der Mensch sich selbst und seine Mitmenschen schon mehr und mehr als mechanisches Gebilde zu sehen beginnt.

Wir befinden uns an der Grenze, an der Wissenschaft und Ethik nicht mehr getrennt werden können. Wenn wir einen Menschen eines Teils seines Besitzes berauben, sei es materieller oder geistiger Besitz, so begehen wir eine unmoralische Handlung. Die Entkleidung des Menschen gerade seiner menschlichsten Wesensschichten kann nicht weniger unmoralisch sein. Die Degradierung bis zuletzt zum physikalisch-chemischen „System", unter dem Deckmantel einer halbwahren Wissenschaftlichkeit, die praktischen Folgen, die daraus zwangsläufig fließen, können nach allen ethischen Normen nur als direkter Weg in den moralischen und physischen Abgrund bezeichnet werden. Wenn ich einen Menschen als physikalisches Objekt ansehe, dann fällt eben jede Verpflichtung eines ethischen und menschlichen Verhaltens ihm gegenüber weg.

Die „Quadratur des Menschen" wird sich wohl als ebenso unmöglich erweisen, wie die des Zirkels, und aus den gleichen Gründen: weil es in beiden Fällen ein unzerstörbares, nicht rationalisierbares Element gibt. Die Zukunft des Menschen liegt im Bewußtwerden seines Geistes und nicht in seiner Selbstreduktion zum „System".

Das Bild, als das wir uns selbst sehen, wird das Zeichen sein, in dem unsere Zukunft sich gestalten wird und in dem wir leben oder verkümmern werden. –

2.   Gilt die Gleichung: Leben = Physik + Chemie? *)

Wenn ein Physiker über ein Thema spricht, das die Biologie wenigstens zur Hälfte betrifft, so erfordert das in der heutigen Zeit der „Fachwissenschaften" vielleicht eine Rechtfertigung. Es handelt sich um die Frage, ob die Lebensvorgänge grundsätzlich auf die Gesetze der Physik und Chemie zurückgeführt und durch diese erklärt werden können. Es ist dies in der Tat eine sowohl bei Biologen als auch bei Physikern weitverbreitete Meinung, die oft sogar als selbstverständlich vertreten wird. Um die Frage, die zu den fundamentalsten der ganzen Naturwissenschaft gehört, einer Beantwortung näher zu führen, muß man die Physik kennen und wissen, wie die physikalischen Gesetze auf die Materie wirken. Hierfür ist aber der Physiker zuständig. Die chemischen Gesetze konnten, wenigstens soweit es das Prinzipielle angeht, auf die der Atomphysik zurückgeführt werden. In der Praxis ist das allerdings für größere Moleküle nicht möglich, und ob es für die Makromoleküle der organischen Chemie (Proteine usw.) überhaupt gilt, mag zum mindesten in Frage gestellt werden (vgl. 6. Physik, Chemie und andere Dinge). Ferner möchte ich ein entschiedenes Wort einlegen gegen die Abzirkelung in „Fachwissenschaften". Die Wissenschaft selbst kümmert sich nicht um die Fachgrenzen. Biologie, Chemie und Atomphysik begegnen sich im Gebiet der organischen Makromoleküle und gehen ineinander über. Wir sind im Begriff, babylonische Türme, einen für jedes Fach, zu errichten, aber die Bewohner verstehen schon heute des andern Sprache nicht mehr. Es ist deshalb nötig, daß es Wissenschaftler gibt, die versuchen, über die Grenzen ihres Fachgebietes hinauszugreifen.

A.   Einige Grundeigenschaften der Physik und Chemie

Wir stellen einige allgemeine Grundzüge der Physik zusammen. Alles Folgende gilt gleicherweise für die Chemie, soweit sie tote Materie betrifft. Sie ist ja mit der Physik in der Atom- und Molekülphysik amalgamiert.

1. Die Gesetze der Physik wirken ausnahmslos differentiell in Zeit und Raum. Das heißt: Aus den Gegebenheiten zu einer Zeit t_0 folgt zunächst nur das Geschehen im unmittelbar folgenden Moment $t_0 + dt$. Ebenso wirken die Gesetze nur in die unmittelbar räumliche Nachbarschaft. Daraus folgt, daß die Physik den Begriff „Gesamtgestalt" nicht kennt. Sie kennt auch kein Ziel; sie ist zielblind.

Der Gesamtablauf kann aus dem differentiellen Gesetz durch Integration berechnet werden – wenn er einfach genug ist (siehe 4.).

2. Das Gesetz bestimmt nur Klassen von Abläufen. Der Einzelablauf ist außerdem durch die Anfangsbedingungen zu einem Zeitpunkt und durch äußere Bedingungen und Einwirkungen bestimmt. Beide sind in der Natur zufällig. Der Ablauf des Geschehens hat folglich eine zufällige Komponente. Nur in einem Laboratoriumsexperiment oder bei einer (von Menschen konstruierten!) Maschine können die Bedingungen bewußt nichtzufällig gewählt werden. – Die Anfangsbedingungen sind zwar physikalisch aus einem früheren Zustand bestimmt, aber um den Zufall zu umgehen, müßte man zum Ursprung der Welt zurückgehen. Das ist unmöglich. – Weitere Zufälligkeiten treten durch die Indeterminiertheit der Quantenmechanik auf.

---

*) Vortrag gehalten in der Naturforschenden Gesellschaft, Basel und in der Chemischen Gesellschaft, Zürich. Erschienen in „Chimia" **21**, 176 (1967).

3. Ein System von vielen Freiheitsgraden tendiert zur Unordnung. Nur bei speziellen Anfangsbedingungen, die überaus selten sind und die wegen 2. in der Natur praktisch nie vorkommen, und beim Ausschalten äußerer Einflüsse (was in der Natur nicht der Fall ist) kann Ordnung eintreten oder aufrechterhalten werden. Der zweite Hauptsatz ist ein Spezialfall dieser allgemeineren Tatsache. – Eine Ausnahme ist der Fall tiefer Temperaturen (wobei „tief" ein relativer Begriff ist, der auch Zimmertemperatur bedeuten kann). Hier tritt unabhängig von den Anfangsbedingungen Ordnung ein, z. B. bei Kristallen. Doch ist dies eine erstarrte Ordnung, in der nichts mehr geschieht. Eine geordnete Koordination von Vorgängen in räumlich getrennten Gebieten gibt es sonst nicht. Was in einem speziellen Teil eines großen Systems geschieht, steht in keinem sinnvollen Zusammenhang mit dem, was in einem entfernten andern Teil geschieht, – außer wieder bei einer Maschine, die aber von Menschen konstruiert ist. Menschliche Intelligenz kann die seltenen Anfangs- und andere Bedingungen finden, die ein physikalisches System zu einem geordneten, sinnvollen Verhalten bringt, aber von allein entsteht ein solches System nicht.

Ein Beispiel für die Tendenz zur Unordnung: Eine Reihe Kugeln rollen dicht nebeneinander auf glatter Unterlage zwischen zwei parallelen, reflektierenden Wänden. Stoßen wir die Kugeln exakt parallel, mit derselben Geschwindigkeit senkrecht zur Wand an, so bleibt die Bewegung geordnet; die Kugeln verharren in paralleler Hin- und Herbewegung. Wird nur eine Kugel unter einem winzigen Winkel zu den andern angestoßen, so tritt bald ein Zusammenstoß mit einer Nachbarkugel ein, was in kürzester Frist alle Kugeln in Mitleidenschaft zieht und zur Unordnung führt. Das gleiche passiert, wenn ein Sandkorn in den Weg einer Kugel gelegt wird. – Unter allen Anfangsbedingungen gibt es nur eine verschwindend kleine Zahl, die zu geordneter Bewegung führt, und dies nur bei streng gewählten äußeren Bedingungen.

4. Sehr komplizierte, unregelmäßig gebaute Systeme (z. B. mehrere in Wechselwirkung stehende Eiweißmoleküle) lassen sich physikalisch nicht im einzelnen behandeln. Eine exakte Vorhersage des Verhaltens ist unmöglich. Auch ein moderner Rechenautomat ist dazu nicht imstande.

5. Leblose Materie ist mehr oder weniger homogen. Bei Zerkleinerung zeigt sich keine weitere Strukturierung. Ein Eisenspan ist innerlich dieselbe Materie wie ein großes Stück Eisen. Erst auf molekularem Niveau zeigt sich eine Strukturänderung. Hier findet sich dann lediglich eine große Ansammlung gleicher Moleküle, die alle die gleiche Rolle spielen. Allenfalls gibt es, bei Mischungen oder an der Oberfläche, ein paar verschiedene Rollen. Das ändert nichts Wesentliches.

B. Das Wachstum der Pflanzen

1. Die Zellteilung wird, nach Ansicht der meisten Molekularbiologen, durch die Spaltung des DNS-Moleküls in den Chromosomen eingeleitet. Das Doppelband öffnet sich, vorbereitetes Material lagert sich an den Innenseiten des geöffneten Bandes an, das DNS-Molekül reproduziert sich genau. (Bild 1. Genauere Beschreibung des DNS-Moleküls in 4. Der Pfeil der Zeit.) Es folgen komplizierte chemische Vorgänge bis zur Zellteilung. – Auf den ersten Blick schon scheint das Geschehen so sinnvoll auf die Zellteilung hin gerichtet, daß man Zweifel hegen muß, ob der Vorgang durch das zielblinde physikalische Gesetz allein hervorgebracht wird, obwohl er mit Hilfe von physikalisch-chemischen Begriffen beschrieben wird. Der Vorgang ist so kompliziert, daß eine detaillierte Verifikation der physikalischen Gesetze hier unmöglich ist (s. A, Punkt 4). Die Frage, ob die Atomphysik hier gilt, (und ausschließlich gilt), bleibt unentschieden.

Die Frage, ob der Vorgang aus der Physik erklärt, d. h. abgeleitet werden kann, kann nur mit nein beantwortet werden. – In Anbetracht dieser Umstände ist es wissenschaftlich nicht gerechtfertigt, die Gültigkeit der Atomphysik für das Zellgeschehen von vornherein als selbstverständlich anzunehmen. Die Beweispflicht hat doch wohl derjenige, der die Gültigkeit der Atomphysik hier als Selbstverständlichkeit annimmt.

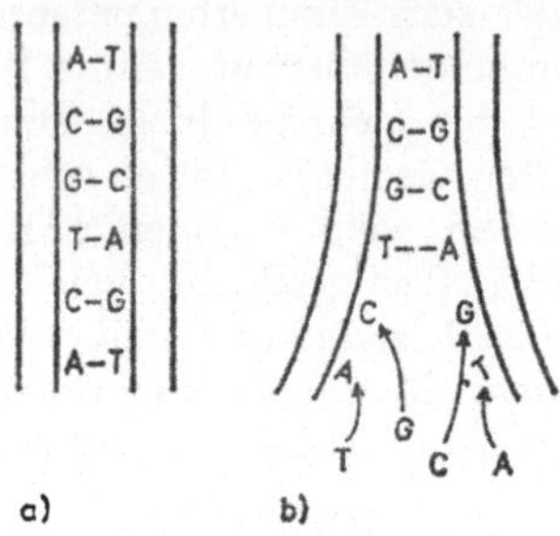

Bild 1
Aufspaltung des DNS-Moleküls.

2. Trotz dieser Bedenken wollen wir annehmen, die Zellteilung sei ein elementarer physikalischer Prozeß. Was folgt weiter? Jede Zelle wird sich weiter teilen. Die differenziell wirkende Physik (s. A, Punkt 1) kann weiter nichts bewirken als fortgesetzte Zellteilung. Es würde zuletzt ein Klumpen von Zellen entstehen, der allenfalls durch Oberflächeneffekte begrenzt wird. In Wirklichkeit aber zeichnen sich in einem bestimmten Stadium Formen ab, die sich ganz verschieden gestalten: Wurzel, Stamm, Blatt, usw. (vgl. das schematische Bild 2). Die Entwicklung ist beendet, wenn für jedes Organ eine bestimmte Gestalt und Größe erreicht ist, was erst nach sehr zahlreichen Zellteilungen der Fall ist. Dies ist nach der differentiellen, zielblinden, gestaltlosen Physik unmöglich.

3. Die verschiedenen Organe übernehmen verschiedene, aber sinnvoll aufeinander abgestimmte Funktionen. Es kommen Zellen mit ganz verschiedenen Formen

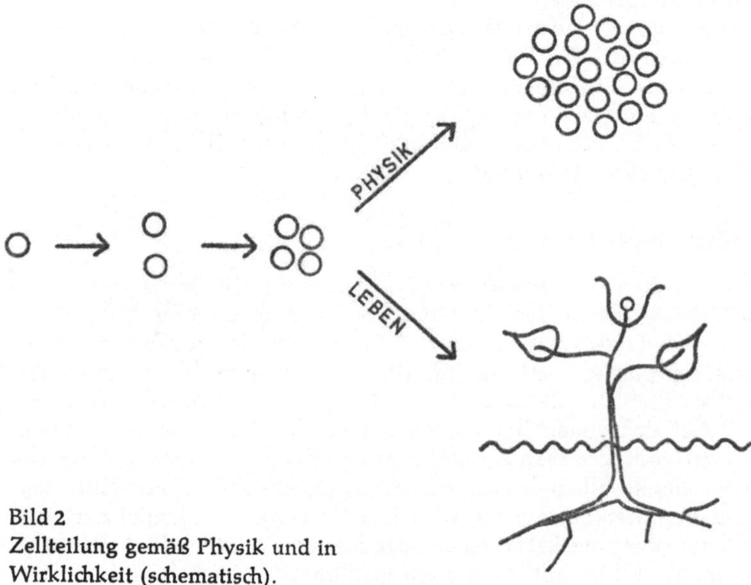

Bild 2
Zellteilung gemäß Physik und in
Wirklichkeit (schematisch).

und Funktionen vor. Es gibt kubusförmige; lange röhrenförmige; lange, schmale, plattenförmige Zellen, je nach dem Zweck, den sie erfüllen. Dieser kann der Eiweißbeförderung von den Blättern nach unten dienen, oder der Wasseraufnahme in den Wurzeln oder der Rindenbildung in einem Baum oder der Photosynthese von Eiweiß in den Blättern oder der Fortpflanzung in den Blüten, usw. usw. Alle diese Zellen entwickeln sich aus ursprünglich gleichgeartetem Zellmaterial, das sich oft erst an Ort und Stelle zu seiner speziellen Funktion ausdifferenziert. Es ist, als ob die Zellen im richtigen Moment an der richtigen Stelle den „Befehl" erhielten, sich so oder so zu gestalten. Molekularbiologisch gesehen, heißt das, daß an Ort und Stelle ganz bestimmte der vorhandenen Gene aktiv werden. Aber wer oder was bestimmt, welches Gen zu aktivieren ist?

Unter Umständen kann eine Zelle die Funktion einer anderen übernehmen, wenn es für den Organismus notwendig ist. Sie hat eine gewisse Breite der Funktionsfähigkeit. Was bestimmt sie aber zur Übernahme einer andern Funktion? Der physikalisch-chemischen Zustand der Zelle selbst kann es ja nicht sein. Die Funktionen sind alle für das Leben des *Ganzen* notwendig und miteinander koordiniert. Es wäre schlimm, wenn die Wasserleitung im Baumstamm anfangen würde Eiweiß zu befördern. Die Funktionen von Blatt, Stamm, Wurzel arbeiten in perfekter Harmonie miteinander. All dies kann unmöglich aus der Physik mit ihrer zufälligen Komponente und ihrer Tendenz zur Unordnung hervorgehen (vgl. A. Punkt 2 und 3).

Es gibt nach der Physik keinen Grund, warum in einem Klumpen Zellen, der sich wie es scheint, bis dahin homogen entwickelt hat, ein Teil der Zellen anfangen sollte, sich ganz spezifisch anders zu entwickeln, als ein anderer Teil, und eine ganz spezifische Funktion zu übernehmen, die kein anderer Teil übernimmt. Die Physik kennt eine solche *sinnvolle Zusammenarbeit* und Koordination von Vorgängen nicht (siehe A. Punkt 3).

4. Das Sinnvolle in der Funktionsweise einzelner Organe oder ihrer Teile zeigt sich in der überaus feinen Strukturierung jedes Organs. Schreiten wir von einer groben makroskopischen Betrachtung zu mikroskopischen Betrachtungen fort, so zeigen sich immer neue, feinere Strukturen, die sinnvolle Aufgaben erfüllen. Homogene Materie gibt es im Organismus wenig. Dies setzt sich bis ins Zellinnere fort. Dort haben einzelne Moleküle ganz spezifische lebenswichtige Funktionen (wie das DNS-Molekül). Vielleicht wird sich noch herausstellen, daß es keine allzugroße Übertreibung ist, wenn man sagt, daß im Organismus jedes Eiweißmolekül seine spezifische Rolle für die ganze Zelle und damit den ganzen Organismus spielt. – Dies steht im Gegensatz zur leblosen Materie, die mehr oder weniger homogen ist (siehe A. Punkt 4)[1].

C. Verhalten primitiver Organismen

Das Trompetentierchen[2] lebt im Wasser, wo es sich am Boden verankert und eine Gallerthülle um sich entwickelt. Oben trägt dieses Protozoon einen scheibenartigen Abschluß, in dem sich die Mundöffnung befindet. Es besitzt Cilien, die eine Wasserströmung verursachen, die im allgemeinen auf die Mundöffnung zugerichtet ist

---

[1] *Pascual Jordan* (Der Naturwissenschaftler vor der religiösen Frage, 5. Aufl. Oldenburg/ Hamburg 1965) sieht in dieser „Durchstrukturierung" (der Ausdruck stammt von *Staudinger*) den Hauptunterschied zwischen lebloser und lebender Materie. Wir meinen aber, hier noch viele andere, ebenso grundlegende Unterschiede aufgezeigt zu haben.

[2] Dieses Beispiel ist dem Buch von *E. S. Russell*, "The directiveness of Organic Activities", deutsch: „Lenkende Kräfte des Organischen", Sammlung Dalp, Bern, entnommen.

(zwecks Nahrungsaufnahme). Wird dieser Einzeller durch einen Strom von ungeeigneten Partikeln gereizt, etwa eines Farbstoffs, so reagiert er auf *verschiedene* Weisen, um den Reiz abzuwehren.

1. Er biegt sich so, daß der Partikelstrom die Mundöffnung nicht direkt trifft.

2. Er bewegt die Cilien in umgekehrter Richtung, um den Wasserstrom mit den unerwünschten Partikeln abzuwehren.

3. Er zieht sich für kurze Zeit in die Hülle zurück.

4. Er löst die Verankerung, schwimmt weg, verankert sich anderswo und bildet eine neue Hülle.

Das Verhalten ist variabel. Es gibt mehrere sinnvolle Varianten, die der Reihe nach, in nicht festgesetzter Reihenfolge, ausprobiert werden. Es ist undenkbar, daß aus der Physik, die nur ein strenges Gesetz und zufällige Anfangsbedingungen kennt, ein solches Verhalten ableitbar wäre. Es ist gewiß denkbar, daß man einen elektronischen Meachnismus ersinnen könnte, der ein solches „Versuch-Irrtum-Verhalten" simuliert. Er wäre kompliziert. Aber ein solcher Mechanismus wäre wieder die Konstruktion menschlicher Intelligenz. Durch Physik allein entsteht ein solcher Mechanismus nicht.

Es gibt Biologen, die einwenden, daß eine hohe Ordnung molekularer Art in den Chromosomen (DNS) vorhanden war, die sich nur in die Ordnung des ausgewachsenen Organismus zu transformieren braucht. Aber auch das leistet die Physik nicht. Aus der Ordnung einiger Moleküle entsteht physikalisch kein *makroskopisches*, geordnetes System. Die zahllosen Einwirkungen von außen würden die Ordnung nicht aufbauen, sondern zerstören. Die Physik kennt keinen molekularen „Code", der sich von allein in ein sinnvolles makroskopisches System umsetzt. Ein sinnvoll-variables Verhalten ist der Physik fremd. Wenn ein Verhalten variabel ist, dann sind die Varianten durch den Zufall äußerer Einwirkungen oder der Anfangsbedingungen bedingt, aber sie sind nicht sinnvoll.

Das unter B diskutierte Verhalten kann als zielgerichtet bezeichnet werden. Es dient dem Aufbau und der Differenzierung der Organe mit ihren Funktionen. Das heißt nicht, daß der Organismus frei wäre, das Ziel zu bestimmen. Das Ziel ist innewohnendes *Gesetz*. Am Beispiel dieses Abschnitts fanden wir eine eng begrenzte Variabilität des Verhaltens, die noch dem gleichen Ziel (Abwehr der Störung) dient. Sie steigert sich, wenn wir zu den höheren Tieren aufsteigen. Ob dabei auch die Zielsetzung variabel wird, sei offen gelassen. Beim Menschen dagegen finden wir (in gewissem Umfang) Freiheit des Handelns, die auch Freiheit der Zielsetzung einschließt.

D.   Evolution

Wenn die Lebenserscheinungen im Prinzip auf Physik und Chemie zurückgeführt werden sollen, dann muß dies auch für die Evolution der Fall sein. In der Tat ist der Neodarwinismus der Versuch einer Theorie, die einer physikalischen Interpretation so nahe wie möglich kommt. Sie beruht auf zwei Thesen: dem Selektionsprinzip und der Existenz von Mutationen, die als zufällig angesehen werden. Von den spontan auftretenden Mutationen werden die schädlichen durch die Selektion eliminiert, während die „günstigen" bestehen bleiben und zu einer Höherentwicklung des Lebewesens führen. Wenn die Mutationen physikalisch erklärt werden sollen, dann müssen sie zufällig sein.

Die Kernfrage – die einzige, die sich uns stellt – ist, ob die günstigen, physikalisch zufälligen Mutationen häufig genug sein können, um die heutigen hochorganisierten Lebewesen zustande zu bringen. Angesichts der unglaublich komplizierten

Konstruktion eines solchen Lebewesens wird man hier allerdings schon von vornherein ernste Zweifel hegen müssen.

Man kann in verschiedenster Weise obere Grenzen für die Wahrscheinlichkeit von günstigen Mutationen abschätzen. Verschiedene derartige Abschätzungen sind auch publiziert. Dabei ist aber der folgende wesentliche Punkt zu beachten: Wenn wir wirklich die Wahrscheinlichkeit eines Zufalls im physikalischen Sinn betrachten wollen, dann müssen wir Sorge tragen, daß nirgends ein der Physik fremdes Element in unsere Betrachtung eintritt, das z. B. schon so etwas wie einen „Bauplan" oder Zielgerichtetheit des Lebens voraussetzt. Ein Bauplan ist ein nichtphysikalischer Begriff.

Die Annahme eines Kausalzusammenhangs zwischen der chemischen Struktur eines Makromoleküls und einer ganzen morphologischen Struktur des Organismus impliziert so etwas wie einen Bauplan – gleichgültig, wie viele Zwischenschritte angenommen werden – und kann nicht rein physikalischer Natur sein. Wenn wir davon ausgehen wollten, daß die Umstellung oder Neuanlagerung einiger Nukleotide im DNS-Molekül eine Höherentwicklung des Lebewesens bedeutet, dann setzen wir schon den komplizierteren Bauplan des neuen Organismus voraus. Ein komplizierteres Gehirn kann aus einem einfacheren nicht rein physikalisch dadurch entstehen, daß ein Makromolekül abgeändert wird. Wenn es geschieht, dann existiert in dem Zusammenhang Molekül $\rightarrow$ Gehirn schon latent der ganze neue Bauplan des komplizierteren Organs. Wenn das DNS-Molekül sich dann „zufällig" in entsprechendem Sinn geändert haben sollte, dann ist der Zufall lediglich das auslösende Moment gewesen, die Möglichkeit der Neuentwicklung war aber schon vorher latent vorhanden. Für die Abschätzung der Wahrscheinlichkeit einer wirklich zufälligen Entwicklung, wie sie auf Grund der physikalischen Gesetze bei derartig komplizierten Systemen stattfinden würde, sollte kein Gebrauch gemacht werden von Zusammenhängen, die aus der Biologie zwar bekannt sein mögen, aber nicht physikalisch begründet werden können.

Um die geradezu groteske Unwahrscheinlichkeit von zufälligen, günstigen Mutationen zu illustrieren, betrachten wir ein vereinfachtes Modell eines Gehirns. Es habe 10^6 Neuronen (beim Menschen 10^{10}). Von jedem Neuron gehe ein einziger Nervenstrang aus (beim Menschen etwa 100) und endigt an einem andern Neuron. Die Neuronen sind also paarweise verbunden. Wir fragen nach der Wahrscheinlichkeit einer bestimmten Verbindung. Physikalisch besteht nicht der geringste Grund, warum die eine Verbindungsart vor der andern ausgezeichnet sein sollte. Wir wissen nicht, wie viele Verbindungsarten biologisch äquivalent sind und vertauscht werden können, ohne die Funktion des Gehirns zu stören. Das Gehirn wäre aber kaum so kompliziert, wie es ist, wenn es gleichgültig wäre, wie die Neuronen verbunden sind.

Die Wahrscheinlichkeit für eine bestimmte Verbindungsart ergibt sich ungefähr als $1 : 10^{(2 \cdot 10^6)}$, also eins zu einer Zahl mit zwei Millionen Nullen. Selbst wenn wir noch 99 % der Nullen (!) wegstreichen, um biologisch äquivalenten Verbindungen Rechnung zu tragen, dann ergibt sich, daß eine zufällige Entwicklung absolut ausgeschlossen ist. Ob wir annehmen, daß die Evolution in den $600 - 1000 \times 10^6$ Jahren der Lebensgeschichte in vielen kleinen oder weniger vielen, großen Schritten vor sich gegangen ist – zufällig im physikalischen Sinn war sie ganz bestimmt nicht (ausführlicheres s. 5. Die Evolution).

E.   Sinnesempfindungen

Die Physik kennt nur einige wenige verschiedene Qualitäten. Diese sind: Länge, Zeit, Masse, Temperatur. Man mag im Zweifel sein, ob die elektrische Ladung noch dazuzuzählen wäre, sie läßt sich aber durch die 3 erstgenannten ausdrücken, wenn auch nur durch gebrochene Potenzen der Länge, usw. Zu allen genannten Qualitäten gehört eine eindeutig definierte Skala. Jede physikalische Größe läßt sich quantitativ durch einen Zahlwert mittels der Skalen der 4 Qualitäten ausdrücken, was in dem Dimensionensystem cm-gramm-sekunde-grad der Physik zum Ausdruck kommt.

Demgegenüber beherbergen unsere Sinnesempfindungen eine Fülle von neuen Qualitäten, von denen keine sich unmittelbar auf die Einheiten der Physik zurückführen läßt. „Rot" läßt sich nicht durch c-g-s-grad ausdrücken. Innerhalb der Farben gibt es ein colorimetrisches System, das eine vorgelegte Farbe mehr oder weniger quantitativ durch 3 Grundfarben auszudrücken gestattet. Diese sind aber nicht weiter auf das c-g-s-System reduzibel.

Ebensowenig lassen sich die Töne, mit ihren mannigfaltigen Klangqualitäten auf die Einheiten der Physik zurückzuführen. Ob es innerhalb des Tonbereichs auch ein der Colorimetrie analoges System geben kann, das gestattet, Töne relativ zu andern quantitativ zu charakterisieren, ist mir unbekannt. Geruch, Geschmack, Wärmesinn, usw. sind weitere reiche Quellen von Sinnesqualitäten, die nicht auf die Physik zurückführbar sind. Tiere verfügen noch über manche Sinnesqualitäten, die der Mensch nicht kennt. Polarisiertes Licht bei Bienen, Ultraschall bei Fledermäusen, ein sicher sehr viel reicherer Geruchssinn bei Hunden, usw. sind Beispiele, von denen wir wissen.

Die erste Folgerung, die wir ziehen können, ist also: Es ist ausgeschlossen, daß die Sinnesqualitäten sich aus der *Physik ableiten* können. In einem empfindenden Lebewesen kann also die Physik jedenfalls die Vorgänge nicht erschöpfend beschreiben. Damit wird es schon unwahrscheinlich, daß die Physik in einem solchen Organismus voll gültig sein kann. Man wird ja kaum an ein physikalisch ablaufendes System Eigenschaften ganz anderer Art, die nicht in dem Begriffssystem der Physik vorkommen, einfach ankleben können. Wir wollen aber trotzdem einmal die Frage stellen, ob dies denkbar wäre: d. h. ob an das physikalische Geschehen auch andere nichtphysikalische Geschehnisse, wie die Sinnesempfindungen, angekettet sein können. Diese müßten dann genau auf die physikalischen Vorgänge abbildbar sein, und ebenfalls, vermöge einer eindeutigen Zuordnung, den physikalischen Gesetzen gehorchen. Wir kennen solche Zuordnungen in der Tat. Der Wellenlänge einer Lichtwelle ist eine Farbe zugeordnet, der Frequenz einer Luftschwingung eine Tonhöhe. Nur sind alle diese Beziehungen weder eindeutig noch allgemein gültig. Die Farbe eines Flecks hängt von den Farben der Umgebung, der Gesamtbeleuchtung und andern Faktoren ab. Es besteht die Tendenz, ein ausgeglichenes Bild herzustellen, indem zu jeder Farbe die Komplementärfarbe quasi geschaffen wird. Es besteht eine Tendenz zu einem „mittleren Gesamtbild weiß". Durch Kontrastfarben kann man mit einer einzigen Wellenlänge sämtliche Farben hervorrufen.

Ebensolche harmonisierende Fähigkeiten hat das Ohr. Ein Akkord wird richtig gehört, auch wenn das Instrument leicht verstimmt ist (bei musikalischen Menschen kann es sogar recht stark verstimmt sein), eine Melodie wird gehört, wie sie der Komponist gemeint hat, auch wenn die zugehörenden Frequenzen abweichen von den exakten Werten, die sie nach der Ton-Frequenz-Relation haben sollten. — Nebengeräusche können überhört werden, usw.

Unsere Sinne spiegeln also nicht exakt wieder, was als Wellenlängen und Frequenzen auf uns zukommt, sondern sind bis zu einem gewissen Grad schöpferisch und schaffen ein Gesamtbild, das von dem äußeren physikalischen Eindruck sogar recht stark abweichen kann. Man mag argumentieren, daß es in unserem Nervensystem einen physikalischen Regelmechanismus geben könnte, der die äußeren Eindrücke zu einem Gesamtbild integriert. Selbst wenn ein solcher Mechanismus etwas enthalten könnte, was einen unreinen Akkord rein hören läßt, die Intentionen eines Komponisten könnte er aber schwerlich kennen. Die Sinnesempfindungen weichen von den physikalischen Eindrücken so stark und in variabler Form ab, daß die These einer exakten Korrespondenz zwischen physikalischen Vorgängen und Sinnesqualitäten keinerlei Boden hat. Sie gehört in das Reich wissenschaftlichen Wunschdenkens. – Wenn Empfindungen wie Schmerz, Freude usw. einem physikalischen Vorgang eindeutig zugeordnet werden sollten, dann müßten diese Empfindungen denselben Gesetzen wie die Physik genügen. Es müßte also eine Differentialgleichung für den Schmerz geben? Das Unsinnige solcher Thesen ist evident.

Daraus können wir folgendes schließen: Wenn die Gesetze der Physik in einem empfindenden Organismus uneingeschränkt und voll gelten sollen, dann gibt es auf alle Fälle in diesem Organismus Geschehnisse, die von der Physik nicht erfaßt werden und von ihr unabhängig sein müßten. Nun sind aber die Sinnesempfindungen andererseits nicht unabhängig von den Vorgängen im Nervensystem. Sie folgen normalerweise auf einen äußeren Stimulus, machen sich dann aber *von innen her* in ergänzender, korrigierender und schöpferischer Weise von diesem Stimulus mehr oder weniger unabhängig. Nun ist kaum anzunehmen, daß die so veränderten Sinneswahrnehmungen gar nichts mehr mit den materiellen Nervenvorgängen zu tun haben und nicht auch wieder auf diese zurückwirken. Es dürfte sich doch eher um eine Art Wechselspiel als um eine einseitige Bestimmung der Wahrnehmung durch die materiellen Vorgänge handeln. Wenn dem so ist, dann können die bekannten Gesetze der Physik und Chemie nicht uneingeschränkt gelten.

Sicher ist dies: *Entweder* sind die Sinnesempfindungen den Nervenvorgängen nicht eindeutig zugeordnet, *oder* Physik und Chemie gelten nicht uneingeschränkt. In beiden Fällen können diese die Sinneswahrnehmungen nicht erklären. Am wahrscheinlichsten ist, daß beides nicht wahr ist (vgl. auch 5. Die Evolution und 10. Vom Wert der Naturdinge und der Verantwortung naturwissenschaftlichen Forschens).

Auf die höheren seelischen und geistigen Vorgänge brauchen wir nicht mehr einzugehen.

F.   Folgerungen

Das Gewicht der genannten Argumente – man könnte noch zahlreiche ähnliche hinzufügen [3]) – spricht eine eindeutige Sprache. Die Gesetzmäßigkeiten, die in einem Organismus herrschen, sind in ihrer Wirksamkeit denjenigen der toten Materie in vielen Punkten geradezu diametral entgegengesetzt. Fassen wir einige charakteristische Züge zusammen:

Physik	Organismus
gestaltlos	gestaltbildend
zielblind	zielgerichtet
homogene Materie (mehr oder weniger)	„durchstrukturiert"
Funktion: ungeordnet	koordiniert

[3]) Vgl. z. B. das Buch des Verfassers M. u. N. E. Kapitel 4 und manche der folgenden Kapitel dieses Buches.

Physik	Organismus
Verhalten: strenges Gesetz + zufällige Anfangsbedingungen	sinnvolle Variabilität des Verhaltens
nicht existent	Sinnesqualitäten

Offenbar sind im Organismus Wirksamkeiten am Werk, die die tote Materie nicht kennt und die eben den grundsätzlichen Unterschied von Leben und Tod ausmachen. Die Frage entsteht jetzt, ob diese lebendigen Gesetzmäßigkeiten die Physik außer Kraft setzen, oder ob sie neben den physikalischen Gesetzen bestehen können. Es sieht so aus, als ob die organischen Gesetzmäßigkeiten den physikalischen, ohne sie direkt zu verletzen, als übergeordnetes Prinzip irgendwie superponiert seien und die Physik gewissermaßen überspielen könnten, also die physikalischen Vorgänge irgendwie „leiten" könnten. Wie das verstanden werden kann, wollen wir unter G diskutieren. Es sei hier nur noch bemerkt, daß, nachdem wir neuartige Gesetzmäßigkeiten im Organischen fordern müssen, es wohl auch angemessen ist, ihre Wirksamkeit schon da anzunehmen, wo das Leben sich mikroskopisch äußert: im molekularen Zellgeschehen. Damit werden die Schwierigkeiten von B 1 auch anders beleuchtet.

G.   Physikalische und organische Gesetzmäßigkeit

Um eine nichtphysikalische Wirksamkeit des Lebendigen zu vermeiden, ist vorgeschlagen worden, daß die Ordnung, die alles Organische zeigt, schon bei Beginn des Lebens entstanden ist und sich seither durch Vererbung erhalten (und vergrößert!) hat. Dieser Standpunkt kann nicht aufrechterhalten werden, weil der Organismus inzwischen zahllosen, zufälligen Einwirkungen ausgesetzt war, die die Ordnung längst zerstört hätten (vgl. A 3). Die Schwierigkeit besteht nun darin, daß die Physik in gewissem Sinne etwas Abgeschlossenes ist und es nicht möglich ist, noch andere allgemeine Gesetze aufzupfropfen. Eine direkte Verletzung physikalischer Gesetze ist nie beobachtet worden. Umgekehrt kann auch keine Rede davon sein, daß ihre Gültigkeit in allen Einzelheiten erwiesen wäre. Wohl dürfen wir behaupten, daß z. B. die Gesetze der Osmose und der Kapillarität in einem Baumstamm gelten, wenn Wasser in die Höhe befördert wird. Im mikroskopischen Bereich dagegen, insbesondere für die molekularen Prozesse im Innern der lebenden Zelle, kann keine Rede davon sein, daß etwa die Gesetze der Atomphysik im einzelnen geprüft und verifiziert wären. Wir können nur feststellen, daß kein direkter Widerspruch gefunden ist. – Wenn die Gesetze des Lebendigen die physikalischen Vorgänge „überspielen" oder „leiten" sollen, dann könnte das nur durch Ausnutzung des Freiheitsraums geschehen, der in der Wahl der Anfangsbedingungen besteht. Der Mensch benutzt ihn, wenn er eine Maschine baut und nach eigenem Entschluß laufen läßt. Aber das müßte ja der Organismus selbst tun, und das vermutlich immer wieder wegen der Zufallseinflüsse von außen. Damit nehmen wir schon ein nicht-physikalisches Agens an, das „Anfangsbedingungen setzt oder ändert". Das tut ein physikalisches System nicht von allein.

Offensichtlich stehen wir vor Fragen, deren Beantwortung sicher sehr schwierig sein wird. Das aber ist kein Grund, ihnen aus dem Weg zu gehen.

Ein Vorschlag, der Licht auf die Situation wirft und als Arbeitshypothese jedenfalls verdient, ernst genommen zu werden, beruht auf einer Verallgemeinerung quantenmechanischer Begriffe und stammt von *N. Bohr.*

In der Quantenmechanik tauchte erstmalig der Begriff von Größen auf, die in einer bestimmten, physikalischen Situation unbestimmt sind. So ist der Ort des Elektrons in einem Wasserstoffatom im Grundzustand unbestimmt. Eine Bestimmung des Orts (d. h. eine Messung) ist zwar möglich (und führt zu einem eindeutigen aber nicht voraussagbaren Resultat), bedingt aber einen Eingriff in das Atom und hat eine Änderung seines Zustandes zur Folge.

Wir verallgemeinern diese Begriffsbildung indem wir annehmen, daß in einem *lebenden* Organismus der gesamte physikalische Zustand, insbesondere der Makromoleküle in der Zelle, bis zu einem gewissen Grad unbestimmt ist. Diese Unbestimmtheit geht *über* das Maß hinaus, das schon die Quantenmechanik kennt. Dadurch wird es zunächst möglich, in den Organismus ganz andere Gesetzmäßigkeiten, die lebendigen, ohne Widerspruch einzufügen und auch eine gewisse Variabilität des Verhaltens zu verstehen. Es wird verständlich, daß biologisches Verhalten die physikalischen Gesetzmäßigkeiten „überspielen" kann. – Wie in der Quantenmechanik, ist es auch hier möglich, den physikalischen Zustand des Organismus festzulegen – aber dies bedeutet einen Eingriff in seine lebendigen Eigenschaften. Beispiel: Eine genaue Festlegung der Struktur und des Zustandes des DNS-Moleküls ist nur mit Röntgenstrahlen und dergleichen möglich. Dadurch werden Mutationen, also Störungen des Lebens, verursacht.

Natürlich kann es sich nur um eine Unbestimmtheit in sehr begrenztem Rahmen handeln, vermutlich nur auf molekularem Niveau. Eine grobe Unbestimmtheit der physikalischen Vorgänge, etwa auf makroskopischem Niveau, kommt gar nicht in Frage. Das Leben hätte sonst die komplizierten physikalisch-chemischen Strukturen nicht nötig.

Es ist wesentlich, sich klarzumachen, daß wichtige Lebensfunktionen an Materieeinheiten von der Größe der Makromoleküle gekettet sind und daß physikalische Messungen an kleinen Objekten starke Mittel erfordern, die auch einen entsprechend schweren Eingriff verursachen. Um den physikalischen Zustand der lebenswichtigen Zellen im Organismus festzulegen, sind sicher ausgiebige Untersuchungen mit Röntgenstrahlen, Elektronmikroskop, usw. nötig, die tief in das Lebendige eingreifen würden, und zwar, wie wir wissen, schädigend. Es ist so gut wie sicher, daß der Organismus abgetötet würde, sobald sein physikalischer Zustand vollständig bestimmt wäre. Von da ab folgt er uneingeschränkt den physikalischen Gesetzen – die zum Zerfall führen. Im lebendigen Zustand aber würden diese von den dem Leben eigenen Gesetzen „überspielt" werden – auf Kosten eines detailliert genauen physikalischen Ablaufs.

In diesem Sinne wären dann das lebendige und das leblose Verhalten der Materie *komplementär* zueinander, in ähnlichem, aber verallgemeinerten Sinne wie dieser Begriff in der Quantenmechanik vorkommt[4]), d. h. sie schließen sich gegenseitig aus: Die lebendigen Eigenschaften des Organismus schließen ein *detailliertes* Verfolgen der physikalischen Vorgänge aus, während letzteres das Wirken des Lebendigen ausschließt, also Tod bedeutet.

Die letzten Betrachtungen sind natürlich hypothetischer Natur. Sie zeigen aber, daß eine „Symbiose" von physikalischen und den ganz andersartigen „lebendigen" Gesetzmäßigkeiten logisch denkbar ist. Damit besteht auch rein theoretisch nicht der geringste Grund, an der These der Alleinherrschaft der Physik im Bereich des Organischen festzuhalten.

---

[4]) Vgl. M. u. N. E. Kapitel 3.

Man kann Argumente dafür angeben, daß eine gewisse Indeterminiertheit des physikalischen Geschehens im Organismus tatsächlich existiert. Wir haben gesehen, daß schon primitive Organismen sich bei gleichem Reiz verschieden verhalten können (vgl. C). Diese Variabilität wird bei höheren Tieren immer ausgeprägter. Schließlich wissen wir aus eigener Erfahrung, daß der Mensch ein gewisses Maß an Willensfreiheit besitzt. Die Indeterminiertheit der Quantenmechanik kann dafür nicht in Anspruch genommen werden, weil ein Ausfüllen dieses Raumes der Quantenmechanik selbst widersprechen würde. Kann hier noch ein Zweifel bestehen, daß die physikalischen Vorgänge im Organismus eine über die Quantenmechanik hinausgehende Unbestimmtheit zeigen, wie es die *Bohr*sche These fordert?

Es besteht heute ein erheblicher Widerstand gegen die Einführung neuer Gesetzmäßigkeiten, die die Gültigkeit der Physik einschränken würden. Es mag hier bemerkt werden, daß in diesem Jahrhundert die jeweils vorher gültige Physik 3mal außer Kraft gesetzt und durch etwas allgemeineres ersetzt wurde:

1. bei schnell bewegten Körpern durch die spezielle Relativitätstheorie,
2. in großen Raumgebieten durch die allgemeine Relativitätstheorie,
3. in der Mikrophysik der Atome und Moleküle durch die Quantenmechanik.

Jedesmal, wenn ein neuer Erfahrungsbereich erschlossen wird, zeigt sich die Notwendigkeit der Revision. Ist es da überhaupt glaubwürdig, daß ähnliches nicht geschehen müßte, wenn die Physik auf lebende Organismen angewandt wird? Oder ist es glaubwürdiger, daran festzuhalten „es darf nichts Neues (d. h. Nicht-physikalisches) geben" wenn man dabei zahllose Erscheinungen ignorieren und andere übers Knie brechen muß, um einem solchen Dogma zu genügen?

3.   **Ist ein lebender Organismus eine Maschine?**
— Oder eine Maschine ein denkender Organismus? *)

Je weiter die Biologie fortschreitet, desto mehr werden die Forscher in Staunen versetzt über die hohe und höchste Ingenieurkunst, die sich in jedem Organismus findet. Der feine Bau eines menschlichen Oberschenkelknochens, dessen Streben genau nach den statischen Druckverhältnissen konstruiert sind, die Struktur eines Baumstammes, der eine schwere Krone trägt und doch elastisch dem Wind nachgibt, würden einem Brückenbauer alle Ehre machen. Die vor noch nicht langer Zeit erfundenen Regelmeachnismen, die in einer Maschine automatisch unverwünschte Schwankungen ausgleichen, finden sich im Nervensystem der Tiere wieder. Solche Mechanismen sind sicherlich auch für die Konstanthaltung des Blutzuckers, der Körpertemperatur usw. verantwortlich. Die Ähnlichkeit der modernen elektronischen Rechenautomaten mit dem Gehirn hat diesen Maschinen denn auch den Namen „Elektronengehirn" eingetragen. Wenn wir auch noch die chemische Technologie unter die Kategorie Maschine im weiteren Sinn einreihen, dann müssen wir jedem Organismus einen hohen Grad gekonnter Ingenieurkunst zubilligen. Es ist kein Wunder, daß viele Forscher zu einer mechanistischen Auffassung des lebendigen Organismus gelangt sind, obwohl schließlich eine Chrysantheme doch anders aussieht als eine chemische Anlage.

Wir wollen uns im folgenden auf das beschränken, was in einem Organismus maschinenähnlich ist, und ganz außer Betracht lassen, daß ein Knochen kein Stück Eisenbeton und ein Nerv kein elektrischer Leitungsdraht ist (vom Protoplasma ganz zu schweigen).

Um unserer Frage näher zu kommen, müssen wir uns zuerst überlegen, was das Wesentliche einer Maschine wirklich ist:

Sie ist zweifellos ein physikalisches System, das sich nach den Gesetzen der Physik verhält. Zu letzteren rechnen wir auch die chemischen Gesetze, die aus der Atomphysik folgen. Damit ist noch wenig gesagt. Auch ein Felsbrocken, der durch die Witterung vom Gebirge allmählich zu Tal gefördert wird, verhält sich nach der Physik.

Der Ablauf physikalischer Geschehnisse hängt aber nicht allein von den physikalischen Gesetzen ab. Zwei weitere Faktoren sind ausschlaggebend: die äußeren Bedingungen und die Anfangsbedingungen. Wann und in wie vielen Schritten der Felsbrocken allmählich zu Tal fällt, hängt von der Gebirgsgestaltung, den Wetterverhältnissen usw. ab. Zur Festlegung des Ablaufs müssen wir außerdem zu irgendeinem Zeitpunkt wissen, wo und wann das Felsstück fiel und wie schnell, z. B. wann und an welcher Stelle es zu fallen anfing. Beide Bedingungen sind in der Natur immer zufällig. Der Ablauf des Geschehens ist deshalb innerhalb des Rahmens der Gesetze ebenfalls zufällig und daher ungeordnet. Dies ist insbesondere bei komplizierten Systemen der Fall.

Gerade das darf natürlich bei einer Maschine nicht sein. Sie dient ja einem Zweck und muß daher einem genau vorgeschriebenen Ablauf folgen. Dazu ist der Ingenieur und der Mechaniker oder Baumeister notwendig. Unter den unendlich vielen äußeren und Anfangsbedingungen gibt es einige ganz wenige, die einen geregelten, für uns nützlichen Ablauf zur Folge haben.

Betrachten wir als Beispiel das altmodische Wasserrad. Es besteht, sagen wir, aus sechs Schaufeln und einer Achse. Andere Elemente betrachten wir gar nicht. Nehmen wir an, diese Dinge seien in der Natur schon vorhanden und die Schaufeln an

---

*) Erschienen in Technische Rundschau, Nr. 53, 1966.

der Achse montierbar. (In Wirklichkeit müssen sie erst gemacht werden.) Werfen wir diese sieben Dinge in einen Gebirgsbach – ein Wasserrad entsteht sicher nicht. Der Zufall, der die Schaufeln an die richtigen Stellen der Achse und im richtigen Winkel ansetzt, ist so phantastisch selten, daß er eben nicht eintritt. Der Konstrukteur kann aber, kraft seiner Kenntnis der Mechanik, den Plan angeben, nach dem ein funktionierendes Wasserrad gebaut werden muß, und der Mechaniker kann es nach diesem Plan bauen. Das heißt, die äußeren Bedingungen (Ansetzen der Schaufeln in derselben Ebene, in gleichen Abständen, in den richtigen Winkeln) und die Anfangsbedingungen (Einsetzen des Rades an einer Stelle im Bach, an der es weder an einen großen Stein anstößt, noch so, daß alle Schaufeln zugleich vom fließenden Wasser getroffen werden) sind von einem intelligenten Wesen ausgewählt worden – unter den unendlich vielen Möglichkeiten eine der ganz wenigen, durch die der Zweck erfüllt werden kann.

Es ist nicht selbstverständlich, daß es solche Bedingungen überhaupt gibt; aber es ist eine Tatsache, und auf ihr beruht die ganze Technik. Dem Leser, der sich einmal mit Thermodynamik befaßt hat, wird sicher der „Maxwellsche Dämon" einfallen. Der II. Hauptsatz ist ja ein Ausdruck dafür, daß jeder physikalische Ablauf in der Natur (infolge der zufälligen Anfangsbedingungen und den zufälligen äußeren Einflüssen) die Tendenz zur Unordnung hat. Nur ein intelligentes Wesen (ein „Dämon") kann z. B. erreichen, daß die schnellen Moleküle eines Gases von den langsamen räumlich abgesondert werden. Das Wesentlichste, das eine Maschine von einem natürlichen physikalischen System unterscheidet, ist also der „Dämon", der Konstrukteur, der den Plan gemacht hat und der Mechaniker, der den Plan lesen kann und ausführt. Wir halten beide auseinander, aus Gründen, die gleich ersichtlich werden.

Nun betrachten wir einen Organismus, etwa eine Pflanze. Wir halten fest, daß diese in ihrem Bau und in ihrer Funktionsweise Züge aufweist, die dem Werk eines Ingenieurs ähnlich sind. Wir können mit Bestimmtheit sagen, daß auch in einer Pflanze die Gesetze der Physik bis zu einem hohen Grad gelten. Könnte die Pflanze sich über die Gesetze der Physik einfach hinwegsetzen, dann wäre ja auch der ganze Aufwand an Ingenieurkunst in der Stabilisierung eines Baumstammes oder in der chemischen Anlage zur Photosynthese usw. überflüssig. Ob allerdings die Physik in allen Einzelheiten, z. B. auch des molekularen Geschehens, gilt, ist eine andere Frage, hinter die wir ein großes Fragezeichen setzen müssen. Wir kommen darauf zurück. Wir dürfen also viele Züge der Pflanze mit einem von einem Ingenieur konstruierten Werk, wie wir es vorhin charakterisiert haben, vergleichen. Worin liegt nun der Unterschied? Oder gibt es keinen Unterschied?

Es ist offensichtlich: wir können den Konstrukteur und den Baumeister nicht entdecken. Verfolgen wir das Entstehen des Organismus von der befruchteten Keimzelle an. Der Bauplan ist bestimmt in der Keimzelle enthalten; denn aus gleichen Keimzellen entwickelt sich immer der gleiche Organismus, individuelle Verschiedenheiten bei höheren Tieren und besonders beim Menschen, vorbehalten. Mehr als der Bauplan ist aber nicht da, die „Maschine" entsteht erst während der Entwicklung. Es fehlt ein sichtbarer „Mechaniker", ein Baumeister, der den Plan zu lesen versteht und in den tatsächlichen Baum umsetzt.

Die Biologen wissen, daß der Bauplan in der Keimzelle in „kodifizierter" Form vorliegt. Vor allem in den Chromosomen, vielleicht auch im Zellplasma, drückt sich der Code durch gewisse Molekülanordnungen aus. Aus dem molekularen Code und dem Baumaterial (Bestandteile der Erde, Luft, Sonnenlicht) entsteht durch das physikalische Gesetz allein noch lange kein Baum, genausowenig wie aus der Zeichnung eines Wasserrads und den genannten sieben Bestandteilen schon ein Wasserrad wird. Dazu ist der

Baumeister nötig. Offenbar ist er ein innewohnendes, unsichtbares Element der Pflanze, ein Teil der Gesetzlichkeit, die die Pflanze beherrscht.

Die Kybernetiker haben einen quantitativen Begriff „Information" geprägt, der für ihre Zwecke nützlich ist. Es ist im wesentlichen die Wahrscheinlichkeit einer bestimmten Anordnung von Zeichen, verglichen mit den zufälligen Anordnungen. So können wir etwa das *Maß* der Information, die in einem Telegramm steckt, zahlenmäßig angeben. Abet durch diese Zahlenangabe kann der Empfänger den *Sinn* des Telegramms nicht entnehmen. Er muß ihn ablesen können. Die kodifizierte Information, die in der Keimzelle steckt, *enthält diesen Sinn*, und das ist der Plan für die Gesamtgestaltung des Organismus. Erst der „Baumeister" kann ihn ablesen und verwirklichen, und der ist offenbar im Organismus als Teil seiner lebendigen Eigenschaften enthalten. Information ist sinnlos ohne den zu informierenden Empfänger. Ein Telegramm informiert einen Menschen. *Wen* informiert die Information, die in der Keimzelle enthalten ist? Offensichtlich doch den Organismus selbst, d. h. dasjenige Element in ihm, das wir provisorisch den „Baumeister" genannt haben.

Es ist ratsam, Konstrukteur und Baumeister auseinanderzuhalten. Der Konstrukteur tritt an anderer Stelle auf. Auch der Konstrukteur des Bauplans ist unsichtbar. Der Plan wird von Generation zu Generation vererbt, aber irgendwann einmal ist er entstanden. Die Evolutionslehre besagt, daß das höhere Lebewesen aus einem niederen entstanden ist – also der kompliziertere Bauplan aus dem einfacheren. Auch das geschieht nicht durch den Zufall, der die Entwicklung leiten müßte, wenn nur das physikalische Gesetz wirksam wäre. Dazu ist der Konstrukteur nötig, genau so, wie um den Plan einer modernen Wasserturbine aus dem Plan eines antiken Wasserrads zu entwickeln. Auch ihn sehen wir nicht, auch er ist unsichtbar. Er ist im Evolutionsgeschehen wirksam gewesen, erst recht natürlich bei der Entstehung des Lebens selbst. Er hat eine unübersehbare Fülle von lebendigen Formen „entworfen", die in der Lebensgeschichte zum Teil wieder untergegangen sind, zum Teil aber heute leben und die wir in den Gestalten von Fischen, Insekten, Vögeln, Gräsern, Bäumen, usw. usw. sehen.

Die Diskussion um den „Konstrukteur" und den „Baumeister" wogt schon lange unter den Biologen hin und her und ist heute genausowenig abgeschlossen wie vor 100 Jahren. Die fundamentale Erkenntnis des Lebendingen fehlt uns eben.

Die „mechanistische Auffassung" ist entweder blind gegenüber dem unendlich komplizierten und weisheitsvollen Geschehen in einem Organismus, oder sie behauptet einen Zufall für dieses Geschehen und seine Entstehung, der noch unendlich viel unwahrscheinlicher wäre als unser Beispiel von den sechs Schaufeln und der Achse, die sich in einem Gebirgsbach „zufällig" zu einem funktionierenden Wasserrad zusammenfügen.

Von manchen Biologen ist darauf hingewiesen worden, daß der Organismus seine geordneten Anfangsbedingungen durch Vererbung überliefert bekommt (der molekulare Code der Chromosomen), also nicht, was seine Ordnung betrifft, „bei Null anfängt". Die Ordnung ist schon im Dunkel des Beginns des Lebens entstanden. Auch dies hilft der mechanistischen Auffassung nicht. Bei geordneten Anfangsbedingungen wird die Ordnung nur dann aufrechterhalten, wenn jeder zufällige Einfluß von außen ausgeschlossen ist. Bei einem Organismus, der sich aus einer einzigen Zelle mit Hilfe von Materialaufnahme und -abgabe entwickelt, der in der Welt lebt und durch ungezählte Vererbungsakte gegangen ist, kann davon überhaupt keine Rede sein. Außerdem hat sich im Laufe des Evolutionsgeschehens die Ordnung in geradezu phantastischer Weise erhöht. Ein Affe weist in seiner Körperstruktur eine unendlich viel höhere Ordnung auf als ein Einzeller, und seine Keimzelle enthält diese erhöhte Ordnung schon. Kein physikalischer Mechanismus verfeinert sich in dieser Weise von allein. Die mechanistische Auffassung ist unhaltbar.

Die Vitalisten, im Gefolge von *Driesch*, haben das Fehlen eines sichtbaren Konstrukteurs und Baumeisters klar erkannt. Sie führten eine Entität ein, Entelechie genannt, die die Aufgabe des „Baumeister" übernimmt. Man hat den Vitalisten den Vorwurf gemacht, sie hätten mit der Einführung von etwas Unsichtbarem und Unbekanntem den Boden der Naturwissenschaft verlassen. Den gleichen Vorwurf hätte man dann Newton und Maxwell machen müssen, die beide etwas Unsichtbares, Neues eingeführt haben, Newton die Gravitation, Maxwell das elektromagnetische Feld. Von beidem wissen wir inzwischen, daß es existiert. Nur den Boden der Physik haben die Vitalisten verlassen, aber Physik ist nicht die ganze Welt.

Wir brauchen uns aber nicht auf hypothetische Wesenheiten und Begriffe (wie z. B. die Entelechie), die mit Diskussion, Urteil und Vorurteil beladen sind, zu stützen. Was wir mit Sicherheit feststellen können, ist dies:

Es besteht ein Unterschied zwischen einer Maschine und einem Organismus und dieser Unterschied ist fundamental: Der Organismus besitzt in seiner eigenen inneren Wesenart und Gesetzmäßigkeit schon das, was zur Entstehung der Maschine erst von außen, nämlich vom Menschen, geliefert werden muß: den Bauplan und den Baumeister. Der Organismus ist nicht Maschine allein, er ist Maschine + Bauplan + Baumeister (+ sicherlich noch vieles andere, was hier nicht zur Diskussion steht).

Nachdem nun diese neuen Elemente in der Entwicklung und Verhaltensweise des Organismus selbst aufgetreten sind, muß die Frage nach der absoluten und ausschließlichen Gültigkeit der Physik im Organismus erneut aufgeworfen werden. Es ist kaum möglich, der Physik noch eine ganz andere Gesetzmäßigkeit – die Ausführung eines Bauplans – aufzupfropfen, ohne irgend etwas an der strengen Erfüllung der Physik zu ändern. Wir stehen aber hier vor einem schwierigen Problem, das von einer Lösung noch weit entfernt ist. Begnügen wir uns damit, das ungelöste Problem in seiner ganzen Tiefe zu erkennen[1]).

Also in der Tatsache, daß es sich um eine innere Gesetzmäßigkeit handelt, die von allein im Organismus alle Ingenieurkunst zustande bringt, liegt der wesentliche Unterschied zur Maschine, die von Menschen konstruiert und gebaut ist. Es wird oft argumentiert, daß es sehr wohl einen Mechanismus geben kann, der die Maschine automatisch baut. Aber das führt nicht weiter. Die Automation erhöht ja nur das Maß des Beitrages an menschlicher Intelligenz und Ingenieurkunst, die in das Ganze hineingesteckt ist. Der „Mechanismus, der automatisch eine Maschine baut, die automatisch eine andere Maschine baut ...", ist natürlich vom Menschen erdacht, konstruiert und gebaut. Von allein ensteht er ganz bestimmt nicht.

Allzulange hat man die Dinge der Natur nur gewissermaßen von außen betrachtet, ihre Gesetzmäßigkeiten zwar erforscht, aber vergessen, daß diese Gesetzmäßigkeiten nicht nur Produkt unserer Gedankenarbeit sind, sondern zu den Dingen selbst gehören, sozusagen ihre Innenseite darstellen. Die Materie läßt sich ja von dem Gesetz, das sie befolgt, nicht trennen. Schon *Aristoteles* sprach von der „Seele" (Psyche), die auch eine Pflanze besitzt und meint unter anderem eben diese Innenseite der Pflanze, die ihre Fähigkeit zum Selbstaufbau enthält. Neuerdings betont z. B. *A. Portmann* die „Innerlichkeit" der Organismen, die ganz unbewußt das organische Verhalten regelt.

---

[1]) Näheres darüber findet sich in meinem kleinen Buch M. u. N. E. und 2. Gilt die Gleichung: Leben = Physik + Chemie?

Wir dürfen diesen Begriff auch ruhig auf das pflanzliche Leben anwenden, bei dem von Bewußtsein keine Rede ist. Die „Innerlichkeit" der Pflanze ist die ihr innewohnende, mehr oder weniger flexible Gesetzlichkeit, die sie aus der Keimzelle aufbaut und neue Keimzellen erzeugt, eben diejenige Gesetzlichkeit, die den Baumeister ersetzt und den Bauplan in die Wirklichkeit der ausgewachsenen Pflanze verwandelt. Der Bauplan wird erneut „abgelesen" und verwirklicht, jedesmal wenn die Pflanze neue Triebe und Blüten treibt.

Die höheren Tiere, und vor allem der Mensch, haben noch eine andere Innerlichkeit, die bewußt werden kann und die wir aus unmittelbarster eigener Erfahrung kennen: unser eigenes Seelen- und Geistesleben. Dieses ist natürlich etwas vollkommen anderes, als das, was unbewußt in einer Pflanze wirkt. Ein Teil dieses unserers inneren Lebens ist unser Denken. Auch dieses ist mit maschinellen Anlagen verglichen worden. Die Rechenmaschinen, von der primitivsten Addiermaschine bis zum modernen Computer, sind ja zu dem Zweck entworfen, um das menschliche Denken zu unterstützen oder um es zu ersetzen. Können solche Maschinen also denken? In der Literatur finden sich in der Tat Behauptungen in diesem Sinne, die manchmal die Grenze der legitimen Phantasie weit überschreiten; z. B. wenn gesagt wird, eine Maschine müsse nur groß und kompliziert genug sein, um „Bewußtsein" zu haben und könne sich selbst höher und höher organisieren und damit die menschliche Intelligenz übertreffen!

Zunächst muß eines festgestellt werden: Unser eigenes Denken ist eine seelisch-geistige Tätigkeit und gehört einer völlig anderen Kategorie des Seins an, als ein „physikalisches System" oder auch die Gesetzmäßigkeit seines Ablaufs. Eine Identifikation unseres Denkens oder gar unseres Bewußtseins mit einem maschinellen Ablauf, ist also von vornherein ganz und gar ausgeschlossen. Sie würde auf einem prinzipiellen Denkfehler beruhen. Es kommt nur eine Analogie in Frage. Trotzdem weist der Vergleich wohl auf ein Körnchen Wahrheit hin, die wir etwas herauszuarbeiten versuchen wollen.

Wir haben von der „Innenseite" eines Organismus gesprochen. Es war die ihm innewohnende Gesetzmäßigkeit, die den „Bauplan" und die „Baumeistertätigkeit" einschließt. Können wir auch bei dem Geschehen in leblosen anorganischen Körpern von einer „Innenseite" sprechen? Auch ein totes physikalisches System, also auch eine Maschine, befolgt Gesetzmäßigkeiten: die gewöhnlichen physikalischen Gesetze. Wenn wir wollen, können wir diese als die Innenseite des Systems bezeichnen[2]). Sie ist aber sehr verschieden von der Innenseite eines Organismus; sie enthält nur das starre, einen strengen Ablauf fordernde physikalische Gesetz und sonst nichts.

Jede elektrisch funktionierende Maschine, folglich auch ein elektronischer Rechenautomat, demonstriert in seinem Ablauf Schritt für Schritt die Folgerungen aus den elektrodynamischen Gesetzen, den Maxwellschen Gleichungen, mit den von uns durch die Konstruktion und durch die Programmierung gestellten äußeren und Anfangsbedingungen. Er tut es im Prinzip nicht anders als ein fallender Stein, der uns durch seine Bewegung einen Spezialfall des Galileischen Fallgesetzes vordemonstriert. Der Rechenautomat ist natürlich sehr viel komplizierter. Er ist (von uns) so konstruiert, daß parallel und gleichzeitig mit seinem elektrodynamischen Ablauf auch die Lösung eines

---

[2]) In seinem Buch „Das Bewußtsein der Maschinen" (Aegis, 1957) betont *G. Günther*, daß in die Maschine nicht-physikalische Teile, mathematische Gleichungen ... eingehen und sie folglich eine nicht-körperliche Komponente enthalte. Es sei also berechtigt, die Reaktionsfähigkeit der Maschine als Bewußtsein zu interpretieren. Mit dem ersten Satz können wir sehr wohl einverstanden sein. Der zweite schießt aber beträchtlich übers Ziel hinaus: mathematische Gleichungen und Bewußtsein sind doch wohl zweierlei!

von uns gestellten Rechenproblems (oder eines ähnlichen Problems) verbunden ist. Nun: wir haben ganz allgemein festgestellt, daß die physikalischen Gesetze, bei geeigneter Wahl von äußeren Bedingungen, einen Ablauf haben können, der die Konstruktion von Maschinen erlaubt, die eine von uns gewünschte Aufgabe erfüllen.

Wie verhält sich nun dieser Ablauf zu unserem Denken?

Mit einem Teil unseres Denkens lösen wir ja die gleiche Aufgabe. Wir berechnen das Fallen des Steins, oder lösen die dem Rechenautomaten gestellte Aufgaben – letzteres nur sehr viel langsamer. Wir können dies so machen, daß wir nur die primitivsten Mittel der Logik und des Rechnens benutzen, ohne Rekurs auf höhere Mathematik (z. B. auf die Infinitesimalrechnung). Wir zerlegen den Vorgang in kleine und kleinste (aber endliche) Schritte. Das physikalische Gesetz kann annäherungsweise so formuliert werden, daß es den in Wirklichkeit kontinuierlichen Vorgang durch einen Vorgang ersetzt, der aus lauter kleinen Schritten besteht. Wir präparieren quasi das physikalische Gesetz in dieser Weise um. Und nun rechnen wir aus, was geschieht. In der letzten Operation, dem Ausrechnen, ist nicht mehr nötig als Addieren und Subtrahieren. Die erste Phase, die darin besteht, die Bedingungen in geeigneter Weise zu stellen, nämlich so, daß mit dem physikalischen Ablauf auch die gewünschte Rechenaufgabe gelöst werden kann, ist nicht die Leistung der Maschine, sondern des Konstrukteurs und desjenigen, der die Aufgabe programmiert. Der Rechenautomat leistet die zweite Phase, das Ausrechnen. Er tut es in dieser ganz primitiven, elementaren Weise, Schritt für Schritt.

Er kann auch keinen andern Weg beschreiten. Wenn wir z. B. den Ablauf eines physikalischen Geschehens bestimmen wollen, dann gehen wir gewöhnlich einen mathematisch eleganteren Weg. Wir lösen die zugehörige Differentialgleichung und bestimmen die analytische Funktion, die den Ablauf darstellt. Das kann aber die Maschine prinzipiell nicht, aus folgendem Grund: Der Ablauf eines physikalischen Systems entspricht nie exakt dem mathematischen Gesetz, er ist immer mehr oder weniger ungenau. So gut die Maschine auch konstruiert sein mag, den Begriff der Funktion kann sie nicht bilden. Sie kann in ihrem Ablauf die Funktion lediglich numerisch approximieren. Zwischen einer Funktion und einer, wenn auch noch so genauen, approximativen, numerischen Darstellung besteht aber ein prinzipieller, ein qualitativer Unterschied. Der mathematische Begriff einer Ellipse ist niemals auch durch eine noch so gute Zeichnung reproduzierbar. Bei genauerem Zusehen finden sich immer Abweichungen von der mathematischen Gestalt, so daß die Kurve nur auf Entfernung einer Ellipse ähnlich sieht.

Oder: Wir bilden den Begriff einer Quadratwurzel einer Zahl. Die Maschine kann $\sqrt{3}$ mit großer Genauigkeit ausrechnen, auf 100 Dezimalen genau, vielleicht auf 1000. $\sqrt{3}$ hat aber unendlich viele Dezimalen und die kann die Maschine nicht angeben. Der *Begriff* der Wurzel umfaßt sie alle. Auch wir können die Dezimalen nicht alle angeben, aber wir haben den Begriff und können mit ihm völlig exakt operieren.

Die Maschine kann nicht mehr leisten, als was in ihrem physikalischen Ablauf steckt. Und dies sind rein numerische Tatbestände, bestenfalls sehr genaue, aber nicht exakte Darstellungen mathematischer Begriffe. Die numerische Approximation geschieht durch die Zerlegung in kleine Schritte. Weil die Maschine ein reales physikalisches Objekt ist, kann sie nichts anderes leisten, als ein numerisches Rechnen oder äquivalente logische Operationen ausführen. Dieses kann allerdings in komplizierter und raffinierter Weise ausgestaltet werden.

Ferner kann an gewissen Stellen der Ablauf dem Zufall überlassen werden, so daß die Maschine eine ganze Reihe von Resultaten nach Zufall erzeugen kann. Die Maschine kann auch „würfeln". Der Zufall kann eingebaut werden, weil wir ja schon gesehen haben, daß im physikalischen Ablauf komplizierter Systeme der Zufall eine Rolle spielt.

Insofern ein Teil unseres Denkens ebenfalls von dieser Art ist, ist es berechtigt, zu sagen, daß in der Maschine dieser Teil unseres Denkens abgebildet ist, und sie führt ihn sehr viel schneller und sicherer aus. Umfang und Geschwindigkeit der von der Maschine geleisteten Arbeit kann allerdings so groß sein, daß die möglichen Resultate kaum vom Menschen mehr übersehen werden können, was dann auch zu der weithin propagierten These, die Maschine habe „Intelligenz", geführt hat. Der Maschine deshalb ein eigenes „Denken" zuzuschreiben hieße, jedem physikalischen Objekt ein „Denken" zuzubilligen. Der Unterschied zwischen einem Stein, der sich nach dem Fallgesetz bewegt und dem Rechenautomaten besteht in der Kompliziertheit und darin, daß der letztere vom Konstrukteur noch so konstruiert ist, daß sein physikalischer Ablauf für uns nützlich ist, was von dem fallenden Stein nicht gesagt werden kann. Komplizierte physikalische Abläufe können nun einmal von uns nicht überschaut werden. Aber für die Tatsache, daß ein Objekt einem physikalischen Gesetz gehorcht (auch wenn der Ablauf nicht vorhergesehen werden kann), das Wort „Denken" zu gebrauchen, ist ein Mißbrauch der Sprache.

Vielleicht verbirgt sich hinter dem Gebrauch dieses Wortes das Gefühl, daß wir hier in Wirklichkeit vor einem tiefen und völlig ungelösten philosophischen Problem stehen. Wie macht es ein Stein, daß er nach einem mathematisch formulierten Gesetz fällt? – Die Frage führt direkt in die metaphysische Problematik des Verhältnisses von Materie und Geist. Wir machen auf das Problem lediglich aufmerksam, aber können es hier nicht eingehender behandeln (vgl. 12. Über das innere Wesen der Naturdinge).

Die Maschine leistet also – schnell und sicher –, was sonst von uns durch die elementarsten Rechenoperationen – langsam und mit Fehlern – geleistet wird. Auch die durch die anthropomorphen Ausdrücke wie „Gedächtnis" und „Lernen" charakterisierten (genauer: in sie hineinkonstruierten) Eigenschaften der Maschine gehören zur gleichen Kategorie. Bei der Konstruktion der Maschine kann man, wie gesagt, gewisse Alternativwege offenlassen, die die Maschine nach Zufall auswählt. Wenn der eine Weg zu einem „unerwünschten" Resultat führt – was erwünscht oder unerwünscht ist, wird hineingesteckt –, dann wählt die Maschine bei der nächsten gleichen Situation die andere Möglichkeit. All dies kann als feste Spielregel hineinkonstruiert werden. Prinzipiell bleibt es im Rahmen der elementaren logischen Regeln.

Ein deutliches Licht auf die Situation wird auch durch die mathematische Logistik geworfen – mit dem gleichen Resultat. Das Resultat ist in wenigen Sätzen erklärt. Wie bekannt, gliedert sich die Mathematik in hierarchisch angeordnete Gebiete, die jeweils durch ein eigenes Axiomensystem charakterisiert sind. Das unterste Gebiet ist die elementare Logik, die durch die *Boole*schen Axiome abgegrenzt ist. Die wichtigen Sätze von *Goedel* und *Church* machen Aussagen über die formale Beweisbarkeit von mathematischen Aussagen auf Grund der Axiome innerhalb eines jeden Gebietes[3]).

Wir geben das für uns wichtige Resultat in einfacher Sprache wieder. Betrachten wir eines dieser Gebiete (nicht die Logik). Dann gibt es in diesem Gebiet mathematische Aussagen, von denen auf Grund der Axiome formal nicht bewiesen werden kann, ob sie richtig oder falsch sind. Sie sind unentscheidbar. Sie ließen sich mit

---

[3]) Die „*Goedel*schen Sätze" sind in Wirklichkeit einige Jahre vor *Goedel* von *P. Finsler* in nichtformaler Sprache aufgestellt worden. Wir benutzen hier vor allem den Satz von *Church*.

Hilfe eines höheren Gebiets der mathematischen Hierarchie entscheiden, aber dann bleiben eben Aussagen in diesem höheren Gebiet unentschieden. Und mehr noch: Es gibt keine systematische Methode, d. h. keinen ein für allemal klar vorgeschriebenen, logischen Weg, um herauszufinden, ob ein bestimmter vorgelegter Satz – etwa eine Formel – in die Gruppe der entscheidbaren oder der unentscheidbaren Aussagen gehört. Es gibt also kein festes Allgemeinrezept, um eine bestimmte Formel zu beweisen oder zu widerlegen. Man muß jedesmal einen eigenen Weg der Beweisführung finden. Nur innerhalb der elementaren Logik können alle Behauptungen auf systematische Weise entschieden werden.

Nun ist wohl klar, daß eine Maschine, wie sie auch konstruiert sei, ein Instrument ist, das auf systematische Weise arbeitet. Wie könnten wir sie sonst überhaupt konstruieren? Nur dem Zufall kann noch ein gewisser Raum eingeräumt werden. Daraus folgt, daß die Maschine im Bereich der Mathematik nur Dinge ableiten und beweisen kann, die eben auf systematisch-formale Weise abgeleitet werden können, und das sind im wesentlichen die Schlüsse und Aussagen der elementaren Logik.

Anders der Mathematiker. Die ganzen höheren Gebiete der Mathematik hätten nie entstehen können, wenn die Mathematiker nur den systematisch-logischen Weg hätten gehen können. Schon die nichtnumerischen Begriffsbildungen, wie Quadratwurzel, Differentialquotient, analytische Funktion usw., liegen, wie wir gesehen haben, außerhalb der Reichweite der Maschine. Und selbst wenn wir sie irgendwie hineinprogrammieren könnten, ein allgemeines Rezept für Beweisführungen gibt es nicht, und folglich kann die Maschine die Beweise auch nicht führen. Diese Gebiete sind aber entstanden, und zahlreiche Sätze sind bewiesen. Der Weg dazu war aber ein anderer. Der Mathematiker hatte, was man einen Einfall oder eine Intuition nennt. Und damit betreten wir das Gebiet des menschlichen Geistes. Einen Einfall kann die Maschine nicht haben. Es wäre armselig um den menschlichen Geist oder unser Gehirn bestellt, wenn wir uns in unserem Leben auf die formalen, elementar-logischen Denkabläufe beschränken müßten. Wir brauchen dabei gar nicht an die höhere Mathematik und andere Gebiete der Wissenschaft zu denken. Im ganz gewöhnlichen täglichen Leben spielt sich tausendfältig ab, was wir einen Einfall nennen. Wenn ein Kaufmann für ein neues Produkt sich eine neue Werbung einfallen läßt, mag sie auch sonst noch so banal sein, oder wenn einem Schulbuben ein neuer Streich einfällt, dann sind das Dinge, die außerhalb der Reichweite einer Maschine liegen, und zwar prinzipiell – vorausgesetzt, es handelt sich wirklich um etwas Neues. Es gibt keine systematische Methode, um einen neuen Gedanken, einen Einfall zu finden und durch Zufall wird er auch nicht gefunden. Der Zufall kann die Anregung für einen Einfall bilden – wie der berühmte Apfel, der Newton auf den Kopf fiel – aber derselbe Zufall erzeugt bei andern Menschen eben keinen Einfall.

Betreten wir die höheren Gebiete menschlicher Geistestätigkeit, seine schöpferischen Fähigkeiten, dann überschreiten wir die Grenze des Lächerlichen, wenn wir diese als ein Anwendungsgebiet für die Maschine ansehen. Wenn eine Maschine durch zufällige Kombination von Buchstaben ein Gedicht von vier Zeilen zu zwanzig Buchstaben schreiben soll, und wenn sämtliche Menschen, die je auf der Erde gelebt haben, nichts anderes getan hätten, als die Produkte der Maschine daraufhin durchzusehen, ob sich aus der Buchstabenkombination Verse mit einem Sinn ergeben, dann wäre bis heute noch kein einziges Gedicht entstanden. Außerdem wird hier eine Anleihe an den menschlichen Geist gemacht. Nur er, nicht die Maschine, kann auswählen, was sinnvoll und künstlerisch wertvoll ist. Die von einem Computer bisher geschriebenen, sogenannten „Gedichte" sind dadurch entstanden, daß man schon ganze (auch dichterische!) Worte und ihre notwendige grammatikalischen Zusammenhänge hineinprogrammiert hat. Einen tieferen Sinn lassen sie natürlich nicht erkennen. Schließlich ist die Annahme, ein Gedicht könne durch Zufall entstehen, natürlich von vornherein purer Unsinn. Durch Zufall ensteht kein Geist.

Man mag einwenden, daß einem „Einfall" oder einer sonstigen geistigen Leistung des Menschen ein bestimmter physiologischer Vorgang in unserem Gehirn zugeordnet ist und wir folglich nur unser Gehirn in der Maschine nachbilden müßten, damit die Maschine auch alle unsere geistigen Leistungen vollbringen kann. Die Antwort ergibt sich schon aus dem Gesagten. Nehmen wir an, im Gehirn spielen sich physiologische, d. h. chemisch-physikalische Vorgänge streng nach den Gesetzen der Physik ab, so daß also das Gehirn tatsächlich durch eine Maschine nachgeahmt werden könnte (abgesehen von der unvergleichlich viel größeren Kompliziertheit). Dann haben wir schon gezeigt, daß ein solches System z. B. niemals einen Begriff bilden kann. Es kann dann also kein exakter Parallelismus zwischen physiologischer Gehirntätigkeit und unserer geistigen Funktion bestehen. Wenn anderseits eine exakte, umkehrbar eindeutige Korrelation zwischen geistiger Tätigkeit und Gehirnvorgängen angenommen wird, wie das heute oft wie ein Dogma behauptet wird, dann können die Gehirnvorgänge jedenfalls nicht, wie ein physikalisches Objekt, lediglich nach den Gesetzen der Physik verlaufen. Dann kann das Gehirn auch nicht durch ein physikalisches System, wie es eine Maschine ist, nachgeahmt werden. Am wahrscheinlichsten ist es, daß keines von beiden wahr ist, daß es also weder eine eindeutige Korrelation zwischen seelischen und Gehirnvorgängen gibt, noch daß die letzteren genau und nur nach den physikalischen Gesetzen ablaufen. Für ersteres ließen sich gewichtige Argumente angeben, doch können wir hier nicht darauf eingehen (vgl. 2. Gilt die Gleichung: Leben = Physik + Chemie?). Was den zweiten Punkt angeht, so sei nur bemerkt, daß das Gehirn ein Teil eines lebenden Organismus ist und wir ja schon oben gezeigt haben, daß ein solcher eben nicht mit einer Maschine äquivalent ist. Auch nach den Aussagen kompetenter Hirnspezialisten ist die Ähnlichkeit zwischen Gehirn und dem sog. Elektronengehirn weit geringer als es viele Kybernetiker wahrhaben möchten.

Somit dürfte das Gebiet, auf dem eine Analogie zwischen der Tätigkeit der Maschine und der unseres Denkens existiert, abgegrenzt sein: Die Analogie beschränkt sich im wesentlichen auf das elementar-logische Denken. Man kann natürlich versuchen, jede andere Art des Denkens abzuleugnen, um den Menschen der Maschine anzugleichen. Aus der Welt schaffen wird man es aber nicht, da die vorhandenen Leistungen schon den Existenzbeweis für anderes Denken erbringen. Was die Maschine leistet, ist also eine Abbildung des primitivsten Teils unseres Denkens, das mit Hilfe menschlicher Ingenuität schneller und sicherer ausgestaltet ist. Die Maschine denkt auch in diesem Gebiet nicht von allein. Es ist der Konstrukteur, der sein eigenes Denken auf dem Weg über den physikalischen Prozeß in der Maschine abgebildet hat und bei jeder Programmierung erneut abbildet[4].

Es besteht heute eine weit verbreitete Tendenz, den Menschen in der Tat der Maschine anzugleichen. Dies geschieht nicht nur dadurch, daß man theoretisch behauptet, die Maschine könne denken, dichten und andere menschliche geistige Tätigkeiten ausführen, womit man impliziert, der Mensch könne nicht mehr, als die Maschine. Es geschieht auch in Praxis, sogar vom frühen Kindesalter an. (Frühes Lesen lernen, programmierter Unterricht, usw.) Man stärkt das, was die Maschine auch kann oder wovon

---

[4] Eine eingehende Darstellung des Verhältnisses von Denken, Gehirn und Maschine und der um den Computer gesponnenen Legenden findet sich auch in dem Buch von *S. L. Jaki*: Brain, Mind and Computers, New York, 1969.

man glaubt, sie könne es: mechanische Denkabläufe, auswendig lernen, Daten im Gedächtnis behalten usw. Man vernachlässigt alles andere: lebendiges, selbständiges Denken, Gefühls- und Geistesleben. Um so wichtiger ist es also festzustellen: Ein denkender Organismus ist die Maschine nicht. Ihre „Innenseite" ist das physikalische Gesetz, der Prototyp von unbeweglicher Starrheit und Strenge – und dies ist kombiniert mit Zufall. Es ist der dümmste Teil unserer Gehirntätigkeit, den es gibt. Zum Denken gehört aber sinnvolle Beweglichkeit, außer wenn es sich eben um einen stumpfsinnigen, mechanischen Denkablauf handelt. Insofern als man unter „Intelligenz" die Fähigkeit zu selbständigem Denken versteht (was allerdings nicht immer der Fall ist), kann man der Maschine nur ein absolutes Null an Intelligenz zugestehen.

Ebensowenig ist ein Organismus eine Maschine. Er hat etwas, was die Maschine nicht hat und per definitionem nicht haben kann – Leben.

4. Der Pfeil der Zeit *)

1. Zeitumkehrbarkeit der Physik

Wir erleben die Zeit als etwas, was stets in *gleicher Richtung* fortschreitet. Es sei nicht davon die Rede, daß die Zeit für uns manchmal rasch, manchmal langsam abläuft, verglichen mit einer gut gehenden Uhr, es ist nur wichtig, daß sie immer in gleicher Richtung fortschreitet, niemals „rückwärts läuft".

Im scharfem Gegensatz dazu stehen die Gesetze der Physik, die – mit zwei einzigen Ausnahmen – keine bevorzugte Zeitrichtung kennen und grundsätzlich eine *Zeitumkehr* gestatten. Dies soll an einem einfachen Beispiel erläutert werden. Wir betrachten 2 (gleiche oder verschiedene) Billardkugeln, die mit verschiedenen Geschwindigkeiten $\vec{v_1}$, $\vec{v_2}$ aus verschiedenen Richtungen gegeneinander gestoßen werden. Der Stoß kann mehr oder weniger zentral sein, oder so, daß sich die Kugeln nur eben berühren. Es interessiert uns nicht, was während des Stoßes passiert. Nach dem Stoß, d. h. wenn die Kugeln ihren Kontakt wieder verloren haben, werden sie andere Geschwindigkeiten und Richtungen haben, $\vec{w_1}$ und $\vec{w_2}$. Wenn $\vec{v_1}$ und $\vec{v_2}$ vorgegeben sind, gibt es eine Reihe von möglichen Werten $\vec{w_1}$, $\vec{w_2}$. Physikalische Gesetze schränken die Möglichkeiten stark ein. Welches spezielle Wertpaar in einem Stoß realisiert wird, hängt dann noch davon ab, ob der Stoß mehr zentral oder peripher war.

Wir fragen uns jetzt, wie der Stoß verlaufen würde, wenn die Zeit in umgekehrter Richtung fortschreiten würde. Offenbar ändern sich zwei Dinge:

1. Begriffe „vor dem Stoß" und „nach dem Stoß" müssen vertauscht werden.

2. Wenn die Zeit umgekehrt läuft, ändert sich auch die Richtung jeder einzelnen Geschwindigkeit, aus $\vec{v_1}$ wird $-\vec{v_1}$, usw.

Wenn also der ursprüngliche Stoßprozeß

$$\vec{v_1},\ \vec{v_2} \longrightarrow \vec{w_1},\ \vec{w_2} \tag{1}$$

war, so wäre der zeitumgekehrte Prozeß (vgl. Bild 3)

$$-\vec{w_1},\ -\vec{w_2} \longrightarrow -\vec{v_1},\ -\vec{v_2} \tag{2}$$

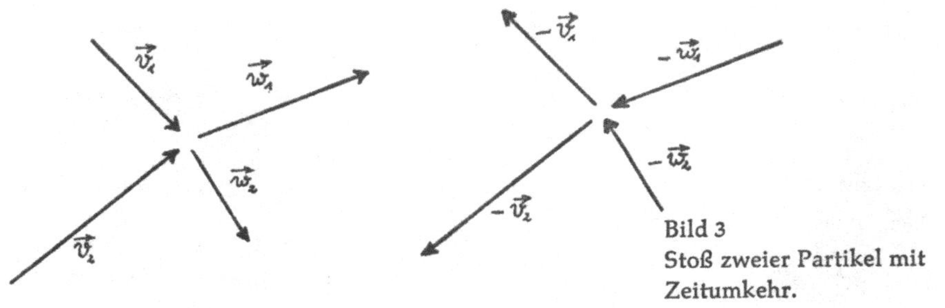

Bild 3
Stoß zweier Partikel mit
Zeitumkehr.

Das physikalische Gesetz der Zeitumkehr besagt nun, daß wenn (1) ein möglicher Stoßprozeß ist, dann ist auch (2) möglich. Man kann es sogar noch etwas

---

*) Ringvorlesung an der Universität Zürich, 1963/64, erschienen in dem Band, „Das Zeitproblem im 20. Jahrhundert", Sammlung Dalp, Bern 1964.

stärker präzisieren. Wenn wir es dem Zufall überlassen, wie zentral oder peripher der Stoß ist (das hängt dann von der Anfangslage der gestoßenen Kugel ab), dann wird ein spezielles Wertpaar $\vec{w_1}$ $\vec{w_2}$ mit einer bestimmten Wahrscheinlichkeit auftreten. Der Prozeß (2) kommt dann mit der gleichen Wahrscheinlichkeit vor, wie der Prozeß (1).

In ähnlicher Weise können wir zu allen physikalischen Prozessen den zeitumgekehrten Prozeß betrachten und fragen, in welchen Fällen er auftreten kann oder nicht. Es zeigt sich, daß das Gesetz der Zeitumkehrbarkeit zu den allgemeinsten physikalischen Gesetzen gehört, die es überhaupt gibt. Es gilt, so weit unsere jetzige Kenntnis reicht – mit Ausnahme der zwei Fälle, die in Abschnitt 2 und 4 besprochen werden – für die ganze Physik, d. h. die Mechanik, Elektrodynamik, einschließlich Relativitätstheorie, Quantenmechanik (Atomphysik), die relativistische Quantenmechanik und die ganze Theorie der sogenannten Elementarteilchen. Freilich sind die beiden zuletzt genannten Gebiete noch lange nicht abgeschlossen, und es ist nicht ausgeschlossen, daß sich noch Gebiete der Physik zeigen werden, in denen die Zeitumkehr nicht gilt. Starke Andeutungen dafür sind vorhanden, (ähnlich wie vor einigen Jahren festgestellt wurde, daß das Gesetz der Spiegelsymmetrie in manchen Gebieten, z. B. beim β-Zerfall, versagt, während es sonst von ähnlich allgemeiner Gültigkeit ist.)

Prozesse, die die Zeitumkehr gestatten, nennen wir reversibel, solche die nur in einer Zeitrichtung verlaufen können, irreversibel.

2. Der zweite Hauptsatz der Thermodynamik

Es gibt ein Gebiet der Physik, das ganz offensichtlich keine Zeitumkehr gestattet – die Wärmelehre. Wir betrachten wieder ein ganz einfaches Beispiel. Wir betrachten ein Gefäß, das durch eine wärmeleitende, aber flüssigkeitsundurchlässige Wand, etwa Metallwand, in zwei Teile unterteilt ist. In den einen Teil gießen wir eine kalte Flüssigkeit, in den anderen eine warme Flüssigkeit. Sonst sei das Gefäß gegen äußere Einflüsse abgeschlossen (Wärmeisolierung usw.). Wärme strömt von der warmen Flüssigkeit via Metallwand zur kälteren, die Temperaturen gleichen sich aus. Nach einiger Zeit haben beide Flüssigkeiten die gleiche Temperatur, die zwischen den beiden Anfangstemperaturen liegt.

Der Prozeß ist offensichtlich irreversibel. Es kommt nie vor, daß die wärmere Flüssigkeit noch heißer und die kältere Flüssigkeit noch kälter wird – was nach allen sonstigen physikalischen Gesetzen durchaus gestattet wäre. Der Satz von der Erhaltung der Energie z. B. würde einem solchen hypothetischen Vorgang nicht widersprechen.

In ähnlicher Weise sind alle Reibungsvorgänge, der Druckausgleich von Gasen, die anfänglich unter verschiedenem Druck stehen und vieles mehr, irreversible Prozesse. Solche Prozesse bedeuten einen Ausgleich von Spannungen aller Art.

Die Thermodynamik hat einen quantitativen Begriff geschaffen, der ein Maß für die Ausgeglichenheit von Temperatur und Druck darstellt – die *Entropie*. Jedes System von Körpern verschiedener Temperaturen und Drucke hat eine quantitativ angebbare Entropie S. Wenn sich die Temperaturen ausgleichen, so wächst S. Das physikalische Gesetz, das man als zweiten Hauptsatz bezeichnet, besagt, daß S für abgeschlossene Körper nur wachsen, bestenfalls konstant bleiben kann, aber nie abnimmt.

$$S \longrightarrow \text{maximum, oder } dS/dt \geq 0 \tag{3}$$

Wir wollen uns die Bedeutung dieses Gesetzes auch noch auf andere Weise klarmachen, indem wir auf die Molekularstruktur der Körper eingehen. Hier ist es nun sehr wichtig festzustellen, daß der zweite Hauptsatz nur auf Körper Bezug hat, die aus einer sehr großen Zahl von Molekülen bestehen. Schon die Begriffe Temperatur und Druck lassen sich nur für solche Körper überhaupt definieren und das gleiche gilt für die Entropie. Ein einzelnes Molekül, oder einige wenige, haben weder Temperatur und Druck noch eine Entropie.

Die Moleküle eines Gases oder einer Flüssigkeit befinden sich in Bewegung, mit verschiedenen Geschwindigkeiten, verteilt um eine mittlere Geschwindigkeit, die bei wachsender Temperatur zunimmt. In unserem Gefäß mit der warmen und kalten Flüssigkeit befinden sich die langsamen Moleküle mehrheitlich, sagen wir, links die schnelleren mehrheitlich rechts. Sie sind also nach Geschwindigkeiten teilweise *geordnet*. Nach dem Temperaturausgleich bildet sich eine neue mittlere Geschwindigkeit auf beiden Seiten des Gefäßes aus (wenn es sich um gleiche Flüssigkeiten handelt, ist sie auf beiden Seiten gleich), aber rechts wie links sind sowohl schnellere wie langsamere Moleküle zu finden. Es besteht *keine Ordnung mehr*. – Ebenso ist es bei einem Gas, das zuerst nur die Hälfte des ihm zur Verfügung stehenden Volumens ausfüllt und dann in die andere Hälfte einströmt. Zuerst sind die Moleküle alle rechts, also geordnet, nachher füllen sie den ganzen Raum, sind also ungeordnet.

Dies gilt ganz allgemein. Wenn die Moleküle irgendeines Körpers oder eines Gemisches mehrerer Körper, in irgendeiner Weise nach irgendeinem Prinzip geordnet sind, dann ist die Entropie relativ klein, sind sie ungeordnet, dann ist die Entropie groß. Das Gesetz (3) der wachsenden Entropie kann also auch so formuliert werden:

Die Moleküle eines abgeschlossenen Systems von Körpern streben immer gegen einen Zustand wachsender Unordnung.

Man könnte diese Begriffe auch auf Gegenstände des täglichen Lebens anwenden, sobald es sich um zahlreiche gleichgeartete Gegenstände handelt. Ein Kartenspiel, das richtig geordnet ist, hat eine kleine Entropie, ein gut gemischtes Kartenspiel eine große Entropie. Beim Mischen überlassen wir die Anordnung dem Zufall – es ergibt sich Unordnung von ganz allein. Genauso ist es bei den Molekülen eines Gases, deren gegenseitige physikalische Einwirkung (Zusammenstöße) weitgehend zufällig ist. Es ergibt sich Unordnung von allein und daher eine wachsende Entropie. Eine Ordnung des Kartenspiels aber ergibt sich nicht von allein, sie entsteht nur durch einen *bewußten Willensakt* von unserer Seite. Der menschliche Wille hat also die Möglichkeit, die Entropie zu verkleinern, allerdings nur in sehr beschränktem Umfang, denn ein ordnender Eingriff in die Moleküle eines Gases ist natürlich unmöglich. Wir müssen es dahingestellt sein lassen, ob diese ordnende Fähigkeit des Menschen auf Kosten seines eigenen inneren Vorrats an negativer Entropie geschieht; die in Frage kommenden Entropie-Beträge sind auf alle Fälle äußerst minimal und völlig vernachlässigbar gegenüber den Beträgen, die beim Temperaturausgleich auch nur eines Tropfens Wasser auftreten.

3.   Das Entropiegesetz als Folge „großer Zahlen"

Zwischen den Ausführungen von Abschnitt 1 und 2 scheint ein Widerspruch zu bestehen. Wir haben in Abschnitt 1 festgestellt, daß auch atomare und molekulare Prozesse reversibel sind. Betrachten wir zwei Flüssigkeiten verschiedener Temperatur vom molekularen Standpunkt, so stellt sich der Temperaturausgleich dar als Übertragung von Geschwindigkeit der schnelleren Moleküle an die langsameren (auf dem Umweg über die Moleküle der Metallwand). Diese Prozesse sind aber reversibel, folglich sollte auch der Temperaturausgleich reversibel sein.

Die Auflösung des Widerspruchs ist keineswegs trivial. Er beruht auf Besonderheiten, die durch die außerordentlich große Zahl der Moleküle bedingt sind. Wir betrachten ein Gas, das sich in einem bestimmten Zeitaugenblick noch nicht im Temperaturgleichgewicht (Anfangszustand A) befindet. Es finden zunächst molekulare Prozesse statt, die zum Temperaturausgleich führen (Endzustand B). Die Vorgänge sind aber gundsätzlich reversibel. Auf Grund dieser Reversibilität kann man nun beweisen, daß auch tatsächlich im Laufe der Zeit molekulare Prozesse so stattfinden, daß der Anfangszustand A wieder erreicht wird (genauer gesagt, es gibt eine Zeit, nach der der Zustand A wieder mit beliebig großer vorgegebener Genauigkeit reproduziert wird) – also im Widerspruch zum Entropiegesetz. Dies ist der Wiederkehrsatz von *Poincaré*. Er sagt sogar aus, daß *jeder* beliebige Zustand im Laufe der Zeit erreicht wird [1]. Die Frage ist jetzt nur, wie groß ist diese Zeit t? Man kann t berechnen. Wenn die Zustände A und B einen merklichen Entropieunterschied aufweisen, dann ist t unvorstellbar groß. Das ganze Alter des Universums ($\sim 10^{10} - 10^{11}$ Jahre) würde noch lange nicht ausreichen, um aus dem Zustand B wieder den Zustand A zu erreichen. t ist um so größer, je größer die Zahl der Moleküle n im betrachteten Körper ist. Die Wiederkehrzeit t strebt tatsächlich gegen unendlich, wenn $n \longrightarrow \infty$. Da aber z. B. ein Kubikzentimeter Wasser schon 10^{22} Moleküle enthält – eine Zahl, die „dem ∞ nahe genug ist" – (die Mathematiker mögen diese Ausdrucksweise entschuldigen), so ist auch „für alle praktischen Fälle $t \sim \infty$". Somit zeigt sich, daß das Entropiegesetz nicht eigentlich den Charakter eines absolut strengen Gesetzes hat, es ergibt sich vielmehr als ein *Grenzgesetz, das streng nur im Grenzfall* $n \to \infty$ gilt.

Somit ist auch zu erwarten, daß bei endlicher Molekülzahl *kleine* Abweichungen vom Entropiegesetz auftreten. Betrachten wir einen kleinen Volumteil eines Gases. Würde der Entropiesatz streng gelten, so müßten in diesem Volumteil Temperatur und Dichte genau die gleichen sein, wie im übrigen Gas. Tatsächlich treten fort-

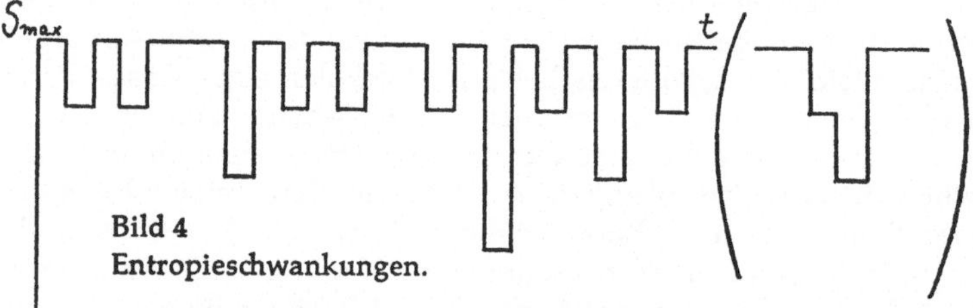

Bild 4
Entropieschwankungen.

während kleine Abweichungen auf, *Schwankungen* genannt, die auch zu (recht kleinen) Abweichungen der Gesamtentropie vom Maximalwert führen. Es gibt ganz alltägliche Erscheinungen, die auf diesen Schwankungen beruhen. Z. B. beruht die Tatsache, daß der Himmel blau und nicht absolut schwarz ist, auf der Streuung des Sonnenlichts an solchen Dichteschwankungen in der Luft. In einem streng homogenen Medium bewegen sich Lichtstrahlen geradlinig, das Sonnenlicht könnte nur direkt von der Sonne zu uns kommen, der Himmel wäre absolut schwarz.

---

[1] Das Gesagte gilt für praktisch alle Zustände eines Gases. Es gibt spezielle Ausnahmefälle (wenn z. B. alle Moleküle sich geradlinig zwischen zwei Wänden hin- und herbewegen), aber solche Spezialfälle kommen praktisch nicht in Betracht. Selbst wenn wir einen solchen Zustand für einen Moment herstellen könnten, er würde sofort durch die geringste äußere Wirkung wieder zerstört werden.

Betrachten wir also die Lebensgeschichte eines Gases im Laufe der Zeit, so ergibt sich folgendes Bild:

Fast immer hat die Entropie einen Wert sehr nahe dem Maximum, mit relativ häufigen „kleinen" Schwankungen. Sehr selten sind größere Schwankungen und noch viel, viel seltener relativ große Schwankungen. In Bild 4 sind Schwankungen von drei verschiedenen Größen berücksichtigt. (In Wirklichkeit variieren sie kontinuierlich.) Der Seltenheitsgrad der mittleren und großen Schwankungen ist außerordentlich stark untertrieben. Wenn wir nun etwa auf künstliche Weise einen Zustand herstellen, der noch nicht im Gleichgewicht ist, so befinden wir uns in einer der Spitzen mit großer Schwankung. So gut wie immer folgt dann aber eine Rückkehr zu größerer Entropie, zum Beinah-Maximalwert. Die Fälle, bei denen auf eine große Schwankung eine noch größere folgt (der Fall in Klammer rechts in der Figur), sind so selten, daß sie eben innerhalb der Lebensdauer des Universums so gut wie nie auftreten.

Andererseits ist die Figur völlig symmetrisch in bezug auf die Zeitrichtung. Von links nach rechts (wachsende Zeit), wie von rechts nach links (Zeitumkehr), sieht sie genau gleich aus – ein Ausdruck der völligen Reversibilität der molekularen Prozesse.

Wir können schließen, daß die physikalischen *Grund*gesetze reversibel sind, daß aber bei Anwendung auf „große Zahlen" *praktisch* irreversible Phänomene auftreten, für die der zweite Hauptsatz der Thermodynamik ein Ausdruck ist. Der Grund ist also der, daß in jedem Körper, der aus vielen Molekülen besteht, die ungeordneten Zustände ungleich viel häufiger sind als die geordneten. Jeder einmal, aus irgendeinem Grund geordnete Zustand geht sofort wieder in einen anderen Zustand geringerer Ordnung, also größerer Entropie über.

4. Die Entwicklung des Universums

Wenn wir dem zweiten Hauptsatz der Thermodynamik vertrauen dürfen, und daran ist ja bis auf weiteres kein Zweifel, dann muß auch das ganze Universum ständig einem Zustand größerer Entropie, d. h. einem Wärmeausgleich (einer Wärmedegeneration) zustreben. Daß dies der Fall ist, sehen wir direkt an unserem Sonnensystem. Die Sonne strahlt ständig Wärme und Licht aus. Zu einem sehr kleinen Teil werden damit die Planeten erwärmt zu einer, mit der Sonne verglichenen, kleinen Temperatur. Der größte Teil dieser Strahlung zerstreut sich in den Weiten des Universums. Die Sonne besitzt gewiß in ihrem Inneren Energiequellen. Soviel wir wissen, sind es Prozesse der Atomkernvereinigung. Aber diese erschöpfen sich im Laufe der Zeit und langsam aber sicher muß die Sonne sich abkühlen.

Das gleiche gilt von sämtlichen Sternen des Universums. Der Endzustand muß ein Zustand des totalen Wärmeausgleichs sein. Wenn keine Temperaturdifferenzen mehr bestehen, kann auch kein Leben mehr bestehen. Nichts kann mehr geschehen, es ist ein Zustand des *Wärmetods*. Der Pfeil der Zeit scheint unweigerlich auf diesen Endzustand hinzuweisen.

Der Schluß scheint unausweichlich und er wird auch immer wieder von Physikern und Laien gezogen. Und doch müssen ihm schwere Zweifel anhaften:

Wir können nämlich auch die Geschichte des Universums nach rückwärts verfolgen. Ebenso sicher kommen wir zu Zuständen kleinerer Entropie, größerer Wärme- und Druckspannungen. Zustände von großer explosiver Dynamik. Aber beliebig weit können wir nicht zurückgehen. Wir kämen zu einem Zustand, in dem die Entropie ein Minimum ist, ein Zustand extremster explosiver Potenz. Es ist fast sicher, daß dieser Zustand auch zeitlich nicht unendlich weit zurückliegen würde. Gerade dann, wenn der

Zustand sehr weit von einem Ausgleich entfernt ist und die Entropie sehr klein, erfolgt der erste Ausgleich sehr rasch, explosionsartig. Wäre das Universum unendlich alt, so wäre es unverständlich, daß der Wärmetod nicht schon längst eingetroffen ist.

Auch ganz andere Tatsachen weisen auf einen solchen *Beginn* des Universums hin. Wir wissen heute mit ziemlicher Sicherheit, daß das Universum sich ständig ausdehnt. Die entfernten Spiralnebel befinden sich in schneller Radialbewegung von uns weg, um so schneller, je größer ihre Entfernung ist. Die fernsten bewegen sich schon mit halber Lichtgeschwindigkeit. Es ist hier nicht der Ort, auf die Theorie dieser Radialbewegung einzugehen. Dazu wäre die allgemeine Relativitätstheorie notwendig[2]). Die Ausdehnung des Universums markiert ebenfalls eine Zeitrichtung, die mit der des Entropiegesetzes übereinstimmt.

Verfolgen wir diese Ausdehnung zeitlich zurück, so kommen wir zu einem Zustand, wo die Ausdehnung des Universums sehr klein war. Die Materie war äußerst konzentriert. Man schätzt, daß dieser Zeitpunkt etwa $10^{10} - 10^{11}$ höchstens 10^{12} Jahre zurückliegt. Weiter können wir die Geschichte des Universums nicht zurückverfolgen. Die Frage, wie ein solcher Anfangszustand zustande gekommen ist, ist physikalisch unbeantwortbar. Wir wissen auch nicht, *warum* das Universum sich ausdehnt. Wir können die Ausdehnung mit Hilfe von Vorstellungen, die der allgemeinen Relativitätstheorie entstammen, beschreiben, aber keinen zwingenden Grund für sie angeben. Aus den uns bekannten physikalischen Gesetzen läßt sie sich nicht ableiten; es gibt auch andere Denkmöglichkeiten für die Gesamtstruktur des Universums.

Betrachten wir wieder den „Anfangszustand" des Universums vom Standpunkt des Entropiegesetzes, wo wir auf festerem Grund stehen. Man mag auf die Idee kommen, daß es sich bei diesem Anfangszustand um eine jener großen Schwankungen handelt (Abschnitt 3), die ja nach dem *Poincaré*schen Wiederkehrsatz einmal auftreten müßten. Aber hier würde es sich um einen Zustand von solcher Seltenheit handeln, daß die Annahme ins Reich der Phantasie, aber nicht der Wissenschaft gehörte. Selbst das Planetensystem mit der Sonne in seinem jetzigen Zustand verhältnismäßig kleiner Entropie, ist nicht eine „Schwankung". Diese wäre schon so selten, daß die Dauer des Universums nicht im entferntesten ausreichen würde, um eine solche Schwankung auch nur als eine denkbare Möglichkeit erscheinen zu lassen. Zahlen von Jahren mit Tausenden von Nullen (!) reichen nicht aus, um die Seltenheit solcher Schwankungen zu charakterisieren.

Die Frage nach der Entstehung dieses Anfangszustands des Universums entzieht sich jeder Behandlung und Beschreibung durch die Physik. Vielmehr dürfte es sich hier um eine Zeit handeln, zu der es erst – frühestens – sinnvoll ist, von physikalischen Gesetzen überhaupt zu reden. Aber auch unser Zeitbegriff beruht darauf, daß physikalische Gesetze herrschen. Die Umlaufszeit der Erde um die Sonne definiert das Jahr. Dieser Zeitbegriff hat keinen angebbaren Sinn mehr, wenn wir uns dem Urzustand nähern.

Der Pfeil der Zeit, der die gegenwärtige Entropiezunahme und die Ausdehnung des Universums markiert, hat rückwärts einen Anfang. Ein Urzustand mit kleiner Entropie und großer Materiekonzentration, der durch die darauffolgende Wärmedegradierung und räumliche Ausdehnung die Pfeilrichtung der Zeit festlegte. Ein Anfang, der erst die Gültigkeit der jetzt bekannten physikalischen Gesetze bedeutet. Ob es gerechtfertigt ist, den Pfeil der Zeit überhaupt bis zum „Urzustand" des Universums zu verfolgen, ist eine offene Frage. Weiter zurück weist er jedenfalls nicht. Wie weit weist

---

[2]) Vgl. M. u. N. E. Kapitel 5.

er in die Zukunft? Gewiß, wenn wir an der „ewigen" Gültigkeit der physikalischen Gesetze festhalten, und wir das Universum auch nur als ein physikalisches System sehen, dann weist er in eine unendliche Zukunft, die das absolute Nichts, den absoluten Tod bedeuten. Aber dies ist eine ungeheure Extrapolation. Eine Extrapolition von unserem jetzigen Zustand und unserer jetzigen Kenntnis der Physik aus in eine unendlich ferne Zukunft. Nachdem wir gesehen haben, daß die Extrapolation nach rückwärts sicher nicht beliebig weit führen kann, besteht auch keine Berechtigung, sie nach vorwärts uneingeschränkt als selbstverständlich anzunehmen.

Der Beginn des Universums entzieht sich also jeder physikalischen Behandlung. Ob man hier von einer „Weltschöpfung" sprechen will, muß der Einstellung des Lesers überlassen bleiben. Was auch immer hier geschehen ist, wir haben keine Berechtigung anzunehmen, daß etwas Analoges, d. h. etwas was nicht der Physik entspricht, *nie* wieder geschehen *könnte*.

Somit können wir folgenden Schluß ziehen: Die gegenwärtige Entwicklung des Universums markiert eine Pfeilrichtung der Zeit durch zwei Tatbestände: die Wärmedegeneration, bewirkt durch das Entropiegesetz und die räumliche Ausdehung des Universums. Der Pfeil gilt für die Gegenwart und sicher für lange Zeiträume nach rückwärts und vorwärts, aber kaum für „ewige" Zeiten.

In all diesen Betrachtungen ist ein ausschließlich physikalischer Standpunkt verwendet.

5. Der Meßprozeß in der Quantenmechanik

Wir sind gewohnt zu glauben, daß die Beobachtung eines physikalischen Vorgangs keinerlei Einfluß auf den Vorgang selbst hat. Darin kommt ja gerade die Objektivität des Vorgangs zum Ausdruck. Die Behauptung ist richtig für alle makroskopischen Prozesse, für Körper des täglichen Lebens oder der Astronomie auch noch für ein Staubkorn oder etwas, was in einem gewöhnlichen Mikroskop sichtbar ist, aber sie ist nicht mehr richtig für Vorgänge in atomaren Dimensionen. Hier bedeutet jede Beobachtung, d. h. jede physikalische Messung, einen Eingriff in das beobachtete Objekt, der den Zustand des Objekts verändert. Wie wir sehen werden, ist dieser Eingriff irreversibel. Die genannte Tatsache ist eng verbunden mit dem Auftreten des Wahrscheinlichkeitsbegriffs an Stelle exakter Aussagen in der Quantenmechanik. Wir müssen uns auf die Darstellung einiger weniger Tatsachen an einem einfachen Beispiel beschränken.

Wir betrachten ein Atom mit einem Elektron. Wir nehmen an, das Atom sei längere Zeit unbeeinflußt sich selbst überlassen. Es befindet sich dann im Grundzustand, dem Zustand tiefster Energie, der stabil ist und sich von allein nicht ändert. Die Quantenmechanik lehrt uns – und dies ist eine grundlegende Tatsache, die hier zum ersten Mal auftrat – daß der Ort des Elektrons in diesem Atomzustand zu keinem Zeitpunkt einen irgendwie angebbaren Wert hat. Statt dessen wird der Ort durch eine breite Wahrscheinlichkeitsverteilung dargestellt (man sagt auch, der Ort ist „unscharf)", die sich über ein gewisses Raumgebiet in der Umgebung des Atomkerns erstreckt. Dies bedeutet folgendes:

Es ist möglich, den Ort des Elektrons durch eine Messung festzulegen. Hierzu dient ein geeigneter Meßapparat, sagen wir ein „Mikroskop", der, wie die Quantenmechanik ebenfalls zeigt, groß und schwer sein muß (makroskopische Dimensionen). Die Messung kann mit beliebiger Genauigkeit ausgeführt werden. Führen wir die Messung an einer größeren Zahl gleicher Atome durch, so finden wir das Elektron in jedem einzelnen Fall an einem bestimmten Ort, bei den verschiedenen Atomen aber jedesmal woanders. Die statistische Verteilung der Ortsresultate gibt die genannte Wahrscheinlichkeitsverteilung. Bei einer einzelnen Messung läßt sich also nur eine *Wahrscheinlichkeit* für das zu erwartende Resultat angeben. Damit ist auch das bisher in der Physik gültige Prinzip des *Determinismus aufgehoben*.

Wir interessieren uns jetzt für ein einzelnes Atom und führen an ihm eine Ortsmessung aus. Wir finden ein *bestimmtes Resultat* – selbstverständlich; denn Sinn und Zweck einer Messung ist eben, den Wert einer Größe festzulegen. Damit ist aber der Zustand des Atoms geändert. Der ursprüngliche Zustand des Atoms war ja gerade (unter anderem) durch einen unscharfen Ort mit breiter Wahrscheinlichkeitsverteilung charakterisiert. Wenn somit durch Messung der Ort „scharf" geworden ist, mit einem bestimmten Wert der Ortskoordinaten, so ist dies offensichtlich ein anderer Zustand, und zwar ein radikal anderer Zustand.

Diese *Veränderung des Zustands durch die Messung* kann nicht mehr auf dieselbe Weise rückgängig gemacht werden, sie *ist irreversibel*. Der Meßapparat hat ja nun einmal die Eigenschaft, den Ort festzulegen – er ist so konstruiert – und bei noch so oft wiederholter Einschaltung des Apparates, d. h. dem Zusammenbringen des Apparates mit dem Objekt, wird sich immer nur ein scharfer Ortswert ergeben, niemals mehr der unscharfe Anfangszustand. Wir können den Übergang von einer *anfänglichen Unkenntnis zur endgültigen Kenntnis nicht mehr umkehren*.

Um den Grund dieser merkwürdigen Irreversibilität besser zu verstehen, ist es notwendig, den Begriff „Messung" noch genauer zu präzisieren. Denken wir uns den Meßapparat für die zur Messung notwendigen Zeit eingeschaltet. Wir wollen aber das Resultat noch nicht ablesen, wir legen etwa die photographische Platte, die das Resultat enthält, unentwickelt in die Schublade. Man kann leicht sehen, daß die Messung dann noch nicht völlig vollzogen ist. Man kann das folgendermaßen verstehen: Aus dem gewonnenen Meß-Resultat kann man ja weitere theoretische Konsequenzen ziehen (die vom Resultat abhängen), was immer auch diese sein mögen. Diese Konsequenzen lassen sich aber erst mit Sicherheit ziehen, wenn wir das Resultat auch *kennen*. Wenn wir z. B. würfeln und wir wissen, daß wir nach einem Wurf sechs eine Summe von DM 1000,– gewinnen, dann können wir über die DM 1000,– erst verfügen, wenn wir auch *wissen*, daß wir sechs gewürfelt haben. Wenn wir zwar würfeln, *das Resultat aber noch nicht zur Kenntnis nehmen*, dann ist jede Verfügung über das – *vielleicht* – gewonnene Geld jedenfalls verfrüht.

Zu einer völlig vollzogenen Messung gehört also auch die *bewußte Kenntnisnahme* des Resultats durch den Beobachter.

Diese gibt uns nun den Schlüssel für das Verständnis der Irreversibilität des Meßvorgangs. Wenn wir den Messapparat mit dem Objekt für einige Zeit in Verbindung bringen, dann die Verbindung wieder lösen, aber keinerlei Resultat ablesen, dann handelt es sich lediglich um einen rein physikalischen Vorgang, der Wechselwirkung eines großen physikalischen Apparates mit einem kleinen Objekt, dem Elektron. Diese Wechselwirkung wird gewiß den Zustand des Elektrons stark verändern (in uns noch unbekannter Weise), aber diese Vorgänge sind, wie alle rein physikalischen Vorgänge, grundsätzlich reversibel. Erst die bewußte Kenntnisnahme des Meßresultats macht den Vorgang irreversibel. Der Weg vom Nicht-kennen einer Tatsache zu ihrer Kenntnis ist nicht mehr umkehrbar. Die Irreversibilität des Messens beruht also auf *unserem Bewußtsein*, eben gerade darauf, daß unser Bewußtsein nur *eine* Zeitrichtung kennt, im Gegensatz zu den physikalischen Prozessen.

Es war das Ideal der vor-quantenmechanischen Physik eine vom Menschen unabhängige Außenwelt zu supponieren, die eigenen Gesetzen folgt. Ein solches, in Welt und Mensch gespaltenes Bild hat seine selbstverständliche Grenze da, wo der Mensch die Außenwelt wahrnimmt, z. B. bei allen Sinnesempfindungen (vgl. 9. Der Bildungswert der Naturwissenschaft). Nun zeigt schon die Physik selbst, in der Atomphysik, eine Grenze dieses undurchführbaren „Weltbilds" auf.

6.   Die Irreversibilität der Biologie

Wir wenden uns nun einer ganz anderen Klasse von Naturvorgängen zu – den Lebensvorgängen. Auf den ersten Blick schon ist klar, daß ein großer Teil der Lebensvorgänge – und zwar gerade die typischsten – nur in einer Zeitrichtung verlaufen. Dazu gehört z. B. das Wachstum. Eine Pflanze entwickelt sich aus der befruchteten Keimzelle, über Samen, Keimling, usw. bis zur ausgewachsenen Pflanze mit Blüte, und es ist noch nie beobachtet worden, daß eine Pflanze sich rückwärts in einen Samen entwickelt. Das gleiche gilt für Tiere. Das Wachstum ist irreversibel.

Wir wollen den Vorgang weiter im einzelnen verfolgen. Das Wachstum beruht auf der Zellteilung. Auch diese ist irreversibel. Es ist kein Fall bekannt, wo statt der Zellteilung eine Zellvereinigung auftritt. In dem Spezialfall der Befruchtung ist die Vereinigung der normale biologische Prozeß und hier tritt wiederum die Teilung nicht auf.

Wir wollen noch einen Schritt tiefer gehen. Die Zellteilung wiederum beruht auf der Teilung der Chromosomen. Wir wissen heute, wie diese Teilung vor sich geht. Die entscheidende Substanz der Chromosomen ist die Desoxyribonucleinsäure, DNS (in der englischen Literatur DNA). Dies ist ein Makromolekül, das aus zwei Bändern besteht, die eng aneinander gekettet sind und in einer Doppelspirale verschlungen sind. Der besseren Anschaulichkeit halber denken wir uns die Spirale abgewickelt, so daß wir zwei gerade aneinander gekettete Bänder vor uns haben. An jedem Band sind, auf der Seite der Verkettung, vier verschiedene Atomgruppen in bestimmter Anordnung aufgereiht. Diese Atomgruppen heißen Nukleotide und die vier Typen werden mit A, C, G, T bezeichnet. Diese Nukletoide bilden die Kettenglieder, und zwar so, daß jedes A des einen Bandes an ein T des anderen Bandes gekettet ist, und umgekehrt; ebenso C $\longleftrightarrow$ G. Als grobes Bild können wir uns eine Art Reißverschluß vorstellen, wo die Nukleotide die Zacken vertreten. – In der Umgebung der Chromosome werden die Nukleotide A, C, G, T vorgebildet und es gibt einen „Vorrat" davon.

Die Zellteilung wird durch die Spaltung der DNS eingeleitet. Der „Reißverschluß" öffnet sich auf einer Seite. Die Nukleotide der Umgebung besetzen die offenen Stellen. Da nur A und T sowie C und G aneinander gekettet sein können, so bildet sich als neuer Partner des ersten Bandes eine exakte Replica des zweiten Bandes aus. Ebenso erhält das zweite Band eine exakte Replica des ersten. Zum Schluß hat sich das DNS-Molekül exakt verdoppelt. (Vgl. Bild 1 in 2. Gilt die Gleichung: Leben = Physik + Chemie?)

Auch dieser Prozeß scheint schon irreversibel zu sein. Soviel wir wissen, passiert es nie, daß zwei DNS-Moleküle unter Abspaltung freier Nukleotide sich vereinigen und ein einziges bilden. Und wenn die DNS-Spaltung noch reversibel sein sollte, an welcher Stelle beginnt dann die Irreversibilität des Wachstums?

Wir sind so weit in die Mikroskopie der Wachstumserscheinungen vorgedrungen, daß wir jetzt einen – wie es scheint – rein physikalisch-chemischen Vorgang vor uns haben. Um so erstaunlicher mutet es an, daß diese Vorgänge irreversibel zu sein scheinen, wo wir doch wissen, daß physikalisch-chemische Vorgänge grundsätzlich reversibel sind. Dies gilt gerade auch und insbesondere für molekulare Vorgänge.

Die erste Frage, die man sich stellen wird, dürfte wohl die sein, ob diese Irreversibilität etwas mit dem zweiten Hauptsatz (Abschnitt 2) zu tun hat. Man sieht aber sofort, daß das genaue Gegenteil der Fall ist. Im großen und ganzen haben große, komplizierte, organische Moleküle eine relativ kleine Entropie. Die DNS hat sicher einen besonders hohen Grad von strenger Ordnung. Unter dem Einfluß des Entropiesatzes würden sie normalerweise in kleinere stabile Moleküle aufspalten, insbesondere bei Anwesenheit von Luft und Feuchtigkeit. Daß dies auch speziell bei den Makromolekülen der Zellsubstanz der Fall ist, sieht man direkt daran, daß sie *beim Eintreten des Todes auch tatsächlich sofort zerfallen.*

Beim Wachstum haben wir es also mit dem *Aufbau* von *Substanz mit kleiner Entropie,* mit dem *Neuschaffen von Ordnung* zu tun, also mit einer irreversiblen Wirksamkeit in einer Richtung, die genau die umgekehrte ist von derjenigen, die der Entropiesatz „befürworten" würde. Dazu gehört auch die hohe Ordnung, die in allen Organen des Organismus und ihrer Funktionsweise herrscht.

Wir müssen allerdings vorsichtig argumentieren: Es folgt nicht, daß der zweite Hauptsatz der Thermodynamik tatsächlich verletzt wird. Der lebende Körper nimmt Nahrung und Sonnenlicht auf, er atmet. Dadurch nimmt er Substanzen mit kleiner Entropie auf, man kann sagen „er nährt sich von negativer Entropie". Es ist durchaus wahrscheinlich, daß dies genügt, um den Aufbau der geordneten organischen Makromoleküle zu ermöglichen. Wollen wir also annehmen, daß auch im lebenden Körper keine Verletzung des Entropiegesetzes stattfindet. Trotzdem können wir sagen, daß die beschriebenen Wachstumsvorgänge sich grundsätzlich von normalen physikalisch-chemischen Vorgängen unterscheiden:

Der einseitig gerichtete Aufbau von Makromolekülen und von Organen mit hoher Ordnung und kleiner Entropie kommt niemals, auch bei Aufnahme von genügend viel negativer Entropie, *in toter Substanz von allein vor.* Beim Wachstum tritt eine ungeheure Erhöhung der Ordnung auf. Hierin offenbart sich eine der wichtigsten Fähigkeiten des Lebendigen, nämlich die Prozesse in eine ganz bestimmte, *„aufbauende" Richtung lenken zu können.* Diese nach größerer Ordnung zu gerichteten Prozesse deuten auf ein Aufbauprinzip hin, das das Lebende von vornherein beherrscht und das bei toter Materie nicht existiert.

Andererseits – und dadurch wird der Gegensatz noch deutlicher beleuchtet – finden auch im lebenden Körper Prozesse statt, die ganz so verlaufen, wie man es nach dem Entropiegesetz erwartet. Die Nervenzellen des Gehirns z. B. sterben langsam ab, ohne wieder durch Zellteilung ersetzt zu werden. Darauf beruhen viele Alterserscheinungen. Die Zellen verfallen, die Makromoleküle werden abgebaut. Schon in jeder einzelnen Zelle findet ständig ein Abbau und gleichzeitig ein Aufbau hochgeordneter Substanz statt. Wir haben es also im lebenden Körper mit zwei verschiedenen Strömungen zu tun: Der irreversiblen *Wachstumsströmung,* die kleine Entropie aufbaut und der ebenfalls irreversiblen „Alterungsströmung", die (wie in der Physik) die Entropie vergrößert. Im Kindheitsstadium überwiegt die erste Strömung, im Alter tritt die zweite stärker hervor, beim Tod verschwindet die erste schlagartig, um ganz der zweiten Strömung Platz zu machen. – Im Erwachsenenstadium dürften sich beide Strömungen mehr oder weniger die Waage halten, die Entropie bleibt ungefähr konstant auf einem relativ niedrigen Wert. Auch dieses Niedrighalten der Entropie, diese außerordentliche Stabilität gegenüber Zerfall, gehört zu den typischen Lebenserscheinungen, die durch Physik und Chemie allein wohl kaum erklärbar sind. Beim Tod verschwindet dieser Widerstand gegen den Zerfall – der Zerfall tritt rasch ein.

Nachdem wir gesehen haben, daß die Wachstumsprozesse mit ihrer eindeutigen Gerichtetheit den üblichen physikalischen Vorgängen gewissermaßen „zuwiderlaufen", drängt sich die Frage auf, ob nun im lebenden Körper die physikalischen Gesetze direkt verletzt werden oder nicht. Es ist hier nicht der Ort, auf dieses sehr komplexe Problem einzugehen. Nur so viel sei gesagt, daß es durchaus möglich und denkbar ist, die Wirksamkeit eines biologischen richtunggebenden Prinzips, das nicht in der Physik enthalten ist, anzunehmen, ohne daß irgendwo die physikalischen Gesetze in *nachprüfbarer Weise verletzt werden.* Das heißt freilich nicht, daß man an der uneingeschränkten und absoluten Gültigkeit der Physik festhalten kann. Das richtunggebende biologische Aufbauprinzip ist, wie es scheint, den physikalischen Gesetzen gewissermaßen übergelagert und lenkt die physikalischen Vorgänge in seinem Sinn. Dies dürfte aber kaum ohne gewisse Einbußen auf der physikalischen Seite möglich sein, da man kaum der Physik noch andersartige Gesetze aufpropfen kann. Zwischen einer Gültigkeitseinschränkung und einer direkten, beobachtbaren Verletzung der physikalischen Gesetze ist noch ein Unterschied. Wir wollen aber auf diese schwierigen Probleme hier nicht eingehen [3]).

7.   Die Evolution

Die richtunggebenden Elemente für den Bauplan des Wachstums sind schon in den DNS-Molekülen (und eventuell anderen Molekülen) enthalten. Sie werden von Generation zu Generation vererbt, die DNS reproduziert sich exakt. Diese zeigt also eine ganz ungewöhnliche und chemisch kaum verständliche Stabilität über Generationen hin. Von Zeit zu Zeit treten aber spontane Änderungen, Mutationen genannt, auf, die sicherlich auf einer Strukturveränderung der genannten Moleküle beruhen. Die im Laboratorium beobachteten (z. T. auch künstlich durch Bestrahlung und andere Mittel hervorgerufenen) Mutationen sind geringfügig oder dem Organismus irgendwie nachteilig. Manche Biologen sind der Meinung, daß diese Mutationen umkehrbar sind, also in beiden Richtungen verlaufen können. Ob dies zutrifft, sei hier offen gelassen, es ist für das folgende nicht relevant.

Es hat aber in der Erdgeschichte auch große Änderungen gegeben, die ganze höher entwickelte Arten und Gattungen aus primitiveren hervorgehen ließen. Diese sind für das Evolutionsgeschehen verantwortlich und sie haben in einem geschätzten Zeitraum von ca. 1 Milliarde Jahren vom Einzeller zum Menschen geführt. Viele Biologen sehen diese Änderungen als wesensgleich an mit den kleinen Mutationen innerhalb der gleichen Art. Ihre Seltenheit erklärt, daß wir sie nicht beobachtet haben. Dies allerdings ist eine Extrapolation von enormem Ausmaß, die höchstens eine Hypothese sein kann. Denn schließlich ist es nicht das gleiche, ob die Farbe eines Schmetterlingsflügels sich ändert, oder ob aus einem Reptil auf dem Weg über einige Zwischenstufen ein Säugetier entsteht. Es spielt auch keine Rolle, ob eine solche Makromutation, wie wir sie nennen wollen, in einem ganz großen Schritt oder in mehreren, relativ schnell aufeinanderfolgenden nicht ganz so großen Schritten oder gar einer schnellen stetigen Änderung erfolgt ist.

Es steht fest, daß diese Höherentwicklung der Lebewesen in der einen Zeitrichtung *erfolgt ist,* die wir eben als die geschichtliche Zeitrichtung kennen. Die Biologen, die die Makromutationen als Erweiterungen der kleinen Mutation betrachten, vertreten oft die Ansicht, daß diese selbst zeitlich umkehrbar sind und also auch in umgekehrter

---

[3]) Näheres über diese Möglichkeiten in meinem Buch M. u. N. E., Kapitel 4 und in 2. Gilt die Gleichung: Leben = Physik + Chemie? Abschnitt G, dieses Buches.

Richtung verlaufen können. Die Einseitigkeit der Zeitrichtung der geschichtlichen Evolution wird dann in das Darwin'sche Selektionsprinzip verlegt: Der „Kampf ums Dasein" führt dazu, daß die höher, „besser" entwickelte Art überlebt und sich ausbreitet.

Über das Entstehen der Makromutationen wissen wir ganz einfach nichts. Folglich wissen wir auch nicht, ob sie zeitlich umkehrbar sind. Wir halten es für unwahrscheinlich (vgl. 5. Die Evolution). Aber selbst, wenn wir dies annehmen wollen, dann ist doch der „Kampf ums Dasein", der Wille zum Überleben und zur Ausbreitung der Art, ein *biologisches Gesetz*. Dieser Daseinswille ist in den sich entwickelnden Arten von Anfang an selbst begründet. Warum sollen die Lebewesen überleben wollen? Dies gilt ja auch für die Pflanzen, die von einem solchen Willen nichts wissen. Ein Felsbrocken, der sich im Gebirge löst und im Fallen an einem andern Fels zerschellt, hat keinen Überlebenswillen. Mit ihm geschieht, was das physikalische Gesetz seiner inneren, relativ zerbrechlichen Natur und der Gewalt des Aufprallens diktiert. Ob wir nun die Pfeilrichtung der Evolution in die Makromutationen selbst verlegen wollen, oder indirekter, in den in allen Arten begründeten „Willen" zum Dasein, – bleibt sich für unsere Fragestellung ziemlich gleich. Die Evolution der Lebewesen ist ein Aufbau höheren Lebens und höherer Ordnung von einem gewaltigen Ausmaß; viel gewaltiger noch als beim Wachstum des Individuums, ein Aufbau, der in *einer* bestimmten Zeitrichtung *erfolgt ist*. Es ist dieselbe eine Zeitrichtung, die auch im Wachstum begründet ist, der auch die Energiedegeneration der leblosen Materie entspricht und die mit unserem Zeitbewußtsein koinzidiert.

In zweifacher Weise ist also die Pfeilrichtung der Zeit festgelegt. Einmal durch das physikalische Gesetz des Ausgleichs von Temperatur- und anderen Spannungen (und der Ausdehnung des Universums). Die Zeitrichtung ist eigentlich nicht im physikalischen Gesetz begründet, das prinzipiell ungerichtet ist, sondern dadurch, daß *einmal* in der Vergangenheit ein Zustand mit großer Spannung (kleiner Entropie) gegeben war, der physikalisch gänzlich unerklärbar, der Zeitrichtung erst den Impuls gab. Auch der jetzige Zustand des Universums ist, physikalisch gesehen, äußerst unwahrscheinlich, wodurch die Zeitrichtung stets beibehalten wird.

Ein zweites Mal ist eine Zeitrichtung festgelegt durch die Lebewesen: in kleinem Maßstab durch das Wachstum und die Entwicklung des Individuums, in großem Maßstab durch die Evolution. Die beiden Entwicklungsströmungen laufen gewissermaßen einander zuwider. Im ersten Fall handelt es sich um einen Abbau von Ordnung und um Ausgleich, im zweiten Fall um Aufbau von Leben, das auch einen Aufbau höherer Ordnung bedeutet. Die beiden Strömungen sind nicht unabhängig voneinander. Leben kann nur existieren, wenn ihm Licht- und Wärmestrahlung zugeführt wird, also gleichzeitig eine Energiedegradierung, eine Entropievermehrung in der Umgebung der Lebewesen stattfindet.

Unser Zeitempfinden koinzidiert mit der Zeitrichtung, die durch beide Entwicklungsrichtungen festgelegt ist. Es ist wohl keine übertrieben gewagte Annahme, zu sagen, daß dieses unser gerichtetes Zeitgefühl, mit der einseitigen Richtung biologischer Vorgänge (in denen beide Strömungen vorkommen) zusammenhängt.

5. Die Evolution*)

Es gibt gewisse Aspekte des Evolutionsgeschehens, die in die Sphäre der der Physik eingreifen und diese sollen im Vordergrund der folgenden Betrachtungen stehen. Besonders, wenn wir an die heute weit verbreitete Theorie des Neodarwinismus denken, sind physikalische Erwägungen von großer Wichtigkeit. Wir wollen von dieser Theorie ausgehen, dann aber werden sich von allein Wege zu andern Gesichtspunkten ergeben, die für jede Betrachtung der Evolution wesentlich sein müssen.

Wir wollen einen Aspekt der Evolutionstheorie aus unseren Betrachtungen ausklammern: das Selektionsprinzip. Auswahl unter den sich entwickelnden Arten kann erklären, daß diese und keine anderen Arten zu einem bestimmten Zeitpunkt der Erdgeschichte überleben konnten oder heute existieren; aber sie kann nicht erklären, auf welche Weise die verschiedenen Arten und Stämme sich entwickeln konnten. „Auswählen" kann „man" oder „die Natur" nur zwischen Dingen, die existieren, nicht solchen, die erst entstehen sollen. Zur Frage, *wie* die existierenden (oder existiert habenden) Arten entstanden sind, trägt das Selektionsprinzip nichts bei.

Zur Frage nach dem *Wie* der Höherentwicklung der Arten entwickelt die neodarwinistische Theorie in ihrer extremen Form eine eindeutige Vorstellung. Es ist bekannt, daß permanente Änderungen in den vererbten Eigenschaften eines Lebewesens von Zeit zu Zeit spontan auftreten oder auch durch künstliche, physikalische oder chemische Einwirkungen erzeugt werden können. Man nennt diese Änderungen Mutationen.

Im folgenden wollen wir der Einfachheit halber das Wort Art für alle Klassifikationsbegriffe der systematischen Biologie verwenden, z. B. auch für Gattung, Stamm, usw. In jedem Fall wird klar sein, was gemeint ist. Wir können die für das Evolutionsgeschehen maßgebenden Mutationen mehr oder weniger in 2 Klassen gliedern:

1. Verhältnismäßig geringfügige Änderungen innerhalb derselben eng begrenzten Art, wie z. B. die Änderungen des Pferdefußes bis zur heutigen Gestalt. Wir wollen sie Mikromutationen nennen.

2. Ferner gibt es Änderungen, die zu einer wirklich neuen und höher entwickelten Art geführt haben. Halten wir uns etwa die Entwicklung vom Reptil zum Vogel vor Augen. Dabei gibt es eine Zwischenstufe, den Archaeopteryx, der aber auch schon Federn zum Fliegen hatte. Es mag noch andere Zwischenstufen gegeben haben. Solche Mutationen wollen wir Makromutationen nennen.

Eine Makromutation ist noch nie beobachtet, geschweige denn im Laboratorium erzeugt worden. Wir erschließen sie lediglich aus der paläontologisch bezeugten Entwicklungsgeschichte des Lebens.

Manche Biologen sind der Meinung, daß Makromutationen aus vielen kleinen, den Mikromutationen ähnlichen, Schritten bestanden haben. Wenn das der Fall war, wenn also z. B. die Reptilschuppen sich in vielen kleinen Schritten in eine Vogelfeder verwandelt haben, dann ist immerhin zweierlei zu bedenken: Zwischen Kriechen und Fliegen ist ein unstetiger sprunghafter Unterschied, der nicht in kleinen Schritten überbrückt werden kann. Die Feder wurde einmal so weit vollendet und viele andere Eigenschaften des Organismus auch (z. B. das Nervensystem), daß Fliegen möglich war. Ferner müssen wir darauf hinweisen, daß die kleinen Schritte zwischen Schuppen und Feder, wenn es sie gab, eine Richtung zur Feder hin aufweisen mußten und kaum unorientiert zufällig sein konnten. Aber darauf kommen wir noch.

---

*) Vortrag, gehalten in einem Symposium „Arbeitsgemeinschaft Weltgespräch" im Verlagshaus Herder, Freiburg 1968, erschienen in Weltgespräch (Herder) 1969.

Das Schwergewicht der Frage, wie die Evolution zustande gekommen ist, liegt natürlich bei diesen Makromutationen. Die Meinung vieler Biologen geht dahin, daß Mikro- wie Makromutationen keine Zielrichtung aufwiesen, sondern dem Zufall ihre Entstehung verdanken. Die geschichtliche Richtung der Evolution wäre dann dadurch zustande gekommen, daß gewisse „zufällig" entstandene, höher entwickelte Arten durch das Selektionsprinzip stabilisiert wurden, während die ebenso zufällig entstandenen Fehlentwicklungen untergingen.

Wir wollen versuchen, uns über die Wahrscheinlichkeit eines solchen Zufalls ein Bild zu verschaffen. Dazu müssen wir noch etwas tiefer greifen.

Es ist bekannt, daß viele vererbte Eigenschaften (manche Biologen glauben: alle) in „kodifizierter" Form in der Molekularstruktur der sogenannten DNS-Moleküle (Hauptbestandteil der Chromosomen) enthalten sind. Und zwar ist es die Anordnung gewisser Atomgruppen (Nukleotide genannt) im langen, bandförmigen DNS-Molekül, die den „Code" ausmacht. Es gibt nur vier verschiedene Arten von Nukleotiden, und je 3 benachbarte bilden ein „Wort", das zunächst die Bildung einer bestimmten Aminosäure (es gibt deren 20) festlegt. Die Aminosäuren sind die Bausteine der Eiweißstoffe oder Proteine. Eine Gesamtlänge von einigen hundert bis 1000 Nukleotiden bestimmt dann die Bildung eines bestimmten Proteins. Man nennt es ein Gen.

Viele Biologen vertreten nun die Meinung, daß von hier aus ein, zweifellos langer und komplizierter, aber eindeutiger Weg zur morphologischen und physiologischen Gesamtgestaltung führt. Wohl gibt es Anhaltspunkte dafür, daß kleine Störungen in der DNS-Struktur, die zuerst zu „falschen" Proteinen führen, auch morphologische Störungen zur Folge haben. Ein Zusammenhang ist also wohl anzunehmen. Ein Verständnis für diesen Weg haben wir aber noch in keiner Weise. Wie aus der chemischen Struktur der Proteine, mit allen Enzymen, Hormonen usw., die dabei auftreten, die Gestaltung eines Reptilschuppens oder einer Vogelfeder folgen soll, dafür fehlt uns vorderhand jede Einsicht. Über den Zusammenhang chemische Struktur $\longleftrightarrow$ Gestalt wissen wir so gut wie nichts.

Die genannte Hypothese (mehr ist es nicht) läuft also darauf hinaus, daß ein Zusammenhang gefordert wird, der den Bau des Organismus als eindeutige Folge der DNS-Struktur darstellt[1]):

DNS $\longrightarrow$ gesamthafte morphologische und physiologische Struktur.

Das Bild ist keineswegs unumstritten. Es gibt Biologen, die annehmen, daß auch andere Bestandteile der Zelle, wenn nicht die ganze Zelle, für den Bau des Organismus verantwortlich ist. Es wird auch behauptet, daß die DNS-Struktur rückwärts durch einen zyklischen Prozeß durch die Proteine bis zu einem gewissen Grad mitbestimmt wird. Das Bild wird dadurch viel komplizierter. Die Struktur der beteiligten Moleküle dürfte kaum einfacher sein als die des DNS. Die Wahrscheinlichkeitsbetrachtungen, die unten folgen, würden bei Berücksichtigung aller dieser Faktoren nur eine noch kleinere Wahrscheinlichkeit ergeben.

Wir halten uns also an das obige vereinfachte rein chemische Bild, nach dem

---

[1]) Der sonst von den Erbforschern gebrauchte Begriff „Gen" deckt sich nicht unbedingt mit dem oben rein chemisch definiertem Gen. Er bezieht sich mehr direkt auf die beobachteten Struktureinzelheiten des Organismus, wie Augenfarbe usw. Die Zuordnung der beiden Begriffe kann kompliziert sein. Dasselbe chemische Gen kann mehrere Struktureinzelheiten beeinflussen und eine morphologische Einzelheit kann durch mehrere chemische Gene beeinflußt werden. Im folgenden ist das „chemische Gen" gemeint, wenn das Gegenteil nicht ausdrücklich gesagt wird.

die DNS-Moleküle der einzige bestimmende Faktor für die Gesamtstruktur des Organismus sein sollen. Nicht weil wir glauben, daß dieses Bild hinreichend sein kann. Gestaltbildung dürfte ihre eigenen Gesetzmäßigkeiten erfordern und kaum aus Chemie allein folgen, obwohl sie durch Chemie beeinflußt werden kann. Die obige These setzt also höchstwahrscheinlich schon biologisch-nicht-chemische Zusammenhänge voraus (vgl. 2. Gilt die Gleichung: Leben = Physik + Chemie?). Aber dies zu zeigen (soweit es die Evolution betrifft), ist gerade der Zweck der folgenden Untersuchung. Das Bild ist als ein Modell anzusehen, für eine chemische Struktur, die nach dieser These kausal-bestimmend für den ganzen Organismus und die Evolution sein soll. Es ist ein Modell, das noch übersehbar genug ist, um Folgerungen daraus zu ziehen. Die tatsächlichen Verhältnisse mögen komplizierter sein – und damit noch unwahrscheinlicher.

Kehren wir zu den Makromutation zurück. Im Sinne des genannten Modells muß angenommen werden, daß eine Höherentwicklung eines Lebewesens, wie sie in der Evolution stattfand, notwendigerweise eine Neuanordnung und Verlängerung der Nukleotidenkette in mindestens einem Teil der DNS-Moleküle erfordert. Nach der neodarwinistischen Theorie sind also die primären Ursachen aller Mutationen in einer Strukturänderung der DNS-Moleküle zu suchen. Diese treten *spontan* auf, wobei natürliche äußere Einflüsse (wie natürliche Strahlung) eine Rolle spielen können. Diese spontanen Strukturänderungen des DNS können nicht anders als vom Zufall regiert sein, da ja von allein keine *systematischen* chemisch-physikalischen Eingriffe in die Chromosomen stattfinden. So wären denn alle Mikro- und Makromutationen durch den Zufall verursacht und nur die Selektion sorgt dafür, daß die Entwicklung nach oben und nicht nach unten geht. Die Makromutationen werden als wesensgleich mit den Mikromutationen (kleine Änderungen innerhalb einer eng begrenzten Art) angenommen.

Dieses Bild ist im wesentlichen ein rein physikalisches, und damit hängt auch zusammen, daß der Begriff „Zufall" darin eine wesentliche Rolle spielt. Wir müssen diesen Begriff deshalb zuerst etwas näher präzisieren:

Beim Verhalten rein physikalischer Systeme hat der Zufall einen klar umrissenen Sinn. Das Verhalten solcher Systeme ist ja nicht durch das physikalische Gesetz allein bestimmt, sondern auch durch die zu einem bestimmten Zeitpunkt vorliegenden Anfangsbedingungen und die äußeren, während des Verhaltens auftretenden Einwirkungen. Die Anfangsbedingungen sind ebenfalls durch frühere äußere Einwirkungen mitbestimmt. Diese sind bei den Vorgängen der Natur zahlreich und unvorhersagbar. Für mehrere gleichgeartete Systeme werden diese Einwirkungen ganz verschieden ausfallen, ohne daß ein besonderer Grund für die eine oder andere Art der Wirkung angegeben werden kann. Zum Beispiel: Die Chromosomen sind dem Mutationserreger der natürlichen Radioaktivität der Erde ausgesetzt. Wann und an welcher Stelle des Chromosoms ein Strahlungspartikel auftrifft, ist nicht vorherbestimmbar. Diese Art äußerer Einwirkung ist eben *zufällig*. Ebenso können Wirkungen innerhalb des Organismus zufällig sein. Außerdem spielt bei molekularen Prozessen, um die es sich ja handelt, der Indeterminismus der Quantentheorie eine Rolle – ein weiteres Element der Zufälligkeit. In diesem Sinn wollen wir vom Zufall der physikalischen Wirkungen sprechen.

Es ist wenig sinnvoll, von einem nicht-physikalischen Zufall, etwa von einem „biologischen Zufall", zu sprechen. Wir kennen die biologischen Gesetze nicht genügend, um zu wissen, wie weit und wo in einem biologischen Vorgang Raum für „Zufall" besteht. Der Begriff „Zufall" kann hier kaum sinnvoll angewendet werden.

Eine wichtige Eigenschaft des physikalischen Zufalls ist, daß er fast nie Ordnung aufbaut, sondern fast immer Ordnung zerstört. Je größer und komplizierter das betrachtete System ist, desto unwahrscheinlicher ist es, daß Zufall Ordnung aufbaut, desto größer ist die ordnungszerstörende Kraft des Zufalls. Der Grund hierfür ist eben einfach der, daß es sehr viel mehr ungeordnete Zustände gibt als geordnete, und zwar, je größer das System ist, desto größer ist die Zahl der ungeordneten Zustände, verglichen mit den geordneten. Als Beispiel legen wir 5 Steine, numeriert von 1 bis 5, nebeneinander. Es gibt nur einen geordneten Zustand, bei welchem die Reihenfolge 1,2, . . . 5 ist. Es gibt aber im ganzen 120 Anordnungen, von denen also 119 nicht oder unvollständig geordnet sind. Bei 10 Steinen gibt es eine geordnete Anordnung, aber über 3 Millionen ungeordnete Anordnungen! Wenn wir dem Zufall einen Einfluß auf die Anordnung einräumen (sie etwa nach blindem Zufall hinlegen), dann ist es höchst unwahrscheinlich, gerade den geordneten Zustand zu erwischen.

Wir wollen nun die Frage prüfen, ob Makromutationen durch physikalischen Zufall initiiert sein können. Der Schlüssel zu dieser Frage wird sein, daß ein Organismus (physikalisch betrachtet) ein System von einem überaus hohen Grad von Geordnetheit ist.

Wir können die Frage von zwei Seiten angehen: Wir können einerseits die DNS-Moleküle betrachten, deren Änderung in den Ordnungsverhältnissen und der Gesamtlänge sicher notwendig für die Makromutationen der Evolution sind. Nach dem oben beschriebenen Bild wären sie sogar der einzige bestimmende Faktor. Andererseits können wir den Organismus und seinen geordneten Aufbau auch selbst betrachten.

Wir wissen nicht genau, welches die genaue Anordnung der Nukleotide in einem Organismus ist. Aber es ist leicht, eine obere Grenze für die Wahrscheinlichkeit einer bestimmten Neu-Anordnung anzugeben. Wir wissen folgendes: Im Code des DNS-Moleküls entspricht ein *Gen* einer Länge von einigen hundert bis tausend Nukleotiden. Es besteht kaum viel Freiheit in der Anordnung der Nukleotide, wen das Gen intakt sein soll. Manchmal kann der Ersatz eines einzigen Nukleotids durch ein „falsches" erhebliche Störungen im Organismus verursachen. Es handelt sich um das „chemische Gen", das morphologisch wirksam gedacht ist.

Wenn eine günstige Makromutation auftreten soll, dann ist es gewiß eine ganz grobe Unterschätzung, wenn wir annehmen, daß wenigstens ein Gen neu aufgebaut oder neu umgestaltet werden muß. Wiederum stark untertreibend, wollen wir also annehmen, daß eine ganz bestimmte Anordnung (oder Neuanordnung) von 100 Nukleotiden nötig ist, um eine Makromutation herbeizuführen. Physikalisch gesehen, besteht keinerlei Grund dafür, daß eine Anordnung einer andern gegenüber besonders bevorzugt ist. Die physikalisch-chemischen Kräfte wirken nur in die Nachbarschaft. Da erfahrungsgemäß praktisch jedes Nukleotid zu jedem andern Nachbar sein kann, so sind auch praktisch alle Anordnungen physikalisch möglich und müssen von vornherein als im wesentlichen gleich wahrscheinlich angesehen werden. Offen bleibt höchstens noch die Frage, wie viele Anordnungen biologisch äquivalent sein können. Bestimmtes wissen wir nicht. Die Tatsache, daß ein einzelnes, ausgewechseltes Nukleotid schon erhebliche Störungen verursachen kann, zeigt, daß es sicher nicht viele sein können. Dies geht auch daraus hervor, daß es in der ganzen Natur unzählige verschiedene Gene gibt (bei Bakterien, Fröschen, Affen, Menschen, nicht nur in jedem einzelnen Organismus), die sich nur durch ihre Nukleotidenanordnung unterscheiden.

Nehmen wir also an, daß nur eine Anordnung, in einem einzigen Gen, von nur 100 Nukleotiden, 25 von jeder Art, zur Makromutation führt. Dann ist die Zahl der Anordnungen $100!/25! \times 25! \times 25! \times 25! = 10^{60}$, also eine Zahl mit 60 Nullen! Die Wahrscheinlichkeit, „die eine richtige Anordnung" durch Zufall zu finden, ist also $1 : 10^{60}$. Bei einer Genlänge von 200 Nukelotiden wäre das Verhältnis schon $1 : 10^{120}$. Und dabei ist diese Zahl in fast jeder Hinsicht eine übermäßige Überschätzung der Wahrscheinlichkeit. Hätten wir statt eines Gens die ganze Länge der DNS-Moleküle betrachtet, dann wäre die Zahl der Anordnungen der Nukleotide eine Zahl mit Tausenden bis Millionen von Nullen!

Wenn wir annehmen wollten, daß die je 3 Nukleotide, die ein „Wort" bilden, aus irgendwelchen physikalischen Gründen schon fest verbunden sind, so daß also nur die Anordnung der „Worte" (und damit der Aminosäuren im Eiweiß) dem Zufall überlassen ist, so ändert auch das nichts wesentliches. Ein Gen bestehe etwa aus 60 Worten (180 Nukleotiden) und es seien je 3 der 20 möglichen „Worte" vorhanden. Dann ist die Wahrscheinlichkeit einer bestimmten Anordnung der Worte $1 : 10^{65}$.

Nun ist es möglich, daß unter diesen vielen Anordnungen auch solche vorkommen, die einem lebensfähigen Organismus entsprechen. (Wir bleiben immer beim Bild des DNS als dem einzigen bestimmenden Faktor.) Dieser könnte etwa einer Zwischenstufe zwischen Reptil und Vogel entsprechen, und zuerst einmal durch die Selektion stabilisiert werden. Das ändert an der Rechnung nichts. Indem wir die Zwischenstufen ignorieren, berücksichtigen wir die Selektion in der Weise, daß wir ihnen eine Überlebenszeit 0 zuschreiben, also die Entwicklungsdauer zu kurz ansetzen. Schließlich muß ja doch das Vogel-gen entstanden sein.

Was schon eine Zahl von 10^{60} für die Möglichkeit einer günstigen Neuanordnung bedeutet, können wir folgendermaßen sehen: Nehmen wir an, in einem Organismus ändert sich ständig die Anordnung von Nukleotiden, um ein neues Gen zu bilden. Die Zeitdauer, die für eine Neuanordnung benötigt wird, sei 10^{-12} Sekunden. Dies ist viel zu kurz; atomare Prozesse brauchen meistens viel länger und molekulare Prozesse noch länger. Nehmen wir ferner an, es gäbe eine Population von 10^{15} Individuen (1000 Billionen) eines solchen Organismus, was sicher viel zu viel ist. (Die gegenwärtige Menschheit besteht aus 3 Milliarden Individuen). Dann würde es 10^{33} Sekunden $= 3.10^{25}$ Jahre dauern, bis in einem einzigen Individuum das neue Gen entstanden ist. Das ganze Universum besteht sicher nicht länger als 10^{12} Jahre. Das Universum müßte also mehr als 10 Billionen mal seine ganze bisherige Geschichte durchlaufen, bevor auch nur einmal das neue Gen in einem einzigen Individuum entstanden ist! Das ist natürlich völlig unsinnig. Um diese für die Zufallshypothese katastrophalen Zahlen zu umgehen, sprechen manche Biologen von einer „Zielstrebigkeit" im Aufbau solcher Nukleotidenketten. Damit ist aber der Boden der Physik verlassen — denn diese kennt keine Zielstrebigkeit — und eine spezifisch biologische Gesetzmäßigkeit ist eingeführt. Die Notwendigkeit hierfür aufzuzeigen ist ja gerade der Zweck unserer Betrachtungen. In diesem Fall werden dann alle Wahrscheinlichkeitsbetrachtungen illusorisch, weil wir dann nicht mehr wissen, was Gesetz und was Zufall ist und der Begriff Wahrscheinlichkeit nur auf zufällige Ereignisse Anwendung haben kann [2]).

Wir wollen nun einen ausgewachsenen Organismus selbst betrachten und fragen, ob seine Struktur durch die Physik allein, d. h. also auch durch den physikalischen Zufall, in Zusammenwirkung mit dem physikalischen Gesetz, bewirkt werden kann. Man kann fast jedes Organ einer Pflanze oder eines Tiers, oder einen Einzeller, herausgreifen und sich die gleiche Frage stellen und an ihm studieren. Überall findet man derart komplizierte und sinnvolle Struktur-Verhältnisse, begleitet von einem ebenso komplizierten und sinnvollen Geschehen, daß jeder, der ein Gefühl für physikalische Wirksamkeit hat, die Frage von vornherein mit nein beantworten wird. Zwei Beispiele aus der höheren

---

[2]) Eine ausgezeichnete Analyse der Thesen des Darwinismus, besonders auch der in ihr enthaltenen zufälligen Elemente findet sich bei *A. Neuhäusler*, Zeitschr. für Ganzheitsforschung (Wien) **12**, Heft 1, 1968.

Tierwelt sollen das geradezu Groteske einer Annahme rein physikalischen Wirkens illustrieren.

Betrachten wir den Knochenbau. Bekanntlich hat ein Knochen eine Stäbchen-Struktur, derart, daß die Stäbchen entlang gewisser Linien angeordnet sind. Diese Linien sind die Druck- und Zuglinien, d. h. sie sind so „konstruiert", daß bei Belastung des Knochens die mechanischen Druck- und Zugkräfte im Innern des Knochens die Richtung dieser Linien haben. Diese Belastungskräfte, die sich ins *Innere* fortsetzen, hängen von der *äußeren* Gesamtform ab. Dadurch wird beim geringsten Materialaufwand größte Stabilität erzielt. Bild 5 illustriert dies an einem Oberschenkelknochen schematisch:

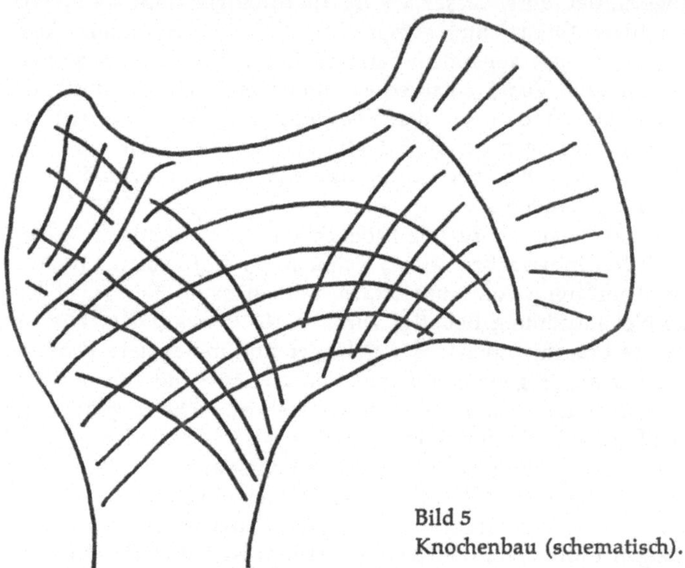

Bild 5
Knochenbau (schematisch).

Nehmen wir an, daß die Stäbchenstruktur eine Folge der Physik sei und daß innere physikalische und chemische Wirkungen existieren, die die Stäbchen in Linien anordnen. Dann könnten sich die Stäbchen in irgendeiner Form ordnen. Im Innern wirkt die Physik nur lokal und es ist undenkbar, daß die äußere Knochenform eine direkte physikalische Wirkung auf die Anordnung im Innern hat. Solche physikalische Wirkungen gibt es nicht. Es wäre also ebenso wahrscheinlich, daß die Stäbchen alle horizontal oder vertikal liegen. Der Knochen wäre dann wesentlich unstabiler. Die tatsächliche Struktur des Knochens ist analog derjenigen, die ein Ingenieur für eine Brücke oder einen Kran berechnet. Nur kennen wir den Ingenieur des Knochens nicht. Genausowenig wie die Streben einer Brücke sich von allein, d. h. auf Grund bloßer physikalischer Wirkung, ohne die Konstruktion des Ingenieurs, richtig zusammenfügen, genausowenig wäre das für den Knochen der Fall. Daß es durch physikalischen Zufall geschieht, ist ebenso unwahrscheinlich (oder noch unwahrscheinlicher), wie es unwahrscheinlich ist, daß sich eine Brücke von allein „zufällig" zusammenfügt.

Es ist ein falsches Argument, zu sagen, die mechanische Belastung genüge, die Stäbchen in die richtige Anordnung zu bringen. Belastung und Beanspruchung eines Organismus stärkt ihn, aber das ist ein biologisches Gesetz und kein physikalisches. Belastung eines falsch konstruierten Knochens würde ihn zerdrücken, nicht stärken, genau so, wie eine falsch konstruierte Brücke bei Belastung zusammenbricht.

Wir verzichten auf eine Berechnung der Unwahrscheinlichkeit des Knochenbaus durch rein physikalische Wirkung. Der Vergleich der Brücke möge genügen, um zu zeigen, daß die Wahrscheinlichkeit so klein ist, daß Zufall ausgeschlossen ist.

Ein zweites Beispiel, das wir auch etwas quantitativ abschätzen wollen, sei das Gehirn eines Säugetiers. Es besteht aus Millionen bis Milliarden (beim Menschen aus 10 Milliarden) Zellen, Neuronen genannt, die durch Nervenstränge in komplizierter Weise verbunden sind. Beim Menschen gehen von jeder Zelle ca. 100 Nervenstränge aus, die zu andern Zellen hinführen. Lassen wir die komplizierte Struktur der Nervenstränge und Zellen ganz außer acht. Physikalisch betrachtet, ist wiederum nicht im geringsten einzusehen, warum ein Nervenstrang zu einer ganz bestimmten Zelle führen sollte und nicht zu einer beliebigen andern. Jede paarweise Verbindung müßte gleich wahrscheinlich wie irgendeine andere sein. Höchstens wäre zu sagen, daß lange Verbindungen vielleicht nicht so wahrscheinlich sind, wie kurze, obwohl lange Verbindungen durchaus vorkommen. Machen wir uns also ein sehr vereinfachtes Modell eines Gehirns. Nehmen wir an, von jedem Neuron gehe nur ein einziger Nervenstrang (statt 100) aus, der zu einem anderen Neuron führt. Um der Tatsache Rechnung zu tragen, daß lange Verbindungen unwahrscheinlicher sein mögen als kurze, wollen wir nur einen Teilbereich von n Neuronen des Gehirns betrachten und annehmen, diese seien paarweise verbunden. Jede Verbindungsart sei gleich wahrscheinlich. Die Zahl der möglichen Verbindungsarten ist dann $n! \, / \, n/2! \; 2^{n/2}$ oder ungefähr $n^{n/2} \, e^{-n/2}$. Umfaßt der betrachtete Bereich nur etwa 100 Neuronen, so ist die Zahl der Verbindungsmöglichkeiten schon mehr als 10^{78} (eine Zahl mit 78 Nullen!). Umfaßt er tausend Neuronen, so ist sie 10^{1480}, also eine Zahl mit fast 1500 Nullen! Die Wahrscheinlichkeit einer ganz bestimmten Verbindungsart ist praktisch gleich null. Wir wissen freilich auch hier nicht, wie viele dieser verschiedenen Verbindungsarten physiologisch äquivalent sind. Das Gehirn wäre aber kaum so kompliziert, wenn nicht gerade diese Kompliziertheit sinnvoll und notwendig wäre für die Ausführung der mannigfaltigen neurologischen, seelischen und geistigen Prozesse. Beachten wir, daß die wachsende Größe und Kompliziertheit des Gehirns ja auch parallel geht mit der seelischen und geistigen Höherentwicklung des Organismus. Bei den extrem kleinen Wahrscheinlichkeiten, die wir errechnet haben und die wir auch noch in ganz grober Weise überschätzt haben, ist der Schluß unausweichlich, daß ein Zufall bei der Entwicklung des Gehirns absolut ausgeschlossen ist.

Eine andere Betrachtung, die zeigt, wie unmöglich die These einer zufälligen Evolution ist, stammt von *P. Jordan*[3]). Betrachten wir einen Organismus mit etwa 10 000 Genen. (Gen ist hier im Sinn der direkten Erbmerkmale verstanden, vgl. [1])). Nehmen wir an, jedes Gen kann nur in zwei verschiedenen Mutanten existieren, von denen dann eine die „richtige" ist, die den Organismus darstellt. In der evolutionären Bildung des Gens ist die Chance 1 : 2, daß die richtige Mutante gebildet wird. Die Chance, daß alle richtig ausfallen ist $1 : 2^{10\,000}$ oder $1 : 10^{3999}$. Eine Zahl mit 3000 Nullen. Wenn jede Sekunde in der ganzen Geschichte des Universums eine Mutante dieses Organismus entstanden wäre, dann wären höchstens 10^{20} solcher Mutanten entstanden, und nicht 10^{3000}. – Die Zahlen, die in diesen Rechnungen auftreten, lassen die legendären astronomischen Zahlen weit hinter sich. Alle unsere Argumente, die sich noch fast beliebig vermehren ließen, lassen den sicheren Schluß zu, daß die *Makromutationen der Evolution nicht auf dem Zufall physikalischer Wirkung beruhen.* Damit fällt auch jede Möglichkeit dahin, die Evolution als eine reine Folge der Wirkung bloßer physikalischer und chemischer Gesetze zu verstehen. Physikalisch gesehen, ist eine Makromutation das Entstehen aus

---

[3]) *Pascual Jordan*, in „Glaube, Geist, Geschichte" Festschrift für *E. Benz*, Leiden 1967.

etwas Unwahrscheinlichem von etwas noch viel Unwahrscheinlicherem. In der Evolution manifestiert sich offenbar ein *zielmäßiges* Prinzip, das *dem Aufbau höherer Ordnungen* dient, das *gegen* die Physik *das Unwahrscheinliche hervorzurufen* vermag, und das immer wieder *neue kompliziertere Baupläne* für die Lebewesen entworfen (zum Teil auch wieder verworfen!) hat.

Obwohl wir das Selektionsprinzip nicht weiter behandeln wollen, sei doch wenigstens eine Bemerkung angeführt: Das „Überleben der Tüchtigsten" beruht, neben andern Faktoren, darauf, daß ein solcher Wille zum Überleben und zur Ausbreitung der Art vorhanden ist. Dieser Lebenswille wird mit jeder neuen Art mitgeboren, bei Pflanzen wie bei Tieren. Man kann sich schwer vorstellen, wie bei einer physikalisch begründeten Makromutation auch dieser Lebenswille mitentstanden sein soll.

Bevor wir die Frage stellen, wie dann die Evolution zustande gekommen ist – um es gleich vorwegzunehmen: sie kann vorderhand nicht beantwortet werden – müssen wir einen andern Aspekt des Evolutionsgeschehens betrachten: Die Tatsache, daß Tiere – und erst recht der Mensch – ein mehr oder weniger hoch entwickeltes seelisch-geistiges Innenleben haben. Wir sind seit der Griechenzeit gewohnt, zwischen Körper und Seele zu unterscheiden, und wir wollen uns zunächst einmal diesen Standpunkt zu eigen machen. Dann aber müssen wir jede seelische oder geistige Qualität eines Lebe-wesens, als eine von der körperlichen völlig verschiedene Kategorie des Seins ansehen, die in gar keiner Weise aus der letzteren abgeleitet werden kann. Ein Gefühl ist nun einmal etwas völlig anderes als die noch so komplizierten physischen Vorgänge im Nervensystem oder im Gehirn, die wir von außen beobachten. Ein Gefühl, auch schon eine Sinnes-qualität, läßt sich nicht aus den physikalischen oder chemischen Vorgängen im Körper folgern. Wenn wir auch eine plausible Erklärung für die körperliche Evolution von den Einzellern bis zum Affen besäßen, dann könnten wir doch niemals daraus ein Verständnis für die Entwicklung des Innenlebens dieser Tiere gewinnen. Es handelt sich also beim Tierreich (bis zum Menschen) um eine doppelte Evolution: den Aufbau der höher und höher entwickelten körperlichen Struktur der Arten und den Aufbau des seelischen Innenlebens, der zwar mit der körperlichen Entwicklung mehr oder weniger parallel geht, aber nicht mit ihr identisch ist und nicht aus ihr abgeleitet werden kann.

Werfen wir erst kurz einen Blick auf dieses erlebte Innenleben, soweit uns das überhaupt möglich ist. Es muß wohl auch zuerst festgestellt werden, daß es ein solches Innenleben bei Tieren gibt. Es gibt ja in der Tat Biologen, die davon nichts wissen wollen und nur von physiologisch bedingten Reflexen usw. reden. Ausgangspunkt ist natürlich unser eigenes Innenleben, das feststeht. Daß wir rot sehen (nicht Wellen-längen), Schmerz empfinden (nicht Potentialdifferenzen in Nerven), steht fest. Nur jemand, der den einfachsten Dingen der Natur gegenüber völlig erblindet ist, kann annehmen, daß ein Tier nicht Schmerz fühlt, wenn es aus einem körperlichen Grund wimmert, und daß ein Hund nicht ein hochentwickeltes Geruch*sempfinden* hat. Unser Wissen davon beruht allerdings auf denselben transzendenten Grundlagen, die uns auch die Gewißheit geben, daß unser Nachbarmensch dieselbe Art von Empfindungen hat, wie „ich" selbst. Wenn wir im Tierreich hinuntersteigen, zu den primitiveren Wesen, so finden wir noch auf einer langen Strecke Sinneswerkzeuge und Nervensystem. Wir dürfen mit Sicherheit annehmen, daß dann auch Sinnes- und andere Empfindungen existieren. Manchmal erweitert sich sogar der Bereich des Erlebbaren. Bienen „sehen" ultraviolett und polarisiertes Licht, Fledermäuse „hören" Ultraschall. Am Ende scheinen die Empfindungen der primitiven Tiere allmählich zu einem dumpfen, sehr schwachen Erleben zu verblassen, ohne daß eine scharfe Grenze angegeben werden kann, wo es aufhört. Das Verhalten der Tiere, wie die Primitivität der Sinnes-Nervenorganisation, legen diesen Schluß nahe.

In groben Zügen kann man sagen, daß die Differenziertheit und der Umfang des Innenlebens von Tier und Mensch, wie es aus ihrer Verhaltensweise geschlossen werden kann, parallel geht mit der Kompliziertheit und dem Aufbau des Nervensystems.

Stellen wir nun die Frage nach der Entstehung und Entwicklung dieses empfundenen Innenlebens. Seine Entstehung wirft Fragen auf, die von unserer gegenwärtigen naturwissenschaftlichen Sicht aus ganz und gar unbeantwortbar sind. Der biologische Materialist, der glaubt, daß Leben als „komplizierte Chemie" begreifbar ist, bleibt immerhin in der gleichen Begriffs-Kategorie, wenn er behauptet, höhere Lebewesen entstünden durch Zufallsmutationen aus niederen. Er schreibt dem Leben dann keinen eigenen Status zu. Dies ist nicht mehr möglich, wenn es sich um seelisches Innenleben handelt (womit jede Art der Empfindung, von der primitivsten Sinneswahrnehmung an, verstanden sei). Durch eine Verkomplizierung chemischer Moleküle entsteht nicht plötzlich ein, wenn auch noch so primitives, erlebtes Gefühl. Chemische Begriffe beschreiben Chemisches und nichts anderes. Inkommensurable Kategorien des Seins können nicht auseinander abgeleitet werden. Folglich kann auch durch Mutationen an einem Makromolekül, DNS oder anderen, kein Innenleben entstehen oder weiterentwickelt werden.

Manche Biologen sind der Meinung, daß eine eindeutige (vielleicht umkehrbar eindeutige) Beziehung zwischen den physikalischen und chemischen Vorgängen im Nervensystem und dem tierisch-menschlichen Innenleben besteht. Da das Nervensystem sich auch eindeutig aus dem genetischen Material ableiten soll, so wäre auch das Innenleben eindeutig aus letzterem bestimmt. Daß eine Korrelation der beiden Seinskategorien besteht, ist sicher. Daß es eine eindeutige Zuordnung in einer oder in beiden Richtungen gibt, ist mehr als zweifelhaft. Die neuere Sinnesphysiologie ist zu dem Schluß gekommen, daß unsere Sinneswahrnehmungen nicht nur durch die von außen aufgenommenen Eindrücke (z. B. Luftwellen, die wir als Ton wahrnehmen) bestimmt sind, sondern auch von *innen* her, vom „Ich", modifiziert werden. Es wirken also auch innere (seelische) Kausalfaktoren beim Zustandekommen einer Wahrnehmung mit[4]. Bei der Hypothese der eindeutigen Zuordnung – um mehr kann es sich nicht handeln – wird auch meist das Weiterbestehen der physikalisch-chemischen Gesetze auf der materiellen Seite angenommen. Das Innenleben würde dann, bei entsprechender Zuordnung, genau den gleichen Gesetzen genügen, wie die Materie, d. h. denen der Physik und Chemie. Letzteres ist ausgeschlossen. Wir brauchen nur daran zu denken, daß wenigstens menschliches Handeln, um nur einen Punkt zu nennen, ein Ziel kennt. Der Mensch *will* etwas, das oder jenes, erreichen. Willensakte gibt es in der Physik und Chemie nicht. Die Gesetze – oder Freiheiten – des tierischen und menschlichen Innenlebens dürften von denen der Physik und Chemie so völlig verschieden sein, daß eine eindeutige Zuordnung der ersteren zu den letzteren gar nicht in Frage kommt. – Außerdem ist mit dieser Hypothese nichts erklärt. Das Begriffssystem der Physik und Chemie und ihre Gesetze sind etwas Vollständiges, in sich Geschlossenes, und es bleibt völlig unverständlich, wieso mit gewissen Strukturen, etwa der des Nervensystems, plötzlich etwas ganz Neues, kategoriell Verschiedenes entstehen soll. Die Hypothese einer exakten Zuordnung ist nicht

---

[4]) Vgl. dazu z. B. *H. Hensel*, Studium Generale, 15, 747, 1962, und besonders *R. Granit*, Receptors and Sensory Perception, New Haven, 1955. *Granit* zeigt, daß die Sinnesorgane die äußeren physikalischen Reize – durch Abschwächen und Verstärkung – von sich aus interpretieren. Die Interpretation gehört zum unbewußten biologischen Vorgang.

nur so gut wie sicher unhaltbar, sie löst auch in keiner Weise die Frage nach dieser doppelseitigen Struktur materieller und seelischer Existenz.

Die Entstehung des Innenlebens der Lebewesen ist vorderhand eine Frage, über die wir ganz einfach nichts wissen, jedenfalls nicht von naturwissenschaftlicher Sicht aus gesehen. Es gibt wohl nur zwei Möglichkeiten, über die Dinge zu sprechen, wenn wir wissenschaftlich ehrlich sein wollen. Beide rühren an Sphären, die außerhalb der Naturwissenschaft im heutigen Sinn liegen. Entweder handelt es sich um etwas, das man nur mit dem Wort *„Neuschöpfung"* bezeichnen kann, der Entstehung von etwas Neuem, kategoriell von dem vorher Vorhandenen (der Materie) Verschiedenem. Oder, wenn wir glauben möchten, daß dieses seelische Sein auch außerhalb eines materiellen Körpers existieren kann, dann wäre der Ausdruck „Inkarnation des Innenlebens" im lebenden Körper angemessen. In beiden Fällen müssen wir uns auf einen Standpunkt stellen, der grundsätzlich Transzendentes enthält.

Wir haben uns bisher den Standpunkt zu eigen gemacht, der Körper und Seele, oder wenn man will, Geist und Materie, trennt und als verschiedene Seinskategorien betrachtet. Nun muß anderseits festgestellt werden, daß ein äußerst inniger Zusammenhang zwischen den beiden (oder mehreren) Seinsschichten besteht, der eine solche scharfe, dualistische Trennung nicht zuläßt. Gerade die neuere Naturforschung zeigt dies doch in unmißverständlicher Weise. Jede physikalische oder chemische Einflußnahme auf das Nervensystem erzeugt Empfindungen. Das geht so weit, daß durch physikalische Manipulation des Gehirns neue seelische Situationen entstehen können. Durch elektrische Einwirkungen auf das Gehirn von Tieren können Lust-, Schmerz- und Hungergefühle erzeugt werden. Umgekehrt: Seelische Faktoren erzeugen körperliche Veränderungen. Innnere Erregung erhöht den Pulsschlag, seelische Konflikte erzeugen Krankheiten usw. Der Beispiele gibt es viele. Es kann also nur die Rede von einer untrennbaren Einheit sein, die sich allerdings in unserer Sicht in den zwei Aspekten des körperlichen und inneren, seelischen Seins darstellt.

Es fällt unserem heutigen Denken sehr schwer, diese Einheit ins Auge zu fassen, geschweige denn, sie irgendwie zu begreifen. Wir sind allzulange an den Dualismus gewöhnt, und die Wissenschaft hat allzulange das Hauptgewicht auf die Untersuchung entweder des körperlichen (Naturwissenschaft), oder des seelischen (Psychologie) Aspektes gelegt; der Zusammenhang aber, blieb ein Rätsel. Dieselbe Situation besteht in Wirklichkeit schon bei der Biologie unbeseelter, aber lebender Organismen. Daß der pflanzliche Organismus sich auf bloße Physik und Chemie zurückführen läßt, ist ein Wunschdenken mancher Wissenschaftler, aber durch nichts belegt, sondern im Gegenteil, so gut wie sicher eine falsche These (vgl. 2. Gilt die Gleichung: Leben = Physik + Chemie?).

Die Einheit des körperlich-seelischen Organismus kann nicht als ein rein materielles Wesen begriffen werden. Dieses Gebilde ist von lebloser Materie verschieden und es verhält sich auch ganz verschieden. Wir können daher praktisch mit Sicherheit sagen, daß die Gesetze der Physik und Chemie in einem solchen Organismus nicht in derselben Weise gelten können wie in lebloser Materie. Es ist daher auch ausgeschlossen, daß dieses Gebilde, der beseelte Organismus, durch rein physikalische Wirkungen entstanden ist und sich durch irgendwelche, physikalisch oder chemisch induzierte Mutationen höher entwickelt hat.

Der letzte Schritt im bisherigen Evolutionsgeschehen führt zum Menschen. Viele Biologen sehen in diesem Schritt nicht mehr als eine Fortsetzung in der Entwicklung der Tierreiche. Körperlich betrachtet ist der Unterschied gegenüber den höchst-entwickelten Tieren ja auch nicht allzugroß. Das Gehirn ist wesentlich größer geworden, die

Hände werden nicht mehr zum Gehen benützt. Aber Andeutungen des aufrechten Gangs gibt es auch bei den höheren Tieren. Um so größer ist der Unterschied auf der seelisch-geistigen Ebene. Manche Eigenschaften mögen auch bei den Tieren angedeutet sein, wie z. B. die Sprache bei den Delphinen. Aber eine bewußt ausgebildete Ethik (im Gegensatz zu dem stereotypen Verhaltenskodex im Hühnerhof) ist bei Tieren wohl nicht zu finden, ebensowenig wie das Wissen um die Verantwortung des Handelns. Wir mögen über manchen Wunderbau im Tierreich staunen, aber die sich in Freiheit vollziehende schöpferische Tätigkeit des Menschen ist etwas anderes. Ebenso mögen wir die hohe künstlerische Qualität des Vogelsangs bewundern, die freie künstlerische Schöpfung des Menschen ist wieder etwas anderes. Daß Tiere die Fähigkeit der Abstraktion des Denkens, der bewußten Bildung von Begriffen haben, mag man doch wohl bestreiten. Das individuelle Selbstbewußtsein, die Fähigkeit der Introspektion, ist sicher auch eine speziell menschliche Eigenschaft. Daß allein dem Menschen Religion geworden ist – wir lassen es ganz offen, *wie* es geschah, ob er sie selbst schuf oder durch Offenbarung erfuhr – ist unzweifelhaft. Diese sehr kurze Aufzählung genügt, um festzustellen, daß das Innenleben des Menschen sich von dem der Tiere so gewaltig unterscheidet, daß wir es auch ontologisch als etwas Neues, anderes ansehen müssen. Zu glauben, daß dieses menschliche Geistesleben etwas mit materiell induzierten Mutationen in bestimmten Molekülen zu tun hat, ist lächerlich.

Wenn wir die Einheitlichkeit des körperlich-seelischen Seins betont haben, dann folgt daraus nicht, daß Seele oder Geist in anderer Form nicht auch unabhängig vom Körper existieren können. (Materie existiert auch unabhängig vom Leben als tote Materie). Materie kann kaum die Priorität der Allgegenwärtigkeit beanspruchen.

Kehren wir noch einmal zurück zu den Makromutationen der Evolution. Sie sind nicht physikalisch zu verstehen. Wir wissen nicht, wie sie zustande gekommen sind, wir können nur sagen, es ist ein dem Leben eigenes Geschehen. Noch weniger ist die Entstehung des Lebens selbst auf physikalische Weise zu verstehen[5]). Schon hier, an erster Stelle, müssen wir von einer *Neuschöpfung* sprechen. Wir meinen damit, daß *etwas entstanden ist, das nicht auf Grund der bestehenden Gesetze der leblosen Materie allein entstehen konnte.* Und wenn wir dann weiter von der Neuschöpfung des Innenlebens der Tiere, und zuletzt noch einmal beim Menschen, sprachen, dann heißt dies, daß auch dieses etwas Neues ist, das nicht allein auf Grund dessen, was unbeseeltes (etwa pflanzliches) Leben hervorbringen konnte, entstanden ist.

Wir mögen in zweifacher Weise über die Makromutationen der Evolution denken. Es mag sich bei der Entstehung des Lebens um eine einmalige Neuschöpfung handeln, die schon das Gesetz der späteren Höherentwicklung als Möglichkeit und Tendenz in sich birgt. Oder wir mögen jede Makromutation selbst als einen Akt der Neuschöpfung betrachten. Jedenfalls bedeutet sie ja die Entstehung eines neuen, höheren Bauplans. Wir wollen nicht versuchen, es zu entscheiden. Es ist auch vorderhand nicht wichtig. Jedenfalls aber müssen wir von Neuschöpfung im oben definierten Sinn reden, wenn es sich um die Entstehung oder die Inkarnation des tierischen und, später, des menschlichen Innenlebens handelt.

Der erste Schöpfungsbericht der Bibel in Genesis, Kap. 1, beschreibt die Dinge in wenigen Sätzen mit kaum zu übertreffender Kraft. Wir lassen den Anfang weg, über den wir nicht befinden können. Dann folgt: Erst Schöpfung von „Land und Meer" (d. h. der Materie), dann Schöpfung des unbeseelten Lebens, dann ein Intermezzo über

---

[5]) Gewisse diesbezügliche Theorien, die in letzter Zeit kursieren, gehören in den Bereich des "wishful thinking".

die Schöpfung der Gestirne (das naturwissenschaftlich gesehen allerdings an eine andere Stelle gehört), dann Schöpfung der Tiere (der beseelten Natur), in zwei Teile zerlegt, und zuletzt Schöpfung des Menschen. Es ist gut, zu denken, daß dieser Bericht mehr naturwissenschaftliche Einsicht und mehr Wahrheit in sich bergen mag, als die Materialisten des 19. Jahrhunderts glaubten und manche Neodarwinisten von heute glauben. Natürlich wird niemand auf die Idee kommen, den „Tag" der Schöpfung mit den 24 Stunden unseres heutigen Uhrentags zu identifizieren.

Zum Schluß noch einige Worte über die Zukunft. Es steht uns nicht zu, zu prophezeien. Über die zu erwartende Weiterentwicklung der Pflanzen- und Tierwelt wissen wir nichts. Aber, zum ersten Mal in der Geschichte des Lebens ist ein Lebewesen, der Mensch, in der Lage, seine eigene Zukunft bis zu einem gewissen Grad in die Hand zu nehmen und er hat auch die Freiheit, es zu tun. Doch auch hier wollen wir nur die unmittelbare Zukunft ins Auge fassen. Es sind in der Tat schon Vorschläge zur Verbesserung des Menschen gemacht worden. Sie gehen von der erhofften Möglichkeit aus, einmal das Erbmaterial, die Chromosomen, chemisch-technisch manipulieren zu können.

Nach allem, was wir über die überaus hohe Ordnung, die in der Mikrostruktur des menschlichen Organismus (DNS, Gehirn, usw.) herrscht, erfahren haben, ist es mehr als zweifelhaft, daß menschliche Eingriffe hier noch höhere Ordnung schaffen können. Denken wir an unsere Wahrscheinlichkeitsresultate. Können wir die eine oder eine der wenigen Anordnungen der Nukleotide in den Genen finden, wenn es davon nicht Millionen, sondern eine Zahl mit Dutzenden von Nullen gibt (was eine grobe Unterschätzung ist)? Es ist im Gegenteil zu erwarten, daß Manipulation des Erbmaterials Mißbildungen erzeugen wird, wie es die künstlichen Mutationen tatsächlich tun. Die Ordnung im Organismus ist um Größenordnungen höher als das, was der Mensch beherrschen und schaffen kann. – Vielleicht hat diese Erkenntnis Bedeutung, die weit über die Naturwissenschaft hinausreicht [6]).

Die höchste Stufe in der Evolution des Menschen ist die Entstehung oder, wenn wir wollen, die Inkarnation seines Geistes und die Freiheit seines Handelns. Hier muß der Ansatzpunkt liegen, von dem aus allein eine bewußt in die Hand genommene Weiterentwicklung möglich scheint. Mehr noch: sie ist in vieler Hinsicht sogar dringend notwendig.

Es ist schon oft gesagt worden, daß die ethische Entwicklung des Menschen mit seiner wissenschaftlich-technischen Entwicklung nicht Schritt gehalten hat. Angesichts der schon entwickelten und vorhandenen Methoden der Massenvernichtung und der Verantwortungslosigkeit, mit der oft Leben und Lebenselemente (Wasser, Erde, Luft) dem technischen „Fortschritt" geopfert werden, ist dies eine allzu offensichtliche Wahrheit. Wir möchten sogar behaupten, daß unter der Macht dieser Entwicklung das Bewußtsein für Ethik und Verantwortung abgenommen hat. Hier liegt die dringende Notwendigkeit vor, ethisches Bewußtsein und Sinn für Verantwortung bewußt zu pflegen und zu fördern. Durch Erziehung und Selbsterziehung ist dies auch durchaus möglich. Es gibt auch Menschen, die hier führen können. Denken wir z. B. an *Albert Schweitzer's* Forde-

---

[6]) Man wird vielleicht einwenden, daß wir ja Proteine schon synthetisch hergestellt haben. Man hat zuerst die Reihenfolge der Aminosäuren in einem Protein, das einem Organismus entnommen war, bestimmt, und dann dieselbe Reihenfolge in der Synthese kopiert. Eine hervorragende experimentelle Leistung. Wir können auch ein Gedicht kopieren, indem wir Buchstabe für Buchstabe abschreiben. Gedichtet haben wir es deshalb nicht, das hat ein anderer getan. Die Proteine, die das Leben benutzt, hat bis jetzt das Leben gedichtet.

rung nach „Ehrfurcht vor dem Leben", dann können wir den Weg ahnen, auf dem wir unsere eigene Entwicklung in die Hand nehmen können und *müssen*.

Um unserer Verantwortung gegenüber der Natur und gegenüber dem Menschen genügen zu können, ist freilich die Erkenntnis notwendig, daß der Mensch nicht durch Zufall entstanden ist und durch materielle Manipulationen schwerlich wahrhaft gefördert werden kann. Die Evolutionslinie des Menschen, die ihren bisherigen Gipfelpunkt in seinen geistigen Eigenschaften und Leistungen fand, führt zu einer klaren und eindeutigen Fortsetzung. Sie ist die *Weiterentwicklung seines Geistes, seiner Ethik, seines Gewissens, seiner Freiheit* und der in *Mündigkeit übernommenen Verantwortung für sich selbst und für seine Umwelt, auch für das – nicht von ihm geschaffene – Leben.*

In solcher Entwicklung allein kann Sinn und Bestimmung des Menschen und der Evolution liegen.

6.   Physik, Chemie und andere Dinge *)

Als ich vor ca. 40 Jahren als junger Assistent nach Göttingen kam, wurde mir folgende Geschichte – sie wurde *James Franck* zugeschrieben – erzählt: *Franck,* der sich hauptsächlich mit Molekülspektren beschäftigte, wurde von einem Studenten gefragt, was denn eigentlich der Unterschied zwischen Physik und Chemie sei. Die Antwort war: Physik ist, wenn's knallt, Chemie ist, wenn's stinkt.

In dieser Antwort liegt viel tiefe Weisheit. Wir müssen uns ja darüber klar sein, daß Naturwissenschaft immer von unseren Sinneswahrnehmungen ihren Ausgangspunkt nimmt. Und da bemerken wir zunächst, daß Physik und Chemie von ganz verschiedenen Sinnesqualitäten ausgehen. Von der Physik können wir noch sagen, daß auch Blitzen und Leuchten dazugehören. Die Wohlgerüche der ätherischen Öle und manche andere Wahrnehmungen gehören natürlich auch in das Gebiet der Chemie.

Wenn wir uns alte Bilder von physikalischen und chemischen Laboratorien ansehen, dann sehen wir sofort den großen Unterschied. Da fällt z. B. durch ein „gar kleines Löchlein im Fensterladen", wie es heißt, ein Lichtstrahl auf ein Prisma, und dadurch werden gespenstisch leuchtende Farben hervorgezaubert – Spektrum heißt ja Gespenst –. Oder Froschschenkel zappeln an einem eisernen Gitter, und auf der andern Seite kochts und brodelts in seltsam geformten Glaskolben.

Andererseits aber wird mit dieser Antwort auch mit feiner Ironie festgestellt: In Wirklichkeit gibt es keinen wesentlichen Unterschied mehr. Knallen und Stinken sind ja doch keine Dinge, die für unsere moderne, exakte Wissenschaft noch Bedeutung haben. Solche naivelementare Sinneserscheinungen sind ja nun durch Messungen ersetzt, und dann fällt der wesentliche Unterschied im Prinzip dahin.

Spätestens seit Ende der 20er Jahre ist die scharfe Grenze dieser beiden Wissenschaften in der Tat gefallen. Die Unterschiede bestehen im Anwendungsgebiet und in manchen experimentellen Methoden, aber nicht in den Grundprinzipien und vor allem nicht in den Grundgesetzen. So wenigstens dürfte die Ansicht der meister Forscher lauten.

Schon lange bevor Physik und Chemie amalgamiert werden konnten, zeigte die Physik eine unwiderstehliche Kraft der Ausbreitung, eine Tendenz, andere Gebiete des Wissens und der Erfahrung in ihren Bereich einzugemeinden. Denken wir z. B. an die Akustik, die Lehre vom Schall. Zunächst ist Schall doch als Erscheinung ganz verschieden von dem Erfahrungsgebiet, das dem Erstling der Physik, der Mechanik, der Lehre von den Bewegungen und Kräften zugrunde liegt. In der heutigen Physik ist aber Akustik nicht mehr als ein Spezialfall der Lehre von den Wellenbewegungen, die in der Luft oder sonst in einem Körper stattfinden können. Nur einen kleinen Bezirk dieser Wellenbewegungen hören wir, Fledermäuse „hören" einen andern Bezirk, aber für die Physik ist das ganz irrelevent.

Wollen wir gleich eine wichtige Tatsache feststellen, auf die wir später zurückkommen. Die Ausbreitung der Physik auf ein stets wachsendes Volumen von Erscheinungen, ihre Macht der Vereinheitlichung, die so vieles auf ganz wenige Grundgesetze zurückführen konnte, so daß scheinbar immer mehr ein einheitliches Bild der Natur entsteht, das man oft, fälschlicherweise, ein „Weltbild" genannt hat, all dies erforderte einen Preis. Einen teuren Preis sogar: Die Sinneswahrnehmungen selbst sind ja

---

*) Vortrag, gehalten vor der Deutschen Physikalischen Gesellschaft, anläßlich der Überreichung der Max-Planck-Medaille in Karlsruhe, erschienen in den „Physikalischen Blättern", Febr. 1969.

aus dem Bild verschwunden, man hat sie anderen Wissensgebieten, der Physiologie und Psychologie zugeschoben. Nicht mehr ist es ein Gegenstand der Physik, wenn wir sagen: Schwingungsfrequenzen in einfachen Zahlenverhältnissen, etwa 2 : 3 oder 3 : 4, bilden eine Harmonie, solche aber im Verhältnis 17 : 19 oder gar 3 : 2 $\sqrt{2}$ eine Disharmonie. Es ist auch nicht mehr eine physikalische Aussage, wenn wir feststellen, daß die Topologie der Farben einen Kreis bildet, während die Wellenlängen einer linearen Skala folgen. Die Einheitlichkeit der Physik bezieht sich nur auf die Kategorie der Erscheinungen, die ihrer Struktur gemäß sind, und das sind allein die Messungen. Nur dann hat eine Erscheinung eine Verbindung zur Physik und ist im einheitlichen Bild eingebaut, wenn ihr zumindest etwas Meßbares zugeordnet werden kann.

Wenden wir uns nun der Vereinheitlichung von Physik und Chemie zu. Es war ein langer Weg. Je weiter zwei Wissenschaften in ihren Erscheinungen verschieden sind, desto tiefer liegt das, was sie verbindet.

Die Stoffumwandlungen der Chemie und die Bewegung von Körpern, oder die Lichterscheinungen, haben äußerlich wenig gemeinsam. Ihr gemeinsamer Treffpunkt ist das Atom. Dieser Begriff wurde von den Chemikern schon lange vor den Physikern geprägt, und wir verdanken ihnen die Erkenntnis wichtigster Atomeigenschaften, wie z. B. der Valenz. Erst um die Jahrhundertwende tastete auch die Physik sich zum Atom vor. Die Entdeckung der Radioaktivität, der Kathodenstrahlen und manches andere deutete auf Strukturen, die in eminenter Weise mit dem Atom zu tun haben. Mehr noch: das Atom als unteilbares Gebilde und letzte Materieeinheit eines bestimmten chemischen Elements wurde gleichsam übersprungen. Man gelangte gleich in das Innere des Atoms, zu seinen Bestandteilen, die nun wirklich unteilbar, wenn auch nicht unzerstörbar stabil waren. Damit aber war das Atom ein zusammengesetztes Gebilde geworden, das irgendwie zusammenhält und ganz bestimmte Eigenschaften hat. Es ist damit selbst zu einem Objekt physikalischer Untersuchung geworden. Aber schon in den ersten Jahren dieses Jahrhunderts war es für alle, die Ohren (für Physik) hatten, zu hören, klar, daß im Atom die alten Gesetze der Physik nicht mehr gelten konnten. Wir verdanken diese Erkenntnis in allererster Linie dem großen Physiker und Menschen, dessen Andenken wir heute feiern, – *Max Planck*. Das grundsätzlich quantenhafte Verhalten atomarer Vorgänge, wie es in der Folge von *Planck's* Entdeckung immer mehr zutage trat, ist einfach unvereinbar mit den Gesetzen der Physik, wie sie vorher bekannt waren. Ich brauche auf die Geschichte dieser Entwicklung nicht einzugehen.

Dies alles mußte natürlich auch für die Chemie von höchster Bedeutung sein. Auch die Chemie konnte hier mit tiefen Problemen aufwarten, die ihre eigenen Phänomene betraf. Das Atom war ja nun ein Objekt der Physik geworden, und so sollte man doch erwarten, daß auch diejenigen Eigenschaften des Atoms, die Grundlage der Chemie sind, aus der Physik des Atoms ableitbar sein sollten. Und so knüpfte sich an die Problematik der Quantentheorie auch für die Chemie einerseits die Erkenntnis von der Schwierigkeit, ihre grundlegenden Begriffe und Tatsachen besser zu verstehen, anderseits auch Hoffnung: Sollte man einmal die Gesetze, die im Atom herrschen, kennen, so dürften auch die chemischen Probleme einem Verständnis zugänglich werden, wodurch natürlich ein weiterer Aufschwung der ganzen Chemie erwartet werden konnte.

Zu den grundlegenden Problemen der Chemie gehörte vor allem die Frage nach der chemischen Bindung elektrisch neutraler Atome. Außer der sehr schwachen Gravitationskraft und den ebenfalls viel zu schwachen v. d. Waalskräften waren der Physik keine Kräfte bekannt, die neutrale Körper zur Anziehung bringen konnten. Und wenn wir neue Kräfte einführen müßten, also typisch chemische, nicht-physikalische

Kräfte, wie sollte man die Absättigung, die Valenz begreifen? Warum dürfen sich nur 2 H-Atome und nicht 3 anziehen?

Diese ganze Problematik wurde mir durch einen Lehrer, der vor 45 Jahren ein paar hundert Meter von hier seine Vorlesungen hielt, eindrücklich vor Augen geführt. Ich verbrachte meine ersten Semester, Anfang der 20er Jahre, an der hiesigen Technischen Hochschule, und es war *Bredig*, der damalige Professor für physikalische Chemie, dem ich das klare Bewußtsein für diese Probleme verdanke. Sie blieben mir während meines ganzen Studiums gegenwärtig.

Ich bin noch einem anderen Lehrer, der an dieser Hochschule wirkte, tief dankbar: Dem Mathematiker *Boehm*, der mich denken gelehrt hat.

Ich war gerade dabei, mein Studium zu beenden – zu meinem Ärger mußte ich noch ein Doktorexamen mit allem Zubehör machen –, als die Quantenmechanik, d. h. die Physik, die auf die Atome und Moleküle anzuwenden war, geboren wurde. Wie zu erwarten war, stellte es sich heraus, daß sie von der früheren, nunmehr klassisch genannten Physik gründlich verschieden war. Die Gelegenheit, die brennenden chemischen Probleme anzugreifen, kam bald, als ich mit einem Rockefeller-Stipendium eine Zeit in Zürich verbringen konnte und dort *Fritz London* traf, mit dem mich bald eine enge Freundschaft verband. Wir beschlossen, uns nicht intensiv mit den noch ausstehenden, fundamentalen Fragen der Quantenmechanik zu beschäftigen, z. B. mit der relativistischen Quantenmechanik. Daran arbeitete sowieso alle Welt, und man wußte auch noch nicht, daß Relativität und Quantenmechanik sich nicht leicht vereinigen lassen wollten und dies auch 41 Jahre später noch nicht so ganz gelungen sein sollte. Für die chemischen Probleme aber schien das nötige Werkzeug jetzt vorhanden zu sein.

Es scheint uns heute, da wir an die quantenmechanischen Begriffe und Tatsachen gewohnt sind, ein überaus triviales Problem zu sein, die Bindung zweier Wasserstoffatome und die einfachen chemischen Tatsachen, die damit verbunden sind, zu berechnen. Für den an das klassische Denken gewohnten Physiker aber boten die neuen Begriffe und Tatsachen Schwierigkeiten, die erst nach Jahren überwunden werden konnten. Für die chemischen Probleme waren vor allem das Austauschphänomen, der Spin, das Pauliprinzip (neben der schon leichter zu handhabenden Schrödingergleichung), von grundlegender Bedeutung. Es sind alles Begriffe, die nichts Analoges in der klassischen Physik besitzen. Ich brauche auf die Theorie, die sich ja in ein großes, selbständiges Gebiet mit vielfachen Verzweigungen weiterentwickelt hat, nicht einzugehen. Die sogenannten Austauschkräfte sind die starken Kräfte der Chemie, die Zweiwertigkeit des Spins mit dem Pauliprinzip sind für den Valenzbegriff verantwortlich.

Somit waren wenigstens die wichtigsten der elementaren chemischen Probleme gelöst, d. h. auf die Grundgesetze der Physik, und zwar der Quantenphysik, zurückgeführt. Einmal mehr konnte die so eroberungssüchtige Physik einen Sieg feiern: Das ganze, große Gebiet der Chemie schien ihr nun untertan geworden zu sein. Sogar die Chemiker der organischen Chemie sprechen heute von σ- und π-Elektronen, also von Dingen, die der Quantenphysik angehören, und gebrauchen moderne physikalische Methoden. Freilich wird niemand behaupten wollen, daß die Chemiker nicht auch ihre eigenen Methoden und Gedankengänge haben und haben müssen und mit den physikalischen Begriffen allein auskommen können. Bedenken wir, daß viele der großen Entdeckungen der organischen Chemie dieses Jahrhunderts ganz unabhängig von physikalischen Gesichtspunkten gemacht wurden. Ich kenne einen bedeutenden Chemiker der organischen Chemie, der es noch bis vor wenigen Jahren ablehnte, auch nur einen einzigen quantenphysikalischen Begriff zu verwenden. Liegt hierin vielleicht nicht doch eine

Andeutung versteckt, daß Chemie möglicherweise ein eigenes Reservat hat, wo die Physik nicht zuständig ist? Wir kommen darauf zurück.

Noch ein Punkt muß beachtet werden. Wenn wir sagen, daß chemische Gesetze auf die der Atomphysik zurückgeführt sind, so kann das nur für relativ kleine, oder für große, aber regelmäßig gebaute Moleküle gezeigt werden. Je unregelmäßiger und größer ein Molekül ist, desto schwerer ist es, dies nachzuweisen, und für die Makromoleküle der organischen Chemie ist es ganz und gar unmöglich. Es wäre ein hoffnungsloses Unternehmen, ein Eiweißmolekül mit einigen tausend Atomen etwa mit Hilfe der Schrödingergleichung berechnen zu wollen. Wir sind also nicht so ohne weiteres berechtigt, zu behaupten, daß die Chemie der großen Moleküle ganz durch die *Physik verstanden werden kann, geschweige denn verstanden ist.*

Auch hier gilt, wie immer: Nur was meßbar ist, gehört zur Physik, und wenn wir von der Zugehörigkeit der Chemie zur Physik sprachen, dann sind es allein die meßbaren und berechenbaren Eigenschaften der Stoffe, für die das zutrifft. Ob ein Stoff hart oder weich ist, läßt sich zur Not noch berechnen, ob ein Kristall an der Oberflächen glänzend oder matt ist, ist wohl schon ein Grenzfall, aber wie ein Stoff schmeckt und riecht, kann die Physik nicht entscheiden. Man wird sagen, daß dies ja biologische Wirkungen sind, die erst sinnvoll werden, wenn der Stoff mit einem Lebewesen und seinen Sinnesorganen in Berührung kommt. Aber vergessen wir nicht, daß Sinneswahrnehmungen der Ausgangspunkt aller Naturwissenschaft sind. Auch Messungen müssen letzten Endes wahrgenommen und vom erkennenden Menschen zur Kenntnis genommen werden. Und gerade der quantenmechanisch geschulte Forscher weiß das. Es gehört wohl zu den wichtigsten Beiträgen zur Erkenntnistheorie und Naturphilosophie, die die Physik geleistet hat, daß sie zu der Erkenntnis gelangt ist: Im Bereich der Quantenmechanik ist eine Messung erst dann vollständig vollzogen, wenn das Resultat von einem bewußten Beobachter zur Kenntnis genommen worden ist. Es war der Traum der klassischen Physik, eine *äußere* Welt zu beschreiben, die ganz von allem Subjektiven gelöst ist und nichts mehr mit dem Menschen zu tun hat. Ein Stück weit des Weges ist dies gelungen, mit Opfern. Alle Sinnesqualitäten, die nicht meßbar sind, mußten verschwinden. Dann konnte man von Körpern, Feldern, Wellen und anderem sprechen, ohne daß der Mensch vorkam. Der Traum ist nicht mehr ganz realisierbar im Gebiet der Atome und Moleküle. Der Mensch kann nicht mehr ignoriert werden. Die Erkenntnis des Beobachters ist wesentlich, obwohl dies praktisch selten in Erscheinung tritt, wenn wir Moleküle und ihre Rekationen berechnen. Dies möge uns aber immerhin daran erinnern, daß wir auch die Sinneswahrnehmungen nicht so ohne weiteres abschaffen können, ohne unsere Weltsicht ungehörig zu beschränken.

Die Ausbreitungstendenz der Physik ist nach der Verschmelzung mit der Chemie noch nicht zum Stillstand gekommen. Arm in Arm, so möchte man fast sagen, schreiten nun beide Wissenschaften voran, um sich – gerade in unserer Zeit– nichts Geringeres als die Biologie zu erobern. Wenn man bedenkt, daß es sich hier um etwas ganz Neues handelt, um das Leben, dann scheint dieses Unternehmen mehr als kühn. Freilich scheint es, daß auch viele Biologen sich allzugern von der Physik erobern lassen. Und dennoch blieb der Erfolg nicht aus. Betrachten wir einige Beispiele:

In der ersten Hälfte dieses Jahrhunderts wurden Stoffe entdeckt, und dann sogar synthetisch hergestellt, die für das Leben entscheidend wichtig sind. Ich meine die Vitamine und Hormone. Sie haben schon in kleinsten Mengen intensive, lebensfördernde (oder auch lebenhemmende) Wirkungen. Natürlich ist es nichts Neues, daß gewöhnliche chemische Stoffe, im Laboratorium synthetisiert, auf den lebenden Organismus irgendwie wirken. Das tun ja sogar anorganische Stoffe. Daß aber diese Stoffe, die schon in kleinen

Mengen so spezifisch und intensiv mit dem Leben verbunden sind, durch gewöhnliche chemische Strukturformeln gewohnter Art dargestellt werden können, daß mußte doch die Idee nahelegen, daß auch das Lebendige selbst chemischen, und damit eben physikalischen, Charkters ist?

Die Wirkung chemischer Stoffe geht noch weiter. Sie wirkt bei beseelten Lebewesen auf das Empfindungsleben, auf die Innerlichkeit des Lebewesens, falls diese vorhanden ist, bei Tier und Mensch. Auch das ist nichts Neues. Das alte Psychopharmakon Alkohol ist uns ja wohl allen bekannt und schon längst synthetisch hergestellt. Neuerdings werden aber Stoffe hergestellt, die in winzigen Mengen eine noch ungleich stärkere Wirkung haben. Denken wir an das berüchtigte LSD. Ein ähnlicher Stoff wurde ursprünglich aus mexikanischen Pilzen gewonnen, dann wurde LSD synthetisch hergestellt. Nun ist es Tausenden von jungen Menschen zum Verhängnis geworden. Forschritt der Wissenschaft ist eben auch oft genug ein Rückschritt für den Menschen. Dieses LSD erzeugt Rauschzustände, Farbhalluzinationen und Ähnliches, von unerhörter Intensität. Und auch dieser Stoff ist durch eine gewöhnliche chemische Formel charakterisiert. Die Versuchung liegt nahe, diese seelischen Vorgänge als chemische Reaktionen im Nervensystem, die durch das LSD verursacht worden sind, aufzufassen. Das wäre ein weiterer kleiner Schritt in der Eroberung des Organismus durch die Chemie.

Ein letztes Beispiel: Das Gebiet, auf dem die Chemie wohl am einschneidensten auf die Biologie gewirkt hat, ist die Genetik. Die Biologen wußten schon lange, daß gewisse Erbeigenschaften in den Chromosomen (das sind kleine Körperchen im Zellkern jeder Zelle) örtlich lokalisiert sind. Die Stelle im Chromosom, an der eine bestimmte vererbte Erbeigenschaft liegt, heißt Gen. In den letzten Jahren wurde die Chemie der Chromosomen erforscht. Sie führte zur Entdeckung der Nukleinsäuren, und schließlich wurde deren chemische Struktur aufgeklärt: Ein sehr langes Zwillingsband, bestehend aus einer Doppelkette von aneinandergereihten Basen in bestimmter Anordnung, von denen es 4 verschiedene gibt. Und dieses Makromolekül enthält vererbte Eigenschaften des Organismus. Manche Biologen glauben, daß alle Erbeigenschaften in diesem DNS-Molekül, wie man es nennt, ihren Sitz haben. Wenn ich recht orientiert bin, scheint sich aber die Meinung durchzusetzen, daß dies doch nicht der Fall ist, daß auch andere Teile der Zelle Sitz von Erbeigenschaften sind. Das mag uns jetzt gleichgültig sein. Jedenfalls enthält dieses Kettenmolekül die „Information" – ein ominöses Wort – über viele vererbte Eigenschaften. Von hier führt ein langer Weg zum vererbten Phänomen oder „Phän", wie der biologische Ausdruck lautet. Das erste Stück kennen wir: es besteht aus der chemischen Bildung von allerlei Proteinen, die aus der Anordnung der Kettenglieder im DNS-Molekül, dem sogenannten „Code" folgen.

Ist also nun Vererbung ein chemisch-physikalisches Geschehen, bestehend aus komplizierten Reaktionen, die sich auf hoch organisierten Ordnungen aufbauen? Der Schluß liegt nahe, denn es liegt in unserer Natur, unsere Erfolge Schule machen zu lassen – und zu vergessen, was wir noch nicht erklärt haben. Das alte, abgeleierte Dichterwort „In der Beschränkung zeigt sich erst der Meister" erfreut sich bei Naturforschern nicht übermäßiger Beliebtheit. Vielmehr lieben wir es offenbar, neue Gebiete mit alten Methoden zu erobern. Die Genetik wäre ein schönes Stück der Biologie, das der Physik und Chemie und ihrer Methodik nunmehr untertan wäre.

Fragen wir uns also, ob wir nicht auch hier Opfer gebracht haben. Selbstverständlich ist kein Zweifel, daß das chemische Geschehen im Zellkern, das wir sehr kurz skizziert haben, ein wahrer und eminent wichtiger Bestandteil der Vererbungsvorgänge ist. Aber nachdem, was wir schon über den physikalischen Erscheinungsbereich gesagt haben, müssen wir vermuten, daß wir auch hier mit einer rein chemischen Interpretation des Lebens große Bereiche der Wirklichkeit ausgeklammert haben. Es ist auch leicht zu sehen, was der ausgeklammerte Bereich ist.

Wie schon bemerkt, ist es ein langer Weg von der Protein-Synthese in der Zelle, bis zur Ausgestaltung des Organismus. Zu den vererbten Eigenschaften gehören nicht nur kleine Details, wie Augenfarbe oder Farbblindheit, sondern die ganze Gestaltung des Organismus mit sämtlichen Organen und ihren Funktionen. Also zum Beispiel: daß eine Katze vier Beine, zwei Augen und zwei Lungen hat, daß die Lungen atmen, und daß die Katze veranlagt ist, oder es zum mindesten lernen kann, Mäuse zu jagen. Der Prozeß der Protein-Synthese in der Zelle wird sich sicher weiter fortsetzen und zu weiteren chemischen und physikalischen Prozessen führen. Aber zu glauben, daß es noch im Zuständigkeitsbereich von Physik und Chemie liegt, die genannten Eigenschaften einer Katze aus diesen Proteinen chemisch zu entwickeln, heißt doch wohl, Macht und Fähigkeit dieser Wissenschaften hoch zu überschätzen. Physik und Chemie kennen nicht einmal den Begriff „Gestalt" in dem Sinne, in dem eben ein Katzenbein eine Gestalt hat. Wie sollen chemische Prozesse allein schließlich eine Katze formen? Und wie sollen chemische Prozesse schließlich der Lunge, wenn sie einmal geformt ist, erzählen, daß sie nun atmen soll? Und wenn noch so viele Gehirn-Nerven-Kreise und Prozesse dazu eingeschaltet werden, – je komplizierter der ganze Vorgang, desto unwahrscheinlicher wird er gerade vom rein physikalisch-chemischen Standpunkt aus.

Physikalische und chemische Prozesse, wenn sie sich allein überlassen sind, führen nicht von selbst zu einem so *sinnvollen* Geschehen – sinnvoll für das Leben des Organismus –, wie es das Atmen einer Lunge, gesteuert durch komplizierteste Nervenprozesse, oder die Gehfähigkeit des Beins ist.

Ebensowenig wird es verständlich, daß Hormone eine so spezifische und starke Wirkung auf das Leben haben können, wenn wir nur ihre chemische Struktur und ihre Reaktionen betrachten. Gewiß werden diese Stoffe spezifische chemische Reaktionen verursachen, aber wie soll aus chemischen Reaktionen in einem Vogel dieser veranlaßt werden, wegzufliegen, einen Strohhalm in den Schnabel zu nehmen und damit anzufangen, ein Nest zu bauen? Mit Chemie allein hat das doch gar nichts mehr zu tun!

In der Beschreibung der molekularbiologischen Vorgänge im Zellkern verwenden die Biologen Ausdrücke wie „Information", die im DNS-Molekül enthalten ist. Mit Recht. Es wird mit diesen anthropomorphen Ausdrücken gerade gesagt, daß hier *mehr* enthalten ist, als was die chemische Formel erkennen läßt, nämlich der „Bauplan" – wieder ein anthropomorpher Ausdruck – für den Organismus. Information und Bauplan sind keine Begriffe der Physik und Chemie. Information hat ein Mensch, wenn er etwas bewußt zur Kenntnis nimmt, einen Code haben politische Geheimdienste, also wohl auch Menschen, aber bei einem physikalischen System kann man bestenfalls nur dann von „Information" reden, wenn sie von Menschen in die Konstruktion und Programmierung hineingesteckt wird, wie es bei einem Rechenautomaten der Fall ist. Gerade diese Ausdrücke unterstreichen (oft gegen die Absicht der betreffenden Forscher) das Unphysikalische des biologischen Geschehens.

Noch drastischer wird all dies deutlich, wenn wir die Wirkung der Psychopharmaka betrachten. Gewiß ist zu erwarten, daß die weitere Forschung uns sagen wird, welche Prozesse das LSD in den Nerven und im Gehirn verursacht und wie das Sehzentrum während des Rausches beeinflußt wird. Aber das *Erleben* der Farbhalluzinationen gehört zu einer anderen Kategorie. Ein farbiges Bild und eine chemische Strukturformel sind verschiedene Dinge, die auseinander nicht gefolgert werden können. Höchstens können wir, wie z. B. bei der physikalischen Beziehung zwischen Ton und Schallfrequenz, gewisse rein empirische Beziehungen feststellen, für die uns jedes tiefere Verständnis fehlt.

Was können wir nun folgern? Es dürfte klargeworden sein, welchen Bereich wir ausklammern, wenn wir Lebensvorgänge mit physikalischen und chemischen Begriffen und Methoden allein erfassen wollen. Kurz und grob gesprochen: gerade das, was für das Leben charakteristisch ist, nämlich die Gestaltung des Organismus und seiner Organe, das Sinnvolle ihrer Funktionen, das Empfindungsleben von Tier und Mensch – und vieles, worüber wir nicht gesprochen haben. Insofern wir unter Biologie die Wissenschaft vom Leben verstehen, können wir sagen, daß Physik und Chemie und ihre Methoden nicht imstande sind, das Leben in ihren Bereich einzugemeinden.

Und doch gehören die wunderbaren Ergebnisse und Erkenntnisse der Biochemie und Biophysik natürlich *auch* zum Leben. Wenn wir diese richtig verstehen lernen, helfen sie uns sogar, gerade das Nichtphysikalische der Lebensprozesse zu unterstreichen. Wenn die Physiologen sehr komplizierte Regelkreise mit Rückkopplung entdecken, die die Körpertemperatur konstant halten, und dergleichen mehr, dürfte uns doch das Zweckbedingte und Geniale dieser Konstruktionen nicht entgehen. Wir gebrauchen Ausdrücke der Ingenieur-Wissenschaft. Aber wo ist hier der Ingenieur? Wer den Rechenautomaten konstruiert und gebaut hat, wissen wir. Der Erbauer des Organismus ist aber dieser selbst – wir können es nicht anders ausdrücken –, er war sogar schon in der Keimzelle enthalten, – in kodifizierter Form! Dies ist nicht mehr Physik und Chemie, die nichts *erfinden* können und denen man schwerlich Genialität zuschreiben kann. Jeder Vergleich eines Organismus mit unseren Ingenieurkonstruktionen hinkt deshalb ab *ovo*. Wir haben es mit höchster Kunst der Konstruktion zu tun, die die Erfindungsgabe des Menschen um Größenordnungen übersteigt.

Etwas weiteres, das wir lernen können, ist dies: Es besteht ein überaus enger und intimer Zusammenhang zwischen dem Leben, einschließlich dem Innenleben von Mensch und Tier, und den körperlichen, physikalisch-chemischen Vorgängen. Es fällt uns unendlich schwer, diese Zusammengehörigkeit zu begreifen. Es handelt sich ja u. a. um das alte Leib-Seele-Problem in neuer Sicht, das uns so völlig unlösbar vorkommt. Es ist natürlich keine Lösung, hier zu erklären, das Innenleben sei „Nebenprodukt" physikalischer Vorgänge. Unlösbar ist dieses Problem freilich für unser heutiges Denken, das an den Leib-Seele-Dualismus gewohnt ist. Vielleicht fällt, oder fiel, es dem östlichen und vorgriechischen Denken leichter, nicht in ihn zu verfallen. Unsere westliche Wissenschaft unterstreicht aber noch die Kontraste dieses Dualismus, indem sie einerseits nur das körperliche Geschehen untersucht und dabei Gefahr läuft, in einen reinen Physikalismus zu verfallen oder anderseits reine Psychologie ist. Es ist für uns heute schwer, anders zu verfahren. In der psychosomatischen Medizin finden wir vielleicht erste Ansatzpunkte für eine Erkenntnis des Zusammenhangs. Es wird für uns unumgänglich sein, uns zu dem langen und schwierigen Weg durchzuringen, der einmal zur *Einsicht* der Zusammengehörigkeit von Innenleben und Materie führt, wenn wir nicht endgültig in die Schizophrenie eines Körper-Seele-Dualismus verfallen wollen oder in die Öde eines einseitigen Physikalismus.

Kehren wir zur Chemie zurück. In ihren einfachsten gesetzlichen Grundlagen ist sie zweifelsohne, sagen wir, ein Ehrenbürger im großen Reich der Physik geworden. Wenn wir nun aber gesehen haben, daß es Stoffe gibt, die einerseits durch ganz gewöhnliche chemische Formeln beschrieben sind und synthetisch hergestellt werden, andererseits aber äußerst intensive biologische Wirkungen haben, die Wachstum oder spezielle sexuelle Funktionen stimulieren, oder die intensivste Empfindungen hervorrufen, dürfen wir dann noch behaupten, daß sich ihr Wesen in der Strukturformel und ihrer Elektronenstruktur ganz erschöpft? Dürfen wir sagen, daß die Proteine, die die Lebenssubstanz ausmachen, nichts anderes sind als das, was die Formel aussagt?

Ich hätte nicht den Mut gehabt, diese Fragen auch nur zu stellen, wenn nicht ein Zürcher Kollege, ein Chemiker sogar der anorganischen Chemie, mir vor kurzem seine Überzeugung in dieser Hinsicht gesagt hätte. Dies war nach einem Vortrag, den ich in der Zürcher Chemischen Gesellschaft hielt, und in dem ich zu zeigen versuchte, daß sich Leben nicht auf Physik und Chemie zurückführen läßt (2. Gilt die Gleichung: Leben = Physik + Chemie?). Mein Kollege gab seiner Überzeugung Ausdruck, daß auch chemische Stoffe mehr seien als das, was die Physik über sie aussagen könne. Die durch Physik nicht vorhersagbare biologische Wirkung mag in diese Richtung deuten.

Wir haben Fragen gestellt. Ich will sie nicht zu beantworten versuchen. Dazu ist die Zeit wohl noch nicht reif. Aber alle echte Wissenschaft gedeiht an Hand von Fragen, nicht an vorgefaßten Meinungen. Es gibt heute viele Forscher, die mit größter Selbstverständlichkeit behaupten, Leben sei ja „nur" komplizierte Chemie, das Gehirn „nur" ein Rechenautomat usw. Solche Aussagen dienen der Wissenschaft nicht, sie hindern sie. Seien wir deshalb offen für die Fragen. Lernen wir vor allem die ungelösten, unverstandenen Fragen zu *sehen*, auch gerade dann, wenn sie in Richtungen weisen, die uns neu und ungewohnt sind. Nicht die gewohnten Straßen führen wirklich weiter. Sie führen zur Spezialisierung mit hoher Spitzenleistung – was natürlich auch nützlich ist –, aber auch zur Horizontverengung. Das Feld der Wirklichkeit ist nicht eindimensional, und keine einzelne Methodik, sei es auch die ehrwürdige der Physik, wird sie erfassen. Ich meine, es ist Zeit, daß wir uns auch einmal in anderen Richtungen umsehen.

7. Die Naturwissenschaft Goethes*)

Viel ist in den letzten Jahren und Jahrzehnten über *Goethe's* Naturwissenschaft geschrieben und gesprochen worden. Das Spektrum der Meinungen reicht von brüsker Ablehnung, die diesen Schriften bestenfalls künstlerischen, aber keinerlei wissenschaftlichen Wert zubilligt, bis zur bedingungslosen Verehrung, die sie als einzig zulässige und unfehlbare Naturwissenschaft bezeichnet. Zu *Goethe's* Lebenszeit und lange nachher wurden seine Bemühungen von Wissenschaftlern im wesentlichen ignoriert. Den Kritikern, vor allem unter den Physikern, war es leicht gemacht. In der Farbenlehre finden sich in der Tat eine ganze Reihe von Fehlern und Fehlschlüssen, die schon damals den Physikern in die Augen sprangen und die von vornherein *Goethe's* Polemik gegen *Newton* sachlich auf eine ganz falsche Basis zu stellen schienen. Damit wurde auch die didaktische Farbenlehre in den Augen der Physiker diskreditiert[1]).

Heute ist Unruhe in die Fragestellung gekommen, die wohl als Zeichen einer Neubesinnung angesehen werden kann. Es gibt Forscher, z. B. in der Botanik, die *Goethe's* Auftrag aufgriffen und fruchtbar fortführten. Es sind allerdings nicht allzuviele. Am häufigsten ist wohl heute eine wohlwollende, höchstes Künstlertum und vielleicht auch tiefe Einsicht anerkennende Haltung, die auch da und dort wissenschaftliche Verdienste würdigt – aber in der Hauptsache unverpflichtend bleibt.

Was *will Goethe's* Naturwissenschaft? Inwiefern ist sie anders, will sie etwas anderes, als das, was man damals und heute gemeinhin als Naturwissenschaft bezeichnet? Was will Naturwissenschaft überhaupt?

Es ist möglich, alles naturwissenschaftliche Bemühen, soweit es heute existiert und soweit es den Namen Wissenschaft verdient, auf einen gemeinsamen Nenner zu bringen. Und mit diesem ist auch *Goethe* einverstanden. Naturwissenschaftliche Erkenntnis besteht immer darin, eine einzelne Naturerscheinung auf ein Allgemeines zurückzuführen. Was ist dieses Allgemeine? Hier verzweigen sich die Wege und gehen – heute wenigstens – weit auseinander.

Ein einfaches Beispiel aus der Mechanik: Ein Gegenstand fällt zu Boden. Der Mond kreist um die Erde. Beide Erscheinungen werden auf ein allgemeines *Gesetz* zurückgeführt, das Gravitationsgesetz. Hier haben wir ein Allgemeines, dem beide, sonst ganz verschiedene Erscheinungen sich unterordnen, ein Gesetz, das wir mit Recht eine *Ur-Sache* im wörtlichen Sinn nennen dürfen. Eine Sache mit der Vorsilbe „Ur", die besagt, daß sie am Anfang steht, den Erscheinungen zugrunde liegt. Beide Erscheinungen lassen sich auf Grund dieses, und des Bewegungsgesetzes, in allen Einzelheiten logisch-mathematisch ableiten.

Wollen wir ein wenig in die Physik abschweifen. Die Abschweifung wird sich lohnen. Sie wird uns eine wertvolle Einsicht in die Motive der *Goethe'*schen Naturforschung schenken. Das erste Gebiet der Physik, das entwickelt wurde, war die Mecha-

---

*) Erschienen in Euphorion, 1970.

[1]) Wir verzichten darauf, zeitgenössische Urteile zu zitieren, um unseren ohnehin sehr kurzen Bericht nicht zu unterbrechen. Es sei aber auf zwei kleine Bücher hingewiesen, deren Autoren eine der unsrigen mehr oder weniger verwandte Haltung einnehmen:
E. Buchwald „Naturschau mit Goethe", Kohlhammer Verlag (1960). *H. Fischer* „Goethes Naturwissenschaft", Artemis Verlag (1950). Wir möchten auch auf den Vortrag von *W. Heisenberg* (Alexander von Humboldt-Stiftung, Mitteilung Nr. 13) hinweisen, obwohl wir in einigen Punkten von ihm abweichen.

nik. Aber schon von Anfang an wollte ihr Schöpfer, *Galilei,* auch andere Gebiete der Physik nach dem Ebenbilde der Mechanik verstehen. Zum Beispiel sollte das Licht „im Grunde genommen" und „in Wirklichkeit" etwas Mechanisches sein, das erst durch unsere Sinneswahrnehmung zur subjektiven Lichtempfindung wird. Die These läßt an Kühnheit wenig zu wünschen übrig. Wir sind heute von Jugend auf an solche mechanistische Vorstellungen gewöhnt und fassen sie als wesentlich selbstverständlicher auf als sie es sind. Sie hatte Erfolg. *Newton* machte den ersten Versuch, schon mit teilweisem Erfolg. Seine Auffassung vom Licht war ein mechanisches Modell. Das Licht sollte aus Kügelchen bestehen, je eine Art für jede Farbe. Die weitere Entwicklung ersetzte das Modell durch ein anderes – die Kügelchen durch elektromagnetische Wellen – aber am grundsätzlich mechanischen Charakter der Vorstellung hat sich nichts geändert. – Um jedem Mißverständnis zu begegnen: An der Richtigkeit dieser Auffassung vom Licht kann in dem Sinn kein Zweifel sein, als diese Wellen existieren und einen Teil der Wirklichkeit des Lichts ausmachen. Nur sind sie nicht die ganze Wahrheit: Kein irgendwie geartetes System, das nach dem Muster der Mechanik (worin wir auch den Elektromagnetismus einschließen) gebildet ist, enthält den Begriff Farbe. Niemals kann folglich daraus eine gültige Wissenschaft über Farben abgeleitet werden. Vieles vermag die mechanistische Auffassung des Lichts zu leisten: Erkenntnisse über Lichtbrechung und vor allem über Beugung sind einige ihrer sehr bedeutenden Früchte; aber sie kann keine Aussagen über Dinge machen, die in ihrem Begriffssystem nicht vorkommen und nicht vorkommen können. Wenn damals und heute Physiker Aussagen über Farbphänomene aus ihrer Theorie ableiten können, dann deshalb, weil sie dabei eine heuristische Beziehung zwischen Wellenlänge und Farbe zu Hilfe nehmen – wir haben sie alle in der Schule gelernt– die in vielen Fällen als bloße Erfahrungstatsache stimmt, aber in vielen andern Fällen ganz einfach falsch ist. Sie stimmt in dem Fall, wo eine weiße Fläche gleichmäßig vom Licht einer bestimmten Wellenlänge beleuchtet ist und unser Auge genügend lang adaptiert ist; dann sehen wir eine ganz bestimmte Farbe.

Die Physik im üblichen Sinn lehrt also streng genommen nichts über Farben. Kann es aber eine Wissenschaft über Farben geben? Von diesem kritischen Punkt aus müssen wir *Goethe's* Versuch einer Farbenlehre beurteilen. Hierin liegt eine erste und selbstverständliche Motivierung.

Goethe lehnt jedes mechanistische Modell des Lichts radikal ab. Der Gründe und Motive gibt es mehrere und zum Teil tiefe. Sie sind die Grundlage für *Goethe's* überaus leidenschaftliche, den Boden des Sachlichen oft verlassende, Polemik gegen *Newton.* Es lohnt sich nicht, auf denjenigen Teil der Polemik einzugehen, der *Newton's* Experimente und Schlußfolgerungen als sachlich falsch erweisen möchte. Natürlich bietet *Newton's* frühe Pionierarbeit auch Angriffspunkte, aber sein Genie zeigt sich darin, daß er aus unvollkommenen Experimenten die nahezu richtigen Schlüsse zieht, die der Physik des Lichts den Weg öffneten. Hier hat *Goethe* den Kürzeren gezogen. Nur – eine Wissenschaft der Farben ist aus *Newton's* Physik nicht geworden.

Goethe's Motive liegen aber tiefer: Kann man, ja darf man dem Lebensspender Licht, das uns in tausend Phänomenen immer neu begegnet und begeistert, ohne das Leben in allen Formen so undenkbar ist, daß man es fast lebendig nennen möchte, ein totes mechanisches Wesen unterschieben oder gar behaupten, es *sei* dieses mechanische Wesen? *Goethe* nennt es das „Totenbein des Lichts". Zu sagen, daß ein glühend roter Abendhimmel nichts weiter sei, als Kügelchen (oder Wellen), die unser Auge treffen, war eine Zumutung, die *Goethe* nicht akzeptieren konnte. In Prosa und in Versen drückt er seinen Abscheu vor dieser „Mechanisierung" der Natur aus oder verspottet sie. 150

Jahre später, meine ich, hätten wir Grund, gerade diese Seite Goethe'scher Einsicht tief ernst zu nehmen.

Goethe lehnt sogar ganz allgemein die Anwendung der Mathematik auf Physik ab. „Als getrennt muß sich darstellen. Physik von Mathematik. Jene muß in einer entschiedenen Unabhängigkeit bestehen und mit allen liebenden, verehrenden, frommen Kräften in die Natur und das heilige Leben derselben einzudringen suchen ... Diese muß sich dagegen unabhängig von allem Äußeren erklären, ihren eigenen großen Geistesgang gehen und sich selber reiner ausbilden ...". Es ist klar: Was hier unter „Physik" verstanden wird, sind die vorwiegend qualitativen, von uns wahrgenommenen Naturphänomene (z. B. die Farben), die nicht mit Messen und Rechnen angegangen werden können und sollen. Die Mathematik, die *Goethe* an sich sehr bewundert und „in der Ausübung als Kunst" bezeichnet, hat in der Natur nichts zu suchen. Damit scheidet für ihn der größte Teil der heutigen Naturwissenschaft, vor allem die exakte Wissenschaft, aus.

Die Verschmelzung von Naturphänomen und Mathematik, die ja zu tiefsten Erkenntnissen geführt hat, hat auch eine Breitenwirkung ausgeübt, wie sie in der Geschichte selten vorkommt. Die Methode verabsolutierend, führte sie aber in eine unhaltbar enge „Weltanschauung", die alles, bis in die Geisteswissenschaften hinein ergriff – die Welt ein mathematisch ablaufendes Räderwerk – und verwandelte als Folge die Welt in eine technisierte. Als Weg zur Erkenntnis wurde die mathematische Erfassung von Naturvorgängen von *Goethe* nicht erkannt. In sicherer Vorahnung ihrer Konsequenzen aber lehnte er sie in der Praxis ab (vgl. *Faust II*, 5. Akt).

Die Entwicklung ging nicht den Goethe'schen Weg. Was wir heute als Physik bezeichnen (auch durchwegs in diesem Aufsatz), ist das Gegenteil, nämlich die messend-mathematische Behandlung der Naturvorgänge – soweit sie irgend möglich ist. Bei den Farben, die fast durch und durch Qualitäten sind, ist sie aber gerade nicht möglich[2]). Die Physik kennt nur wenige Qualitäten wie Masse, Länge usw. Die Fülle der Sinnesqualitäten, zu denen die Farben gehören, sind aber nicht Bürger ihres Reichs.

Dies also, das Quantitativ-Mechanische, durfte nicht der Weg zu einer wahren Lehre der Farben sein. *Goethe* beobachtete die Natur, die Farbphänomene. Viele seiner Beobachtungen folgen ohne weiteres aus der damaligen oder heutigen Physik und der genannten Wellenlänge-Farbe-Beziehung, sind also auf Grund der Physik verstanden. Er macht aber auch Entdeckungen, die dieser Beziehung, und damit den *Newton*'schen Thesen, offensichtlich widersprechen. Dazu gehören die farbigen Schatten. Eine Schneelandschaft bei Sonnenuntergang. Der Schnee ist gelblich bis rötlich beleuchtet. Der Schatten eines Baumes sollte doch weiß sein, weil Schnee eben weiß ist, wenn er nicht farbig beleuchtet ist. Er ist aber tiefblau bis grün – die Kontrastfarbe zu gelblich oder rötlich. Oft und lange hat man solche Phänomene als Sinnestäuschung abgetan oder irgendwie bagatellisiert. Vor einigen Jahren wurden sie in Amerika neu entdeckt, natürlich präziser, und sie wurden als große Entdeckung gepriesen.

Hier also haben wir einen weiteren und letzten Grund: Eine Wissenschaft von den Farben muß *anders* aussehen als die Newton'sche Physik. Die beiden Wissenschaften decken sich nicht, sie lassen sich nicht einmal aufeinander abbilden. Nun also die große Frage: Kann es eine Wissenschaft von den Farben geben? Wie kann man dabei vorgehen? Wenn wir uns an das Wort eines großen Zeitgenossen *Goethe's* des „Alten vom Königsberge", wie er ihn nannte, erinnern: „Ich behaupte aber, daß in jeder besonderen Naturlehre nur so viel eigentliche Wissenschaft angetroffen werden könne, als

---

[2]) Die Colorimetrie gestattet eine beschränkte Verwendung quantitativer Methoden innerhalb des Farbsystems.

darin Mathematik anzutreffen ist" so müßten wir dem Versuch einer Farbenlehre von vornherein entsagen. Aber genau diese These *Kant's* ist es, der *Goethe* widerspricht, und es war seine unvergleichliche Leistung, uns vordemonstriert zu haben, daß diese These falsch ist, daß saubere, klare Wissenschaft auch im Bereich des rein Qualitativen möglich ist. Nicht ein mechanistisches, meßbares Substrat des Lichts ist Gegenstand dieser Wissenschaft (obwohl dieses auch existiert), sondern die schlichte *Farbe*, wie wir sie sehen.

Die *gesehene Farbe* ist der Gegenstand dieser Wissenschaft. Hier trennt sich Goethe ganz bewußt von *Descartes*, der der Galilei-Newtonschen und der späteren Physik die Richtung gab: Die Scheidung der Welt in ein äußeres von uns unabhängiges Objekt, das dann als Mechanismus vorgestellt wird und unser eigenes Innenleben mit unserem erkennenden Geist. Gerade aber unsere alltäglichste Sinneswahrnehmung kann nicht in dieses Gedankenschema eingeordnet werden. Die Farbe gehört zur äußeren Welt wie auch zu unserer inneren Erfahrung; beide sind untrennbar und ein Eines. Goethe sagt es in einem Gedicht:

> Müsset im Naturbetrachten
> Immer eins wie alles achten;
> Nichts ist drinnen, nichts ist draußen:
> Denn was innen, das ist außen.
> So ergreifet ohne Säumnis
> Heilig öffentlich Geheimnis.

Offen zu Tage liegt diese Tatsache ganz gewiß. Ein Geheimnis bleibt sie trotzdem, weil wir sie vorderhand nicht verstehen, und dies am wenigsten vom Descartes'- schen Standpunkt aus.

Es zeigt sich hier ein Problem, dessen Tragweite kaum zu unterschätzen ist und das Naturwissenschaft und Philosophie gleichermaßen angeht. Die Sinneswahr- nehmung kann weder von der Naturwissenschaft im heutigen Sinn, die nur „äußere Objekte" studiert, noch von der Psychologie, die nur „innere Erlebnisse" betrachtet, begriffen werden. Die Descartes'sche Spaltung versperrt dazu den Weg vollkommen. Nur ein Denken, das diese Spaltung überwindet und in diesen, unseren alltäglichsten Erfahrungen eine Einheit von „Außen" und „Innen" erkennt, kann Zugang zu diesem Problem gewinnen. Von solchem Denken sind wir weit entfernt!

Wie kann also eine solche Wissenschaft der Farben aussehen? Wissenschaft heißt, den Einzelfall auf ein Allgemeines zurückführen. Wir haben es mit nichts anderem zu tun als mit Phänomenen, mit Farbphänomenen. Was ist dieses Allgemeine? Die intime Beobachtung der Natur zeigt, daß es viele Einzelphänomene ähnlicher Art gibt, die etwas Gemeinsames haben. Fassen wir sie zusammen und versuchen wir, das Gemeinsame, also Allgemeine, zu erfassen. Wir sind und bleiben im Bereich des Phänomens. Das Allgemeine aber ist nicht mehr ein Einzelphänomen, es ist, um mit *Goethe* zu sprechen, die *Idee* einer ganzen Gruppe von Phänomenen oder, in der Sprache moderner Wissen- schaft: der Konvergenzpunkt einer Klasse von Phänomenen. Wie der Konvergenzpunkt einer mathematischen Reihe nicht identisch ist mit irgendeinem ihrer Glieder, so ist dieses Grenzphänomen kein konkret Existierendes. Es ist, wie gesagt, die Idee eines Phänomens. *Goethe* nennt es das „Urphänomen". Über dieses Urphänomen äußert sich *Goethe* wie folgt:

> ideal als das letzte Erkennbare,
> real als erkannt,
> symbolisch, weil es alle Fälle begreift,
> identisch mit allen Fällen.

Jede Zeile hat einen tiefen Sinn. „Ideal", wie alles Geistige: Auch ein Gesetz der Natur, ist „ideal". Am besten ist dies im Platonischen Sinn zu verstehen. Ein letztes Erkennbares: hier allerdings können wir mit ihm nur übereinstimmen, wenn wir aus dem Kreis der Goethe'schen Phänomenologie nicht heraustreten. Die Miteinbeziehung anderer Erscheinungen, z. B. der physikalischen, dürfte das Urphänomen kaum als das Letzte erscheinen lassen. Wir erkennen diese „Idee" als etwas durchaus „Reales", nicht als eigene Phantasie; denn es durchdringt die Naturerscheinungen, als leitendes und hervorrufendes Prinzip. Es umfaßt alle Spezialfälle, ist daher stellvertretend oder „symbolisch" und wirkt in jedem einzelnen Fall, den es erst hervorbringt. Es ist daher auch identisch mit dem Einzelfall, wie mit der Gesamtheit aller Fälle (vgl. auch 11. Über das Verstehen von Naturerscheinungen).

Zwei Beispiele dazu: Das *Goethe*'sche Urphänomen ist die Tatsache, daß Licht beim Durchgang durch ein „trübes" Medium gesehen gelb bis rot wird, während ein dunkler Hintergrund durch das Medium gesehen blau scheint. Jeder aufmerksame Beobachter kann dies an zahlreichen Einzelfällen bemerken. Ein anderes Beispiel ist der allgemeine Satz aus dem Abschnitt „physiologische Farben": das Auge hat die Tendenz, die Gegenfarbe hervorzurufen. Gegenfarbe ist in moderner Terminologie dasselbe wie Komplementärfarbe. Ein Spezialfall sind die farbigen Schatten; ein anderer die „Nachbilder", die wie sehen, wenn wir einen Farbfleck eine zeitlang anstarren und dann die Augen schließen. Wir sehen den Fleck in der Komplementärfarbe. – Auch diesen allgemeinen Satz kann man ein Urphänomen nennen. Das Urphänomen ist im Reich der reinen Phänomene das, was das Gesetz im Reich der quantiativen Mechanismen der Physik ist. Wir würden wünschen, so weit vorzudringen, daß wir alle Farberscheinungen auf eines oder wenigstens ganz wenige Urphänomene zurückführen könnten. Dies ist auch, was *Goethe* wollte und auch glaubte einigermaßen erreicht zu haben. Sein Urphänomen (Durchgang des Lichts durch trübe Medien) sollte die Farben aus Licht und „Trübe" hervorgehen lassen und damit der Grund aller Farberscheinungen sein. Dies zu zeigen, ist ihm allerdings nicht gelungen. Die bei der Beugung oder im Prisma auftretenden Farberscheinungen lassen sich z. B. so wohl kaum verstehen. Die Farbenlehre blieb als Wissenschaft unvollendet und ist es auch bis heute geblieben.

Es fällt schwer, zu sagen, ob die Farbenlehre ein Teil der Physik, der Physiologie oder Psychologie ist. Sie gehört zu keinem dieser Gebiete und zugleich zu allen. Die Einteilung in Fachwissenschaften, wie wir sie heute kennen, und die auf der Descartes'schen Spaltung beruht, ist unangemessen. Diese will einerseits den Menschen ausschalten und meint damit, objektiv zu sein. In Wirklichkeit wird aber *eine* menschliche Fähigkeit ausgesondert, die allein befugt sein soll, Zugang zur objektiven Außenwelt zu haben: Messungen und abstraktes Denken. Damit erkennen wir alle Arten von Mechanismen, die in den Naturdingen vorkommen, alles, was quantitativ faßbar ist, aber nichts über Farben. Andererseits ist sie reine Psychologie. *Goethe's* Standpunkt war genau der umgekehrte: Er spaltet nicht. Alle wissenschaftlichen Bemühungen gehen vom Menschen aus. In einer *ganzen* Wissenschaft müssen folglich *alle* menschlichen Fähigkeiten, soweit sie Zugang zur Natur haben, hervortreten und ihre Rolle spielen. Das, freilich, übersteigt wohl menschliches Vermögen und auch *Goethe* bleibt einseitig. Sein Weg aber ist ein anderer, neuer. Die menschliche Fähigkeit, die er benutzt, ist in erster Linie die Anschauung, nicht das analysierende Denken. Darauf kommen wir ausführlich zurück.

Weiterhin beschränkt sich *Goethe* auch nicht auf einen einzigen Aspekt der Natur, wie es die Galilei'sche Wissenschaft tut. Seine Naturschau ist umfassender, sie ist nicht nur Wissenschaft, sondern erstreckt sich bis zur Kunst, Aesthetik und bis in die

Sphäre des Religiösen. Wer wird leugnen, daß ein Abendhimmel eminent künstlerische Elemente enthält? Der Farbästhetik ist ein ganzes Kapitel der Farbenlehre gewidmet, betitelt „Die sinnlich-sittliche Wirkung der Farben". *Goethe's* Geist strebt zur Totalität und mußte sämtliche Aspekte der Farben in einer *Gesamtschau* zu vereinen suchen, in deren Zentrum der Mensch steht. Freilich bleibt hier der quantitative Aspekt, wie er in der Physik zum Ausdruck kommt, unbeachtet und bis heute fehlt uns jede Idee, wie die tiefe Kluft zwischen den zwei Welten, der physikalischen und der *Goethe'*schen, überbrückt werden könnte.

Wir werden uns hier auf die wissenschaftliche Seite beschränken. Gerade ihre Würdigung liegt heute noch im argen.

Wenden wir uns einem andern Gebiet *Goethe'*scher Naturwissenschaft zu, der Pflanzenmorphologie. Die „Metamorphose der Pflanzen" ist ein Pionierwerk, in dem sowohl methodisch ganz neue Wege beschritten wurden als auch sachlich ein neues Feld der Naturwissenschaft erschlossen wird. Es handelt sich um nichts Geringeres als um die Demonstration der Tatsache, daß strenge Wissenschaft der *Gestaltbildung* möglich ist. Zu *Goethe's* Zeiten erregte das Linné'sche System der Pflanzensystematik Aufsehen: ein ungeheures Material, klassifiziert nach einem einheitlichen Prinzip, der Zahl der Staubgefäße. *Goethe* sieht, daß hier Zusammengehöriges getrennt, nicht Zusammengehöriges vereint ist, nach einem starren, recht oberflächlichen Prinzip. Er schreibt über *Linné*, er habe unendlich viel von ihm gelernt, nur nicht Botanik. Er beobachtet die Gestalten der Pflanzen und ihrer Organe, wie sie sich wandeln, in der gleichen Pflanze beim Wachstum und von Pflanze zu Pflanze bei verwandten Arten. Die sinnlich wahrnehmbaren Formen eines Blattes, z. B., können sich in stetiger Weise umformen, bis sie äußerlich ganz anders aussehen und doch der „gestaltmäßigen Idee nach" gleich geblieben sind. In der einzelnen Pflanze verwandelt sich das Blatt stetig in Blütenkelch, Blütenblatt, ja sogar Staubgefäß und Stempel. *Goethe* sieht einen genetischen Zusammenhang in diesen Formen. Weiter: Von Pflanze zu Pflanze wandelt sich dasselbe Organ in stetiger Weise. Das Blatt kann, wie beim Kaktus, zu einem kaum erkennbaren Rest verkümmern und ist doch „Blatt" geblieben, während die Achselknospen zu den charakteristischen Stacheln werden (vgl. auch 11. Über das Verstehen von Naturerscheinungen). Die Erkenntnis dieser Verwandtschaften, oder Homologien, wie man sie später nannte, führt zur Erkenntnis eines allgemeinen, z. B. allen Samenpflanzen gemeinsamen *Bauplans*. In unendlich vielen Weisen werden die Formen abgewandelt und die Idee des Bauplans ist doch dieselbe geblieben. Diese Idee des Bauplans nennt *Goethe* die *Urpflanze*. Die Urpflanze ist keine in der Natur existierende spezielle Pflanze. „Ur" ist auch nicht zeitlich zu verstehen. Die Urpflanze hat nie materiell existiert. Wie das Urphänomen, so ist sie, ganz im platonischem Sinn, die Idee dessen, was z. B. den Samenpflanzen als gemeinsames Prinzip ihres morphologischen Aufbaus zugrunde liegt. Ein Gespräch mit *Schiller* ist charakteristisch: *Goethe* skizziert die Urpflanze, worauf *Schiller* antwortet: „Das ist keine Erfahrung, das ist eine Idee". *Goethe*: „Das kann mir sehr lieb sein, daß ich Ideen habe, ohne es zu wissen, und sie sogar mit Augen sehe". Letzteres kennzeichnet die ungeheure Anschauungskraft *Goethe's*. Die Augen sind natürlich nicht die sinnlichen, und *Goethe* meint „Idee" sicher in platonischem Sinn.

Dem Begriff Urpflanze verwandt, wenn nicht mutatis mutandis identisch mit ihm, ist der Begriff des Typus, den *Goethe* vor allem in der Zoologie verwendet. Die Knochengerüste der Säugetiere folgen durchwegs dem gleichen Bauplan; sie gehören zum gleichen „Typus". Die einzelnen Knochen mögen die verschiedenste Gestalt annehmen – sie sind alle vorhanden, an der richtigen Stelle und in ähnlicher Verbindung zueinander. Diese allgemeine Idee des Typus führte ihn dann auch zu der bekannten Entdeckung des

Zwischenkieferknochens beim Menschen, der hier verkümmert ist. Kein einzelnes Tier repräsentiert den Typus selbst, „kein einzelnes kann Muster des Ganzen sein". Auch der Typus ist eine Idee, keine Erfahrung.

Wir sagten, daß Wissenschaft darin besteht, eine einzelne Erscheinung auf etwas Allgemeines zurückzuführen. Wenn es uns gelingt, eine bestimmte einzelne Pflanze in ihrem ganzen morphologischen Bau auf die Urpflanze zurückzuführen und jedes Organ lückenlos mit den Organen der Urpflanze zu identifizieren, dann handelt es sich um echte naturwissenschaftliche Erkenntnis. Es ist eine ganz andere Art von Erkenntnis, als wir sie von den exakten Naturwissenschaften her gewohnt sind. Dort bedeutet Erkenntnis z. B. zu wissen, daß ein einzelner mechanischer Vorgang Spezialfall eines allgemeinen Gesetzes ist und vollständig aus diesem Gesetz ableitbar ist. Das Analoge im Bereich des Organischen wäre ein Gesetz, nach dem z. B. das Wachstum einer Pflanze aus dem Samen abgeleitet werden könnte. Damit wird aber sehr viel gefordert und wir sind noch sehr weit entfernt davon. In diesem Gesetz muß aber der allgemeine morphologische Bauplan, das urpflanzliche Bild, miteinbezogen sein. Das Zurückführen einer speziellen Pflanze auf diesen Bauplan ist also eine spezielle Teilerkenntnis, aber deshalb nicht weniger wichtig. Es ist eine Teilerkenntnis, die sich gerade auf das Gestaltmäßige bezieht, etwas, was im Bereich der Physik und der leblosen Materie fast gar nicht existiert. *Wie* es die Pflanze macht, den Bauplan sozusagen in die morphologische Tat umzusetzen, ist einstweilen das Geheimnis des Lebens – für uns bis jetzt völlig unbekannt.

Wir sind heute so geblendet von den Erfolgen der Wissenschaft Galilei'scher Richtung, daß wir oft nichts anderes mehr als „wissenschaftlich" anerkennen. Nur das Quantitative, Materielle, Mechanische gilt als Wissenschaft. Deshalb liegt gerade für uns und heute die grundlegende Bedeutung Goethe'scher Wissenschaft darin, gezeigt zu haben, daß saubere Wissenschaft im reinen Bereich der Gestalten wie der Qualitäten ebenso möglich ist, wie in der Galilei'schen Richtung.

Im Gegensatz zur Farbenlehre hat die Goethe'sche Morphologie ihre Fortsetzung gefunden. Das Auftreten *Darwins* hat die Entwicklung unterbrochen, doch wurde sie in den 20er Jahren dieses Jahrhunderts wieder aufgegriffen, von *Troll*[3]) und andern, und sie hat sich seitdem weiter entwickelt. Freilich genügt heute die statische Idee der Urpflanze nicht mehr; die Morphologie muß natürlich auch im Rahmen der Entwicklungsgeschichte des Lebens gesehen werden. – Aber dies gehört nicht mehr zu unserem Thema.

Dagegen mag es gut sein, die „Urpflanze" mit analogen Gedankengängen der modernen Molekularbiologie zu vergleichen. Nach heutiger Meinung sind die Erbeigenschaften eines Organismus in den Genen der Chromosomen lokalisiert, deren chemisches Substrat das sogenannte DNS-Molekül ist. Für viele Erbmerkmale ist nach Meinung zahlreicher Biologen das entsprechende Gen einfach ein bestimmter lokalisierter Abschnitt des langen bandförmigen Moleküls. Da die Pflanzengestalt vererbt ist, glaubt man, daß in der chemischen Struktur des DNS die Morphologie des Organismus verankert ist, wenn dabei auch andere Molekülarten eine Rolle spielen. Man spricht von dem „Bauplan" oder der „morphologischen Information", die in diesen Molekülen ent-

---

[3]) Vgl. z. B. *W. Troll* und *K. U. Wolf*, „Goethes morphologischer Auftrag", Die Gestalt, Heft 1, Tübingen 1950. Die in dieser Monographie auch enthaltene Anwendung des Gestaltbegriffs auf die anorganische und die Molekülwelt scheint dem Verfasser allerdings als eine Übertreibung, die gerade den fundamentalen Unterschied von anorganischer Materie und Organismus wieder zu verwischen droht. Die Gestalt einer Pflanzenblüte mit ihren Attributen und die „Gestalt" eines Moleküls sind grundsätzlich verschiedener Art und verschiedenen Ursprungs.

halten sind. Daß ein Zusammenhang zwischen der chemischen Struktur dieser Moleküle und der Morphologie besteht, mag wahrscheinlich sein. Nichts wäre aber verfehlter, als die Urpflanze mit dem DNS selbst zu identifizieren. „Bauplan" und „Information", sind keine chemischen oder physikalischen Begriffe. Sie sind dem menschlichen Geistesleben entnommen, um etwas auszudrücken, was in der Pflanze offensichtlich existiert, aber eben nicht chemisch faßbar ist. Die Moleküle können nur ein materielles Substrat sein für eben dieses Ideenhafte, den Bauplan oder die Urpflanze. Wenn ein Vergleich erlaubt ist, dann würde sich die Struktur des DNS-Moleküls zur Urpflanze etwa so verhalten, wie die mit Druckerschwärze beschmierten Buchstaben aus dem Setzkasten zum Inhalt des Gedichts, das mit ihnen gedruckt werden soll. Wir haben keinerlei Kenntnis davon, was der Zusammenhang zwischen der chemischen Struktur und dem Bauplan wirklich ist (ebensowenig, wie wir eine wirkliche Idee davon haben, was der Zusammenhang von Physik und Farbe ist), und wie es die Pflanze macht, den Bauplan in ihre Morphologie umzusetzen.

Die nächste Frage, die wir stellen wollen, ist die Frage: Wie kommt man zur Erkenntnis im Goethe'schen Sinn? Der heutige Naturforscher, der in den Fußstapfen *Galilei's* wandelt, kennt nur einen Zugang zur Natur: die experimentelle, womöglich messende Fragestellung, gefolgt von abstrakt logischem Denken. Der Goethe'sche Weg ist völlig anders. Schon das Experimentieren und Messen war *Goethe* zuwider, außer im Bereich der Mechanik selbst. Er empfand es als einen unerlaubten Eingriff: „Die Natur verstummt auf der Folter. Ihre treue Antwort auf eine redliche Frage ist: Ja! Ja! Nein! Nein! alles Übrige ist von Übel." Ist also das Experiment eine Folterung der Natur? Das Verfahren *Newtons* und aller seiner Nachfolger ist geeignet, einen einzigen Aspekt der Natur zutage zu fördern: den quantitativ-mechanistischen. Überall, beim Licht wie in der Biologie, sah aber *Goethe* einen anderen Aspekt der Natur, den lebendigen, die „Gottnatur", nicht „das Totenbein". Mag es wohl als Folterung der Natur gelten, wenn wir nur das Letztere von ihr fordern[4])?

Man kann nicht behaupten, daß *Goethe* in seiner Ablehnung des Experiments sehr konsequent war. Er hat selbst genug (und sehr gewissenhaft) experimentiert. Im großen und ganzen hält er aber Maß, und seine Hauptmethode ist eine andere. Was bleibt, wenn wir das Experiment ablehnen? Offenbar die bloße Beobachtung, die *Anschauung* der Natur. Und diese hat *Goethe* zu einer Höhe entwickelt, die wohl vorher und nachher unerreicht blieb. „Anschauende Urteilskraft" heißt der Titel eines ganz kurzen Aufsatzes, der die Methode in zwei Worten am besten charakterisiert.

Um Zusammenhänge zwischen Pflanzengestalten zu erkennen, bedarf es weniger des analytischen, logisch-folgernden Denkens, als vielmehr der Anschauung, die das Ganze der Gestalt erfaßt. Das Wort „Urteilskraft" freilich, mahnt uns, daß hier nicht dem Anschauen oder gar der Phantasie freier Lauf gelassen werden darf. Das Ergebnis

----

[4]) Es ist gut, wenn wir uns vergegenwärtigen, daß, wie wir heute wissen, jedenfalls im Bereich der Atomphysik jedes Experiment ein Eingriff ist, der das Objekt verändert. Es wäre nicht undenkbar, daß ein Experiment am Licht, wie es *Newton* ausführte, gerade das ändert, was *Goethe* im Licht sah, das uns unmittelbar anrührende Naturphänomen bis zu seinen künstlerisch-ästhetischen Wirkungen hin, ja bis zu der Stelle, wo ihm Natur als Offenbarung Gottes erscheint. – Seien wir uns auch klar darüber, daß das Experimentieren in der Biologie, wie es heute in Fortführung der Methode des ausschließlich physikalischen Messens üblich ist, zu einem nicht geringen Maß zu Tierfolterungen geführt hat. Unsere Schuld in dieser Richtung wächst täglich.

des Anschauens muß vor dem kritischen Urteil, wie immer in der Wissenschaft, bestehen. Die Gefahr, ins Phantasieren und Faseln zu geraten, ist hier groß. Dies mögen vor allem die, die *Goethes* Methode weiter verwenden und ausdehnen möchten, beachten. Nur ein kritisches und selbstkritisches Urteil kann letzten Endes zu echter Wissenschaft, d. h. zur Wahrheit führen.

In dem genannten Aufsatz wendet sich *Goethe* gegen *Kants* These, der menschliches Erkennen auf die „diskursive Urteilskraft" (das logisch-folgernde Denken) beschränken möchte, der aber dann doch zugesteht, daß man sich auch einen „Verstand denken könne, . . . der intuitiv ist, von . . . der Anschauung eines Ganzen zu den Teilen geht (intellectus archetypus)". *Goethe* glaubt, daß *Kant* hier auf den göttlichen Verstand deuten möchte, da der menschliche ja ausdrücklich als diskursiv bezeichnet wird. Aber gerade dies ist es, was *Goethe* ablehnt. Der folgende Satz dürfte für ein Verständnis der Goethe'schen Naturwissenschaft besonders aufschlußreich sein: „ . . . allein, wenn wir ja im Sittlichen, durch Glauben an Gott, . . . uns in eine obere Region erheben und an das erste Wesen annähern sollen: so dürfte es wohl im Intellektuellen derselbe Fall sein, daß wir uns, durch das Anschauen einer immer schaffenden Natur zur geistigen Teilnahme an ihren Produktionen würdig machen". Dann sagt er, daß seine Natur immer auf das Urbildliche (z. B. die Urpflanze) hingedrängt habe.

Viel ist hier gesagt: Die Anschauung eines Ganzen wird als wissenschaftliche Methodik gefordert und beansprucht. Durch die Erkenntnis der „Urbilder" nehmen wir Teil an dem Schaffen der Natur, also an ihrem eigensten geistigen Inhalt, – eine ganz platonisch orientierte Haltung. Das in Parallele-Setzen des Anschauens der Natur mit dem sich Erheben in eine höhere Region durch Religiosität zeigt, wie hoch *Goethe* dieses Anschauen bewertet. Ähnliches ist vom analytisch-mathematischen Denken in der Naturwissenschaft, das heute vorherrscht, nicht gesagt. – Ein anderer Ausspruch geht noch weiter: „Wer die Natur als göttliches Organ leugnen will, der leugne nur gleich alle Offenbarung." Hier wird Naturerkenntnis, das Erkennen der Urbilder der Natur, direkt als göttliche Offenbarung angesprochen.

Wir haben uns auf zwei Gebiete der Naturwissenschaft beschränkt, auf denen *Goethe* Bedeutendes zu sagen hatte, der Farbenlehre und der Biologie. Es gibt aber kaum ein Gebiet der Natur, das der Universalität seiner Beobachtung entging. Nur am Rande seien noch Geologie und Meteorologie genannt. In erster Linie ist es wieder die Gestaltung der Materie, die ihn interessiert. Doch würde es zu weit führen, darauf einzugehen.

Die letzte Frage, die wir uns stellen wollen, ist die Kernfrage: Wie müssen wir uns *heute* zu der Goethe'schen Art von Naturwissenschaft stellen; wie im Vergleich dazu, zu der üblichen Art von Wissenschaft, die rein analytisch-mathematisch vorgeht? Wir werden kaum so weit gehen und Naturerkenntnis, welcher Art sie auch sei, mit der göttlichen Offenbarung, wie sie uns in den großen Religionen überliefert ist, in Parallele setzen. Trotzdem können und müssen wir der Goethe'schen Einstellung im wesentlichen zustimmen: Es kann kein Zweifel sein, daß der Weg der kritischen Anschauung zu echter wissenschaftlicher Erkenntnis führt, und zwar in einem Feld, das gerade der analytischen Denkweise schwer zugänglich ist: im Feld der Qualitäten und der Gestaltzusammenhänge, die nicht quantitativ faßbar sind. Vor allem müssen wir *Goethe* zustimmen, daß die „Urbilder", der „Bauplan" usw., geistige *Realitäten* sind, die unserem Erkennen zugänglich sind und die wir als Teil des geistigen Inhalts der Naturdinge ansehen müssen. Wenn wir wollen, so können wir sie als Abglanz des Schöpfergeistes betrachten, der sie geschaffen hat, – womit wir der Goethe'schen Auffassung als göttlichem Organ etwas näher kommen.

Eine andere Frage ist es, ob wir nicht den gleichen Rang dem Naturgesetz der exakten Wissenschaften zugestehen dürfen und sogar müssen. Auch das mathematisch formulierte Naturgesetz ist etwas Geistiges, eine Urstruktur, nach der sich die leblose Materie verhält (auch bis zu einem erheblichen Grad die lebendige). Auch dieses *Urgesetz* (nicht zu verwechseln mit den Urbestandteilen der Materie, den Elementarpartikeln) erkennen wir mit unserem Geiste. Gerade die Entdeckungen dieses Jahrhunderts auf dem Gebiete der exakten Naturwissenschaften dürften an Tiefe und, für den, der sie versteht, auch an Schönheit unvergleichlich sein. Hier liegen Erkenntnisse vor, die ganz bestimmt höchsten geistigen Rang beanspruchen dürfen. Wir müssen sie als Urbilder der Weltgesetzmäßigkeit ansehen und nicht, wie es der Positivismus tut, zu einer bequemen Zusammenfassung und „Beschreibung" von Meßdaten degradieren. *Kepler* stand auf diesem, wiederum mehr oder weniger platonischen Standpunkt, und es ist kein Zufall, daß *Goethe Kepler*, im Gegensatz zu *Newton*, liebte. Er fühlte die Geistesverwandtschaft.

Goethe stand diesen Gesetzen allerdings fremd gegenüber, und wir dürfen nicht von ihm erwarten, eine angemessene Würdigung zu finden. Natürlich besteht ein wesentlicher Unterschied zwischen den Gesetzen der leblosen Materie und den Urbildern der lebendigen Natur, nach denen *Goethe* suchte: Um *schaffende*, lebendige Natur handelt es sich nicht. Das physikalische Gesetz ist etwas Erstarrtes, Unwandelbares. Oder, um die negative Note, die *Goethe* hier sah, zu betonen: es handelt sich um das „Totenbein" der Natur. Aber vergessen wir nicht, daß ein Kristall auch etwas Erstarrtes ist, und er hat seine eigene Schönheit. So betrachtet können wir die Gesetze der exakten Wissenschaft, wie Physik, Chemie, usw., als Geist vom Schöpfergeist, als Urbilder im Bereich der leblosen Materie ansehen, wie es *Goethe* für die lebendige Natur, z. B. in seiner Urpflanze sah.

Und doch! Ein solches „doch" ist nicht zu verkennen. Der Galilei-Newton'-sche Weg führte zu einer stets wachsenden Abstraktion, zu einer Loslösung der Wissenschaft vom Menschen, im Namen einer nicht recht verstandenen Objektivität. Objektiv sollte nur sein, was mit dem Menschen gar nichts zu tun hat, und das, glaubte man, sei nur das Meßbare und Analysierbare. Als ob nicht *jeder* Zugang zur Welt um uns ein menschliches Organ erfordern würde, in diesem Fall eben das Messen und abstrakte Denken! Vor dieser Abstraktion warnte *Goethe*. Eine Welt, in deren Gedankenbild der Mensch nicht mehr vorkommt, ist keine heile, ganze Welt mehr, keine Welt, in der Menschen wohnen können. Erinnern wir uns auch daran, daß alle unsere Sinneswahrnehmungen (Farbe, Töne usw.) eine solche Objektivierung einer äußeren Welt gar nicht zulassen. Die Welt , in der die abstrakten Gesetze, vor allem der neueren Physik, *rein* realisiert sind, ist unserem Erleben auch ziemlich fremd geworden. Wir finden sie im wesentlichen in einem unter strengen Bedingungen durchgeführten Laboratoriumsversuch oder in einer Maschine. Es ist eher eine von Menschen gemachte Welt als Natur. (Für ein tiefes Eindringen in die Naturgesetzmäßigkeiten ist sie trotzdem unentbehrlich.) Die Newton'sche Wissenschaft führt auf direktem Weg zur heutigen Technik. Zu einem sehr großen Teil wird sie heute auch nur der Technik wegen betrieben. *Goethe* war der praktischen Anwendung der Wissenschaft keineswegs abhold; die Färberei nimmt einen gewissen Raum in seiner Farbenlehre ein. Der Förderer der Technik im modernen Sinn (*Goethe* erlebte die Anfänge der idustriellen Revolution) ist aber nicht der Schöpfer der Natur – sondern *Mephisto*.

Unsere Welt, und unser Denken, ist heute durchsetzt und beherrscht von der Symbiose Newton'scher Wissenschaft und Technik. Das Antlitz der Erde, und auch der Mensch, ist und wird weiter verändert, technisiert. Diese Wissenschaft, die nur eine

Teilwissenschaft ist, manipuliert die Natur in ihrem Ebenbilde und hat von unserem Denken Besitz ergriffen. Sie beansprucht, alles zu sein und schickt sich schließlich an, den Menschen ebenfalls biotechnisch zu manipulieren und womöglich zu einem Objekt der Technik zu machen. Dabei brauchen wir noch nicht an die Massenvernichtungsmittel zu denken, die auch ihr Werk sind. Kann man daran zweifeln, daß *Goethe's* böse Vorahnung zu Recht bestanden hat und daß hier tatsächlich Mephisto kräftig am Werk ist? Da nun aber die Technik so innigst mit der Wissenschaft Newtonscher Prägung verknüpft ist und unweigerlich aus ihr folgt, müssen wir da nicht *Mephistos* kahlköpfiges und überaus gescheites Profil schon in eben dieser Wissenschaft erblicken?

Die letzte Frage überfordert uns. Vielleicht hängt auch die Antwort von uns selbst ab, davon, *wie* wir diese Wissenschaft sehen und betreiben. Wir haben oben ja anders über sie gesprochen. Machen wir uns auch keine Illusionen: Der Mensch besteht sowieso in einer Mitte zwischen Gott und Teufel und nichts soll uns ferner liegen, als einen Bildersturm gegen die „diabolische Wissenschaft" zu befürworten. Wohl aber steht uns eine Aufgabe bevor, deren Größe noch nicht abzusehen ist: daß wir uns nicht ganz einem monomanischen Fortschrittsglauben an Wissenschaft und Technik verschreiben. Auf dem Wege dazu sind wir. Dieser Glaube dürfte mehr als einen Tropfen Blut kosten. Wenn wir überleben und Menschen bleiben wollen, dann müssen wir die mephistophelische Versuchung dieses einseitig auf die Spitze getriebenen „Fortschritts" bestehen.

Es dürfte viele Wege dazu geben, und sie sind verzweigt. Aber eine Vorbedingung dürfte unerläßlich sein: Ein tieferes Durchschauen Newtonscher Wissenschaft und ein Verstehen ihrer Einseitigkeit trotz ihres ungeheuren Erfolges in dieser einen Richtung. Die Leistung der Goetheschen Wissenschaft ist an Umfang und Weite bis jetzt damit nicht zu vergleichen. Aber das Wenige ist sehr viel. Es liegt im weiten Feld außerhalb der Newtonschen Straße, im Feld der Qualitäten und Gestalten, in einem Feld, das in der Hauptsache noch nicht gepflügt ist. Auf diesem Feld ist auch der Mensch angesiedelt. Der Newtonsche Weg ist eine Straße durch seine Siedlung, die hinaus, weiter und immer weiter von ihr weg führt. Die Goethe'sche Wissenschaft geht immer vom Zentrum dieser Siedlung aus und pflügt in ihrer näheren und weiteren Umgebung. Sie kann uns deshalb zunächst helfen, die Newton'sche Welt, einschließlich unserer vertechnisierten Umwelt, in ihre legitimen Schranken zu weisen. Wenn es uns darüber hinaus gelingen sollte, Wissenschaft in Goethescher Richtung weiter zu entwickeln, auch weit über das hinaus, was bis jetzt thematisch und umfangmäßig vorliegt, dann hätten wir ein Gegengewicht, das uns helfen würde, der Versuchung *Mephistos* zu widerstehen, in der Newtonschen Wissenschaft und Technik das alleinige Heil zu erblicken.

8.   Gedanken zum Naturwissenschaftlichen Unterricht*)

Unterricht verfolgt im großen und ganzen zwei Ziele. Erstens muß der junge Mensch für seinen späteren Beruf vorbereitet werden, er muß lernen, was er einmal später brauchen wird. Zweitens soll er als Menschenwesen im wörtlichsten Sinn ausgebildet werden. Die Fähigkeiten, die in ihm als noch unentwickeltem Menschen schlummern, sollen geweckt und entwickelt werden. Er soll beobachten lernen, denken lernen, seine Phantasie soll lebhaft werden usw. Die beiden Ziele sind nicht unabhängig voneinander. Ein Mensch, der seine Fähigkeiten voll entwickelt hat, wird auch meistens im Beruf Besseres leisten als der, der nur sein Spezialgebiet gelernt hat. Ich denke, daß die Spezialisation auf den Beruf nicht zu früh beginnen sollte. In den akademischen Berufen ist die Hochschule noch früh genug und auch diese darf nicht nur Spezialausbildung vermitteln. Die Mittelschule sollte besser für eine durchgreifende, allgemeine Menschenbildung verwendet werden. Die humanistischen Fächer dürfen auch für künftige Naturwissenschaftler nicht zu kurz kommen. Ich selbst denke dankbar daran zurück, daß ich in der Schule sehr viel Latein und Griechisch, dafür allerdings wenig Physik und Mathematik und gar keine sonstigen Naturwissenschaften gelernt habe (was auch nicht das Ideale ist). Ich bin aber trotzdem Physiker geworden.

In der allgemeinen Menschenausbildung spielt der naturwissenschaftliche Unterricht eine sehr wichtige Rolle, vorausgesetzt, daß er in geeigneter Weise betrieben wird. Er kann aber auch schwerwiegende Gefahren heraufbeschwören.

Beginnen wir von oben, mit der Mathematik, die in den oberen Klassen gelehrt wird. Nichts dürfte wohl geeigneter sein, exaktes sauberes Denken zu lernen, als die Beschäftigung mit der Mathematik. Man kann aber auch über das Ziel hinausschießen. An den Universitäten wird heute die Abstraktion in der Mathematik und Theoretischen Physik auf eine Spitze getrieben, die man sich noch vor 30 Jahren kaum hätte vorstellen können. Nichts wäre aber verfehlter, als dieses abstrakte Denken in die Schule hinunterzutragen. Es ist wohl richtig, daß die Fähigkeit der Gedankenabstraktion heute bei den jungen Menschen schon in früheren Jahren erworben wird, als es bei der älteren Generation der Fall war. Aber soll man diese Tendenz fördern? Ich denke im Gegenteil: übertrieben gepflegtes abstraktes Denken geht wohl meistens auf Kosten anderer menschlicher Qualitäten. Man muß also der Tendenz zur Abstraktion durch die Pflege anderer Fähigkeiten, wie Beobachtungsgabe, Anschauungsfähigkeit usw. begegnen. Ein Beispiel, wie man es bestimmt nicht machen soll: In Amerika wurden versuchsweise die Elemente der Mengenlehre schon in den unteren Klassen eingeführt. Da kommt ein zwölfjähriges Mädchen nach Hause und plappert: „Eine leere Menge ist die Menge aller Kinder in unserer Klasse im Alter von unter fünf Jahren" – eine richtige, aber völlig wertlose Feststellung.

Die exakten Naturwissenschaften, Physik, Chemie usw., können eine Fülle von reichen Gaben vermitteln: Fähigkeit exakter Beobachtung, Anschauung des Raumes und materieller Vorgänge, Kombinationsfähigkeit und vor allem das Staunen über die Großartigkeit der Naturerscheinungen und der klaren, exakten Gesetze, die sie befolgen. Es ist uns heute ganz selbstverständlich geworden, daß die leblose Natur mathematischen Gesetzen gehorcht. Aber bedenken wir doch, was dies heißt: Ziemlich hohe Mathematik ist schon erforderlich, um zu erfassen, wie sich ein geworfener Stein bewegt oder wie die Planeten um die Sonne kreisen. Beim Fortschreiten der Physik wurde es höchste Mathe-

---

*) Erschienen in der Schweizer Lehrerzeitung, 1965.

matik! Mathematik ist also tief in der Natur verankert. Dieses fast unbegreifliche Wunder sollte doch dem Schüler von vornherein und immer wieder nahe gebracht werden, als eine Tatsache, über die man das Staunen nie vergessen sollte.

Auch hier besteht die Gefahr übertriebener und zu früher Abstraktion. Wiederum in Amerika wurde damit begonnen, die Physik mit dem Elektron anzufangen und darauf die Materie aufzubauen, also mit einem ganz abstrakten Begriff, der jeder Anschaulichkeit entbehrt und historisch erst nach schwierigen Reihen von Experimenten und Denkoperationen geboren wurde. Sicher muß am Anfang die Beobachtung stehen, dann das Experiment, und zwar ein einfaches, in allen Teilen durchschaubares, und erst ganz zuletzt die gedankliche Abstraktion. Meßinstrumente, wie man sie heute fix und fertig kaufen kann, die irgend etwas registrieren ohne daß man sieht, was in dem sauber gefertigten Kasten vor sich geht, sind für den Anfang nicht geeignet. Sie können zu keinem wirklichen Verständnis führen. Lieber ein selbstgefertigter, weniger perfekter Apparat, den man aber ganz verstehen und durchschauen kann!

Ich glaube nicht, daß es gut ist, in der Mittelschule viel von Atomphysik und Elektronen zu reden. Jede anschaulich-räumliche Vorstellung dieser Gebilde ist ganz einfach falsch (zum Beispiel die um den Kern wie Planeten kreisenden Elektronen). Zwar haben diese bekannten Modellvorstellungen historisch eine große Rolle gespielt, das ändert aber nichts daran, daß sie seit der Entwicklung der Quantenmechanik als falsch erkannt wurden. Die Wahrheit ist nur nach gründlicher Denkschulung frühestens in den mittleren Semestern des Physikstudiums erfaßbar. Soll man also Schülern etwas Falsches oder Unverständliches beibringen? – Es gibt freilich einen Grund, doch davon zu sprechen: die zahlreichen populären (meist höchstens halbrichtigen) Darstellungen. Vielleicht soll man ihnen in der Schule entgegnen, um den Schülern wieder den Respekt vor großen Errungenschaften, die sie noch nicht verstehen können, einzuimpfen[1]).

Der Unterricht in den exakten Wissenschaften begegnet einer großen grundsätzlichen Gefahr. Der außerordentlich große Erfolg dieser Wissenschaften hat dazu geführt, daß man ihre Grenzen vergaß und folglich ein ganzes „Weltbild" auf ihnen gründete. (Das „Weltbild der Physik oder Astronomie" usw.) Man vergaß, daß die exakten Wissenschaften sich nur auf quantitative Phänomene gründen, daß es aber ebenso qualitative Phänomene, wie Farbe und Ton, gibt, die dabei einfach ignoriert werden. Schlimmer noch: in dieses „Weltbild" werden noch die Lebewesen hineinbezogen, und man nahm als selbstverständlich an, daß ein Lebewesen lediglich ein komplizierter physikalisch-chemischer Mechanismus ist. Es ist nicht allzuschwer aufzuzeigen, daß mit Physik und Chemie allein zahlreiche Lebenserscheinungen niemals begriffen werden können und daß in einem Organismus auch ganz andersartige Gesetzmäßigkeiten am Werk sind als in toter Materie. Zum Beispiel dürfte es ausgeschlossen sein, daß Physik und Chemie die Entwicklung der Gestalten und Formen beim Wachstum eines Lebewesens aus der befruchteten Eizelle erklären. Hier sind formbildende Kräfte am Werk, die von vornherein die Zellteilung im Hinblick auf die später zu erreichende Gesamtgestaltung regieren. Solche Kräfte sind der Physik und Chemie fremd. Daraus folgt aber auch, daß ein lebender Organismus fundamental verschieden ist von toter Materie, die durch Physik und Chemie beherrscht wird.

Die Einstellung, daß Leben „nur" komplizierte Chemie und Physik ist, ist schädlich und gefährlich. Sie zerstört jede Achtung vor dem Leben und führt auch zu unverantwortlichen Anwendungen der Wissenschaft. Man beurteilt ja dann die Lebe-

---

[1]) Vgl. M. *Wagenschein*, „Die Pädagogische Dimension der Physik" Braunschweig 1965.

wesen nur physikalisch-chemisch und wird daher leicht zu ganz falschen Schlüssen geführt, die man dann, ohne es zu wissen, in wenig verantwortlicher Weise in die Praxis umsetzt. Solche Fehlschlüsse mit katastrophalen Konsequenzen sind von *R. Carson*[2]) beschrieben worden. Am schlimmsten aber ist es, wenn der Mensch selbst einem chemisch-physikalischen System gleichgesetzt wird. Hierzu nur ein Beispiel: Das menschliche Gehirn wird oft mit einer elektronischen Rechenmaschine verglichen (oft bezeichnenderweise „Elektronengehirn" genannt). Die Analogie wird manchmal so weit getrieben, daß unser Gehirn einfach mit einer solchen Maschine identifiziert wird und als der Maschine weit unterlegen angesehen wird. Letzteres ist, was die Schnelligkeit automatisch ablaufender Rechen- oder Denkprozesse angeht, sogar wahr. In einem vor kurzem erschienenen Artikel war zum Beispiel dem Sinn nach zu lesen: „Es ist bis jetzt nicht gelungen, zu beweisen, daß das Gehirn zu Denkabläufen fähig ist, die nicht prinzipiell von der Maschine geleistet werden können." Es ist also ganz selbstverständlich, daß das Gehirn eine elektronische Maschine ist und die Pflicht der Beweisführung wird bequem und mit größter Leichtigkeit der Gegenseite zugeschoben.

Bei dieser Identifizierung unterliegt man natürlich ganz elementaren Denkfehlern. Man vergißt, daß die Maschine erst von einem menschlichen Gehirn erfunden ist (und nicht umgekehrt) und von einem Menschen programmiert werden muß, folglich überhaupt nichts leistet, was nicht im Prinzip vom Menschen stammt. Durch Nutzung der in der Maschine wirkenden physikalischen Kräfte, die nach festen, deterministischen Regeln wirken, folgt dann ein rein mechanischer Ablauf, der ungeheuer schnell vor sich geht. Die Maschine kann also nur das Äquivalent von ganz mechanisch nach festen Regeln ablaufenden Denkprozessen ausführen, das aber sehr viel schneller und ausgiebiger als der Mensch. Vor allem ist sie aber prinzipiell zu keiner irgendwie gearteten *schöpferischen* oder auch nur *selbständigen* Denktätigkeit fähig. Und hierin liegt der fundamentale Unterschied und – das Gefährliche dieser mechanistischen Einstellung dem menschlichen Denken gegenüber (vgl. auch 3. Ist ein lebender Organismus eine Maschine? – Oder eine Maschine ein denkender Organismus?).

Der Lehrer hat wunderbare Gelegenheiten, den Schülern das Unsinnige solcher Thesen sozusagen am eigenen Leibe vorzudemonstrieren: Er kann sie so führen, daß sie von allein "auf die richtige Idee kommen" und somit nachentdecken dürfen, was große Geister vor ihnen entdeckt haben. Es dürfte kaum etwas geben, was den Unterricht mehr belebt, als die Schüler die Freude des Entdeckens erleben zu lassen, auch wenn es nur ganz kleine Entdeckungen sind. Es ist nicht schwer z. B. in der Physik durch geschickt gewählte Experimente und Beobachtungen und geschickte Fragestellungen solche kleine Entdeckungen hervorzurufen. Freilich ist ein solcher Unterricht das genaue Gegenteil des „programmierten Unterrichts", der im wesentlichen nur dazu da ist, Tatsachen einzuprägen, ob sie verstanden sind oder nicht. Es ist kein Zufall, daß dies auch genau das ist, was die Maschine kann: Sie kann numerische Tatsachen in Form von mechanischen oder elektrischen Einstellungen aufbewahren, wenn diese ihr von außen (durch Programmierung) geliefert werden. „Information", wie dies fälschlicherweise genannt wird, ist das nicht. Information hat nur der Mensch, der sie hier in physikalisch verschlüsselter Form in die Maschine hineingesteckt hat und wieder aus ihr entnehmen kann. Einen Bildungswert hat eine solche mechanische Einprägung von Tatsachen nicht. Im Gegenteil: sie *gleicht den Schüler an die Maschine an*, dem dadurch jedes selbständige Denken abgewöhnt wird und ihn zu einem unfruchtbaren Handlanger des Wissens

---

[2]) *R. Carson*, „Silent Spring", London 1963. Deutsche Ausgabe: „Der stumme Frühling", München.

macht. Dies ist das Gegenteil von echter Erziehung, die zum *Verstehen* führen muß. Ganz anders, wenn der Schüler so geführt wird, daß er auch „auf Gedanken kommt". In diesem Moment kann der Lehrer auf den fundamentalen Unterschied gegenüber der Maschine hinweisen, die nie einen Gedanken hat. Es scheint mir wichtig zu sein, diesen Punkt aufzugreifen, da heute durch Presse und Massenmedien eine völlig falsche Vorstellung vom Wesen der Maschine (vor allem der Datenverarbeitungsmaschinen) und von der Ähnlichkeit des Menschen mit einer Maschine propagiert wird.

Es ist klar, daß in einer solchen mechanistischen Auffassung der Begriff Freiheit nicht vorkommen kann. Eine solche Gesinnung kann dieser kaum förderlich sein. Jede selbständige und schöpferische Tätigkeit muß dabei zugrunde gehen. Ein Mechanismus kennt nun mal per definitionem keine Freiheit und ist zu selbständigem Denken unfähig. Es ist auch klar, daß hier kein Platz mehr für Ethik und Verantwortlichkeitsgefühl besteht. Ein Mechanismus kann sich nicht verantwortungsvoll verhalten. Der Leser möge sich die Konsequenzen für die menschliche Gesellschaft ganz konkret selbst ausmalen und sich fragen: Wie wird die künftige Welt und die menschliche Gesellschaft aussehen, wenn heute dem Schüler beigebracht wird, alle Lebewesen, Pflanze, Tier und Mensch, seien Mechanismen oder chemische Laboratorien, und wenn er nur auf mechanisches Denken und Lernen von Daten abgerichtet wird? (und das womöglich schon im Kindergartenalter!). Ist unsere Gesellschaft nicht schon ein recht großes Stück auf diesem selbstzerstörerischen Weg gegangen?

Die Konsequenzen für den Unterricht sind klar. Auf keinen Fall darf der Eindruck entstehen, auch nur indirekt, daß die Welt einem Mechanismus vergleichbar ist. Schon in der Physik sollte aufgezeigt werden, daß es Phänomene gibt, die außerhalb ihres heutigen Bereiches liegen, wie zum Beispiel die Farben. Es ist gut, ein paar Unterrichtsstunden für richtige Farbenlehre zu verwenden und dabei zu betonen, daß das mit der Wellenphysik wenig zu tun hat. Natürlich muß die Wellennatur des Lichts an Hand der Beugungserscheinungen abgeleitet werden. Es muß auch gezeigt werden, daß rein empirisch eine gewisse Relation zwischen Wellenlänge und Farbe besteht, die oft genug richtig ist, aber nicht immer. Die „farbigen Schatten" sind ein Beispiel für das Gegenteil. Niemals aber kann aus dem Mechanismus des Wellenvorgangs etwas über Farben abgeleitet werden, weil eben die Farbe in den Wellenbegriffen gar nicht vorkommt.

In der Biologie sollte zu allererst das Gewicht auf Erscheinungen gelegt werden, die typisch für das Leben sind und nicht für tote Materie. Anfangen sollte man mit einer Beobachtung der lebendigen Gestalten. Diese Beobachtungsfähigkeit muß heute mit besonderer Aufmerksamkeit gepflegt werden. Wir haben das logische Denken sehr weit entwickelt, aber unsere Anschauungskraft ist dabei so stark vernachlässigt worden, daß man oft schon fast von „Gestaltblindheit" sprechen kann. Gerade aber die lebendigen Gestalten der Pflanzen- und Tierwelt können uns zuerst den Sinn für das Lebendige wecken. Erst zuletzt kann man von der Vererbungslehre und den Chromosomen reden, wobei man aber vermeiden muß, die ganze Vererbung als bloßen Mechanismus darzustellen. Der Weg, der von der chemischen Konstitution der Chromosomen bis zu den vererbten Phänomenen, die die ganze Morphologie einschließen, führt, ist lang und, abgesehen von den ersten rein chemischen Schritten (der Proteinbildung) ganz und gar unverstanden. Hier sind nicht-physikalisch-chemische Gesetze bestimmend am Werk. Völlig außerhalb jeder mechanistischen Erklärung ist auch die Vererbung geistiger Eigenschaften beim Menschen — sofern diese überhaupt vererbt werden, was bei geistig schöpferischen Menschen sicher nicht der Fall ist. Geist läßt sich nicht aus den Molekülen der Chromosomen ableiten. Vielleicht ist es gut daran zu erinnern, daß Beethoven einen

Trinker zum Vater und eine tuberkulöse Frau zur Mutter hatte. Läßt sich die Neunte Symphonie aus den Chromosomen dieser Eltern ableiten?

Der biologische Unterricht ist wie kein anderes Fach geeignet, den jungen Menschen tief die Achtung vor den Wundern des Lebens in die Seele einzupflanzen, die der Wissenschaft bis jetzt nur zum Teil zugänglich gemacht worden sind. Im Organismus ist etwas enthalten, was man das Baukonzept oder den Bauplan nennen kann, nach dem sich die Pflanze von der Keimzelle an selbst aufbaut. In ihrem inneren Wesen existiert offenbar etwas, eine eigene Gesetzmäßigkeit, die sie befähigt, den Bauplan zu „lesen" und zu verwirklichen. Dies geschieht ja nicht nur beim Wachstum, sondern erneut jedes Frühjahr, wenn ein Strauch neue Sprossen und Blüten treibt (auch wenn die Stelle im Sommer vorgebildet ist). Zu glauben, daß dies auf rein mechanische oder physikalisch-chemische Weise geschehen könnte, ist doch eine völlige Illusion. Woher sollte die Physik bestimmen können, daß von diesen und keinen andern Zellen aus ein neues Blatt und von anderen Zellen aus eine Blüte zu treiben ist? Hier kann der Lehrer darauf hinweisen, daß die Pflanze offenbar ein *Innenwesen* hat (Aristoteles nannte es sogar „Seele"), das sich durch besonderes Verhalten und besondere Gesetzmäßigkeiten ausdrückt und das von der Wissenschaft bis jetzt kaum verstanden ist. Es macht das überhaupt Wesentlichste des Organismus aus [3]). Es scheint mir für den Unterricht besonders wichtig zu sein, daß auf dieses Innenwesen der Lebewesen, das bei Tieren und beim Menschen natürlich auch das Seelenleben einschließt, hinzuweisen. Ein Wissen, oder wenigstens ein Ahnen davon, dürfte unumgänglich sein, wenn der Schüler eine gesunde Einstellung der lebendigen Welt gegenüber gewinnen soll. Heute, wo der Materialismus in allen Formen wieder seine Blüten treibt, dürfen solche Fragen nicht umgangen werden. Wichtig ist es auch, auf die ästhetischen und künstlerischen Qualitäten hinzuweisen, die in der lebendigen Natur existieren. Die Kunst in der Gestaltung der Pflanzen, der Blüten, die Muster der Insekten-flügel, die leuchtenden Farben der Tiefseefische und Vögel, die Bewegungskunst mancher Affen und des Eichhörnchens, der musikalische Vogelsang usw. sind doch Dinge, die in der Naturbetrachtung nicht übersehen werden können und dürfen. Sie dürfen auch in der *Naturwissenschaft* nicht übersehen werden:

Daß die Natur diese künstlerischen Eigenschaften besitzt, ist ein Faktum, von dem wir alle wissen, und das wir alle bewundern. In der Wissenschaft hat dieses Faktum allerdings noch keinen Platz. Aber Wissenschaft kann nicht erschöpfend sein, wenn sie nicht allen Tatsachen gerecht wird und einmal wird uns eine tiefere Einsicht in den lebendigen Organismus auch lehren müssen, wo das Künstlertum der Natur im inneren Wesen der Lebewesen verankert ist.

Es handelt sich hier also keineswegs nur um einen ästhetischen Genuß, den man als Luxus betrachten und als unwissenschaftlich abtun könnte. Im Gegenteil, un-wissenschaftlich ist es, Aspekte der Natur zu ignorieren, die offensichtlich existieren. Gerade in der Schule ist es wichtig, ein *volles* Naturbild zu vermitteln, auch wenn nur einige Teile einstweilen wissenschaftlicher Untersuchung zugänglich sind, und die ver-schiedenen Aspekte noch nicht integriert werden können. Aber noch etwas anderes ist in diesem Zusammenhang wichtig. Unter den biologischen Theorien spielt heute der Darwi-nismus eine zentrale Rolle. Diejenigen Pflanzen- und Tierarten sollen überleben, die für den Daseinskampf besser ausgerüstet sind – eine pragmatische These, die ihren Ursprung aus dem Geist des Wirtschaftsliberalismus kaum verleugnen kann. Wir können auf das vielschichtige Problem des Darwinismus hier nicht eingehen (vgl. 5. Die Evolution). Wenn

---

[3]) Näheres in andern Kapiteln dieses Buches, besonders 2. Gilt die Gleichung: Leben = Physik + Chemie?; 3. Ist ein lebender Organismus eine Maschine? – Oder eine Maschine ein lebender Organismus?; 12. Über das innere Wesen der Naturdinge.

wir uns nun aber die künstlerische Gestaltung einer Blüte oder eines Tiefseefisches vor Augen halten, können wir da im Ernst glauben, daß all dies nur da ist, weil es einmal „zufällig" irgendwie entstanden ist und nun geeignet ist, Insekten oder den Sexualpartner anzulocken (denen man dann einen Kunstsinn zuschreiben müßte!)? Natürlich spielt das Darwinsche Selektionsprinzip in der Auswahl der überlebenden Arten eine wichtige Rolle, aber es erklärt nicht die Entstehung der Arten und offensichtlich nicht die Entstehung dieser Kunstformen. Zufall und Auswahl der Tüchtigen sind zu ärmliche Faktoren, um ästhetische Werte zu begründen. Gerade bei der Betrachtung der ästhetischen und künstlerischen Qualitäten der Natur werden einige der Grenzen sichtbar, die dieser allzu pragmatischen Theorie innewohnen [4]). Dies darf bei der Behandlung des Darwinismus nicht vergessen werden.

Auch die anorganische Welt hat ihre ästhetischen Werte. Man denke an die Kristalle und die in ihnen auftretenden Farberscheinungen. Kristallkunde, ohne gleich von Atomgittern zu reden, ist sicher ein paar Unterrichtsstunden wert. Es ist nicht unter der Würde des Wissenschaftlers, Naturerscheinungen zu bewundern. Erstaunen können ist der Urgrund, auf dem viele wichtige Entdeckungen gewachsen sind, es ist ein Merkmal des echten Forschers. Ehrfurcht vor der Größe und Tiefe der Natur und ihrer Gesetze zeichnete fast alle Großen unter ihnen aus. Staunen können und Ehrfurcht sind auch Grundqualitäten des Menschen, die eine wirkliche Erziehung keinesfalls vernachlässigen darf. Der naturwissenschaftliche Unterricht hat reichlich Gelegenheit, das Seine dazu beizutragen.

Schließlich muß einer ethischen Erziehung genügend Raum gewährt werden. Die Gefahren, die gerade von der Wissenschaft her drohen, sind so groß, daß nur ein hohes ethisches Verantwortungsbewußtsein ihnen begegnen kann. Dieses muß den Schülern und ganz besonders den künftigen Naturwissenschaftlern eingeprägt werden. Denn diese können, wie nie zuvor in der Menschheitsgeschichte, das Leben dieser Welt gefährden. Ich fühle mich nicht kompetent zu sagen, wie der ethische Unterricht gestaltet werden soll, aber daß es geschehen muß, ist außer Zweifel.

Natürlich sind dies nur ein paar skizzenhafte Gedanken, die an ein paar Beispielen zeigen sollten, welche Richtung naturwissenschaftlicher Unterricht einschlagen bzw. nicht einschlagen sollte, wenn er das Ziel, die *Ausbildung* von jungen Menschen, verfolgen will.

Der Leser möge verzeihen, wenn ich zum Schluß noch einmal etwas aus meinem persönlichen Leben berichte. Ich habe die ganze großartige Entwicklung der Physik in unserem Jahrhundert, teilweise sehr aktiv, miterlebt, ohne jemals der heute üblichen mechanistisch-materialistischen Weltanschauung zu verfallen. Dies beruht auf einer kleinen Begebenheit, die sich in meinem letzten Gymnasialschuljahr ereignete. Ich hatte mir damals schon durch eigenes Lesen ziemlich viel Physik angeeignet. Es war in einer Philosophiestunde. Der Lehrer rief mich auf (weil er meine Neigung zur Physik kannte): „Beschreiben oder definieren Sie die Farbe Rot!" Ich war schon im Begriff, etwas von Wellenlängen zu stottern, als mir klar wurde, daß dies mit der Frage des Lehrers gar nichts zu tun hatte. Seitdem bin ich gegen jede Art von Materialismus, Positivismus usw. immun.

Man möchte wünschen, daß alle, die heute jung sind, ähnliches in der Schule mitgegeben wird. Von ihnen wird es ja abhängen, ob die Menschheit in Zukunft eine Menschheit sein wird oder ob sie in den Zustand von Sklaven herabsinken wird, die an eine seelen- und geistlose Roboterwelt gekettet sind.

---

[4]) Vgl. den schönen Artikel von *H. Zoller*, Universitas, 24. Jg. 189, 1969.

9. Der Bildungswert der Naturwissenschaft*)

Über dem Eingang der Platon'schen Akademie zu Athen standen die Worte geschrieben: „Niemand, der nicht geometrisch gesinnt ist, soll eintreten." Eine Kenntnis der Geometrie oder mindestens eine Liebe zu ihr war also die Voraussetzung für die hohe, menschenbildende Schule der Philosophie. Warum die hohe Bewertung dieser Wissenschaft?

Zu *Platon's* Zeiten waren die wesentlichsten Begriffe der Geometrie, wie Punkt, Gerade, Kreis usw. gebildet und wichtige geometrische Gesetze (z. B. der Pythagoräische Lehrsatz) waren bekannt. Bald nach Plato wurde die gewöhnliche Geometrie in der noch heute gültigen Form durch *Euklid* vollendet. Man ist heute wohl meist der Auffassung, daß diese Begriffe Produkte unseres menschlichen Denkens sind. In der Natur existieren sie ja nicht. Ein mit einem noch so spitzen Bleistift gezeichneter „Punkt" ist ein Klumpen Graphit, aber kein geometrischer Punkt. *Plato* war anderer Auffassung, und wir werden sehen, daß wir allen Grund haben, seinen Standpunkt ernst zu nehmen. Für Plato waren diese Begriffe „Ideen", die als eine Art „reiner geistiger Urbilder" existieren, nach denen dann die Natur in mehr oder weniger unvollkommener Weise geschaffen ist. Der *gezeichnete* Punkt ist ein schlechtes Nachbild der *Idee „Punkt"*. Wenn wir aber diese reinen Begriffe bilden und die zwischen ihnen herrschenden Gesetze erkennen, dann ist das nach *Plato* eine „Wahrnehmung" der Urbilder durch den menschlichen Geist. Heute gebrauchen wir gewöhnlich eine andere Ausdrucksweise: wir sprechen von einem „Einfall", den wir haben oder einem intuitiven Erkennen. Es kommt wohl im wesentlichen auf dasselbe heraus. Jedenfalls aus der Erfahrung allein stammen diese Begriffe ja nicht, weil es sie in der Natur gar nicht gibt. – Wenn wir den platonischen Standpunkt teilen, dann können wir das große Gewicht verstehen, das eine solche Wissenschaft für die ganze Menschenbildung haben muß: sie gestattet es, den menschlichen Geist mit diesen Urbildern, die sich durch ihre Reinheit und Klarheit auszeichnen, in Verbindung zu bringen. Dadurch wird unser Geist in echtem Sinne gebildet und bereichert aus der reinen „Ideenwelt", die göttlichen und nicht menschlichen Ursprungs ist.

Rund 2000 Jahre nach *Plato* wurden die ersten Gesetze entdeckt, die wir im heutigen Sinn Naturgesetze nennen können (wenn wir von vereinzelten antiken Vorläufern, wie *Archimedes*, absehen). Zum ersten Mal konnte man strenge, gesetzliche Aussagen über das *Verhalten irdischer Naturobjekte*, die Bewegung von Körpern usw. machen. Betrachten wir als Beispiel Galilei's Trägheitsgesetz. Es sagt aus, daß ein Körper, der keinen Kräften unterworfen ist, sich geradlinig und mit gleichbleibender Geschwindigkeit (bis ins Unendliche) weiterbewegt. Ein Gesetz, streng präzis, mathematisch formuliert, wie die Lehrsätze der Geometrie – aber niemals in der Natur streng erfüllt. Eine Kugel, die auf noch so glatt geschliffener Unterlage horizontal rollt, gleitet schließlich doch nicht ewig weiter, weil die Reibung sie doch endlich zum Stillstand bringt. Und wenn wir die Reibungskraft eliminieren könnten, dann besteht die Anziehungskraft durch den Mond und vieles andere. Kräftefreie Bewegung gibt es nicht und es ist auch nie möglich, alle Kräfte zu berücksichtigen. Niemals ist ein solches Gesetz in der Natur exakt realisiert, aber anderseits folgen ihm die Körper mit mehr oder weniger großer Genauigkeit, oft mit sehr großer Genauigkeit. Das Gesetz ist sozusagen das Idealbild, dem die Körper nachstreben, das sie aber nie ganz erreichen.

---

*) Vortrag gehalten auf Schloß Elmau, 1966, erschienen in „Universitas", 1969.

Die hauptsächliche und bis heute meist eingenommene Haltung gegenüber dem Naturgesetz ist die dualistische: Die Naturdinge verhalten sich so und so, das Gesetz aber, das sie befolgen, ist etwas anderes, es ist ausschließlich das Produkt des menschlichen Denkens. Warum dann die Körper aber einem solchen, von uns *erdachten* Gesetz folgen sollten, bleibt dabei völlig dunkel. Das Naturgesetz läßt sich von den Körpern doch überhaupt nicht trennen.

Es ist fast unmöglich, über das Naturgesetz anders zu denken als in einem allerdings weiten und verallgemeinerten, aber platonisch orientierten Sinne. Der Unterschied gegenüber den Begriffen der Geometrie besteht darin, daß es sich hier um *reale Objekte* der Natur handelt, bei der Geometrie um nur begrifflich existierende oder von uns gezeichnete Dinge; ferner, daß das Naturgesetz sich auf durchaus bewegliche Dinge bezieht, während die Begriffe der Geometrie unveränderlich und starr sind. Auch das Naturgesetz, wie wir es heute streng und mit den Mitteln höchster Mathematik formulieren, müssen wir als ein Urbild ansehen, das *in den Naturdingen wirkt*, und dem sie mehr oder weniger vollkommen folgen. Sie bilden einen Teil des geistigen Inhalts der Welt. Unser Erkennen dieser Naturgesetze ist ein Aufnehmen dieses geistigen Inhalts.

Dieser Standpunkt ist aber kaum die Folge der aufblühenden Naturforschung zu Beginn der Neuzeit geworden und ist es heute weniger denn je. Unter den großen Forschern jener Zeit gab es nur einen, der sich ganz auf den platonischen Standpunkt stellte – *Kepler*. Er blieb aber isoliert.

Es mag mehrere Gründe dafür geben. Einer scheint mir schon in der Scholastik begründet zu sein. Der Universalienstreit endete mit dem Sieg des Nominalismus, und das heißt folgendes: der Nominalismus vertrat den Standpunkt, daß die Begriffe, die wir von den Dingen bilden, eine reine Namengebung unsererseits sind, die mit den Dingen selbst nichts zu tun hat – eine erste Form des Dualismus [1]). Angewandt auf das Naturgesetz, ist die logische Folge, daß wir auch das Gesetz und die Natur trennen; das Gesetz wird zum bloßen Resultat unseres eigenen Denkens. Im Grunde genommen wurde die Natur entgeistigt, schon bevor man anfing, sie zu erforschen. Später wurde der Dualismus der Naturerkenntnis fester philosophisch fundiert – hauptsächlich durch den klassischen Philosophen der exakten Wissenschaften, *Descartes*. Er trennte die Welt in eine äußere Materie, die mathematischen Gesetzen gehorchen sollte (res extensa) und unser Bewußtsein, unsern Geist (res cogitans), der befähigt ist, die Materie zu erforschen. *Descartes* war sich aber durchaus bewußt, daß zwischen beiden ein Bindeglied notwendig war. Die Materie hat keinen Grund, sich nach den von uns erdachten Gesetzen zu verhalten und unser Denken hätte keinen Zugang zur äußeren Welt, wenn beide ganz separat existieren würden. Dieses Bindeglied war Gott, der auch beides erschuf. In der Folge vergaß man aber das Bindeglied oder ignorierte es. In der Wissenschaft wurde Gott unpopulär. Wir würden ein solches Hilfsmittel, das die Verbindung von menschlichem Geist und Materie herstellt, heute auch eher als Lückenbüßer empfinden. Die Verbindung dürfte anderer Art sein (vgl. 11. Über das Verstehen von Naturerscheinungen).

Wenn man das Bindeglied wegläßt, dann besteht kaum noch die Möglichkeit, das Gesetz selbst als eine reale, die Natur regierende Tatsache zu betrachten. Im Wechselspiel mit der schon aufblühenden Physik entstand dann der spätere Positivismus, der heute hauptsächlich, wenn auch nicht ganz, das wissenschaftliche Denken beherrscht. Das Naturgesetz sank herab zu einer bloß formalen (also nicht wirklichen) Beziehung

---

[1]) Der Leib-Seele Dualismus ist schon griechischen Ursprungs (vgl. 12. Über das innere Wesen der Naturdinge).

84

zwischen Daten und Vorgängen, die wir nur bequemlichkeitshalber in Form von mathematischen Formeln ausdrücken und die wir dann mit den Meßdaten vergleichen – die negativste Einstellung, die man den Naturgesetzen gegenüber haben kann. – Von dieser Haltung in der Naturwissenschaft ausgehend, negiert der Positivismus im Grunde jedes geistige, jedes transzendente Element, alles was nicht mechanistisch ist. Er sieht nur noch Daten und formale Verknüpfungen. Damit zerstört er, was Wissenschaft wirklich ausmacht. Sein zerstörender Einfluß ist heute weit in die Geisteswissenschaften hinein sichtbar.

Schon *Descartes* hat das Tier zur Maschine erklärt. Das liegt ganz in der Logik seiner Philosophie; denn wenn die ganze äußere Welt mathematischen Gesetzen gehorchen soll, muß es auch die belebte Natur tun. Nur den Menschen nahm er noch aus, wohl mit Rücksicht auf die noch starke Theologie. Aber schon rund 100 Jahre später (1748!) erklärte *Lamettrie* auch den Menschen zur Maschine – in konsequenter Fortführung der Descartes'schen These.

Wie anders z. B. *Kepler:* Er wird nicht müde vom „Weltgeist" und von der „Weltseele" zu reden, also von geistigen Inhalten der Welt. Eindeutig ist sein Standpunkt, daß nicht nur die mathematischen Tatsachen, sondern auch die Naturvorgänge (in seinem Fall die Planetenbewegung) den geistigen Vorbildern folgen, die das Werk des göttlichen Schöpfers sind. Die Wirkung, die die Erkenntnis der Planetengesetze auf *Kepler* selbst hatte (wobei nicht diskutiert werden soll, wieviel von seinen Behauptungen richtig ist), war eine tiefe Ehrfurcht vor der Schöpfung und dem Schöpfer. Sein Werk „Harmonices Mundi libri V" schließt mit einem Gebet der Danksagung für die Erkenntnis des Schöpfungswerks und einer Bitte, die uns heute seltsam anmuten muß: „. . . und daß diese Gedankengänge auch fernerhin sich vor Deiner Herrlichkeit und dem Heile der Seelen beugen und dem nie im Wege seien, das mögest Du in Deiner Güte bewirken". Also die wissenschaftlichen Gedankengänge dürfen dem „Heile der Seelen" nicht im Wege sein. Können wir das von unserer heutigen Wissenschaft auch behaupten? Dies ist es, was wir untersuchen wollen.

Verfolgen wir nun zuerst den Weg der Wissenschaft und ihre Wirkung auf den Menschen seit ihrer Begründung durch *Galilei*. Zunächst handelt es sich um die exakten Wissenschaften, Physik usw. Die Descartes'sche Spaltung in eine materielle Natur und das unserem Denken zu verdankende Gesetz wirkt sich in der wissenschaftlichen Tätigkeit noch nicht besonders stark aus. Die Aufgabe der Wissenschaft ist ja das Auffinden der Gesetze und man bleibt stehen, wenn man sie kennt. Es ist dabei nicht von Belang, wie man über den Zusammenhang von Gesetz und Natur wirklich denkt. *Galilei* fügte aber gleich noch eine zweite, folgenschwere Spaltung hinzu, die fast notwendig mit der Descartes'schen Spaltung verbunden ist. Zunächst war er ja der Schöpfer der Mechanik, dachte aber schon über andere physikalische Erscheinungen, z. B. das Licht nach, ohne noch in die Physik solcher Phänomene eindringen zu können. Anders als in der Mechanik selbst, die nur von den Bewegungen von Körpern handelt, treffen wir hier auf Sinnesqualitäten, wie Farbe, Wärme, Geruch, usw. *Gallilei's* Idee war, daß die mit diesen Wahrnehmungen verknüpften Phänomene sich ebenfalls auf etwas Mechanisches zurückführen ließen. Dieses Mechanische sei dann die wahre, objektive Wirklichkeit, die mit Hilfe unserer Sinnesorgane in unseren Organismus eindringt und dort erst, im Wahrnehmungsakt als *Sekundärphänomen* sich in unsere bewußt werdende Sinnesqualität verwandelt. Der Wissenschaft ist die Aufgabe gestellt, die genannten Mechanismen zu finden.

Das Programm war unerhört fruchtbar und verhängnisvoll zugleich. Fruchtbar, weil es ein Gebiet abgrenzte, das der wissenschaftlichen Behandlung tatsächlich zugänglich wurde. *Galilei's* geniale Spürnase kann daran gemessen werden, daß es rund 300 Jahre dauerte, bis diese Mechanismen entdeckt und genügend erforscht waren. Verhängnisvoll, weil damit ein wesentlicher Teil der Wirklichkeit, und zwar gerade derjenige, an dem der Mensch beteiligt ist, auf das Nebengeleise des Sekundärphänomens abgeschoben wurde, wo er in Gefahr ist, der wissenschaftlichen Vergessenheit anheim zu fallen. Die Verwandlung eines Mechanismus in eine erlebte Sinnesqualität muß völlig unverständlich bleiben. Das Galilei'sche Programm kann also keine ganze, nur eine partielle Erkenntnis geben.

Wollen wir zuerst die Spaltung in Phänomen und Mechanismus an einem Beispiel illustrieren: In eine Gasflamme – sie ist heiß und in ihr verbrennt ein Gas – halten wir ein Körnchen Kochsalz – es ist weißlich und schmeckt bitter. Die Flamme leuchtet gelb. Dies ist der Phänomenkomplex. Die zugeordneten Mechanismen sehen völlig anders aus:

Phänomen	zugeordneter Mechanismus
Die Flamme ist heiß. Ein Gas verbrennt.	Moleküle in schneller Bewegung. Molekülumsetzung beim Zusammenstoß (z. B.: $2CO + O_2 = 2CO_2$). Die Reaktion macht Energie frei. Die Geschwindigkeit wird erhöht.
Kochsalz, weiß, bitter.	Gitter aus Natrium- und Chlorionen. Löst sich unter dem stoßenden Einfluß der Gasmoleküle in freie Natrium- und Chlor-Atome auf.
Färbt Flamme gelb.	Natriumatome werden angeregt. Senden elektromagnetische Wellen bestimmter Wellenlänge aus.

Erst seit etwa 1927 (d. h. nach der Entstehung der Quantenmechanik) ist es möglich, diesen Komplex von Mechanismen völlig zu verstehen. Die Sinneswahrnehmungen auf der linken Seite werden aber durch die Mechanismen rechts nicht erfaßt. Dies ist auch unmöglich, solange wir an der Galilei'schen Spaltung festhalten. Ein Mechanismus, der per definitionem seinen eigenen mechanischen Gesetzen folgt, kann sich nicht in eine innere Wahrnehmung „verwandeln". Wir werden den Zusammenhang erst dann verstehen können, wenn wir lernen, diese Spaltung zu überwinden und wenn wir uns bewußt werden, daß unsere Wahrnehmung der „äußeren Welt" von dieser gar nicht getrennt werden kann. Sie bilden von vornherein eine Einheit, die erst unser eigenes, analysierendes Denken in eine äußere Welt und unsere innere Wahrnehmung von ihr aufzuspalten vermag.

Fragen wir uns nun, welche Fähigkeiten wir brauchen, um solche Mechanismen zu entdecken und zu verstehen, dann, welche Eigenschaften dabei in uns gestärkt und entwickelt werden und schließlich, welchen Einfluß das Denken in solchen Mechanismen auf uns selbst hat. Wir werden jetzt kaum noch dieselbe Wirkung erwarten, die die Platoniker sich von der Beschäftigung mit der Geometrie versprachen. Keiner der genannten Mechanismen ist der menschlichen Anschauung unmittelbar nah. Wir nehmen weder die schnellen Moleküle noch die angeregten Atome noch die elektromagnetische Welle wahr. Was wir brauchen, um sie zu verstehen, ist ein abstraktes, mathematisch scharfes Denken, das eine äußere mechanische Welt zum Gegenstand hat. Eine erste notwendige Folge muß die Verschärfung der Spaltung zwischen dieser äußeren Welt und unserem denkenden Bewußtsein selbst sein, wie sie *Descartes* forderte und die es uns sicher noch viel mehr erschwert, eine andere als eine solcherweise gespaltene Welt zu denken; ein Verhängnis, dessen Tragweite wir noch kaum abzuschätzen vermögen. Demgegenüber mag als ein Positivum eine Stärkung unseres eigenen Ichgefühls, das der äußeren Welt gegenübersteht, parallel gehen.

Fernerhin wird natürlich unser eigenes Denken durch die Beschäftigung mit dieser Wissenschaft enorm gestärkt und verschärft. Wissenschaftlich exaktes und vor allem technisches Denken ist heute wesentlich weiter verbreitet, als es noch vor 50 Jahren der Fall war. Man kann die Ausbreitung und Verschärfung dieses Denkens sehr gut innerhalb einer Generation beobachten. Eine Beweisführung mathematischer oder physikalischer Art, die vor 50 Jahren ohne weiteres als verpflichtend angesehen wurde, genügt heute den Anforderungen an Exaktheit nicht mehr. Die stets größer werdende Ausbreitung des technisch-wissenschaftlichen Denkens ist offensichtlich.

Wir dürfen die Verschärfung der Denkfähigkeit, wie sie sich uns als Folge der wissenschaftlichen Entwicklung zeigt, wohl als den bedeutendsten, positiven Einfluß der heutigen Wissenschaft auf den Menschen ansehen. Sie kann und darf auch aus unserem Leben nicht mehr weggedacht werden. Es scheint aber, daß der Höhepunkt dieser Entwicklung mindestens erreicht, vielleicht schon überschritten ist. In der letzten Zeit machen sich deutliche Degenerationserscheinungen bemerkbar:

Von der Gesamtheit der Erscheinungen wurden die Mechanismen abgespalten und sie werden zum alleinigen oder mindestens zum Hauptobjekt der Naturforschung. In unserer Gesamtweltsicht sind sie dementsprechend heute überbewertet. Dazu gesellte sich noch die sehr erfolgreiche Technik, die ja gerade aus der Kenntnis der Mechanismen fließt. Überbewertet wurde damit auch diejenige Art des Denkens, die den Mechanismen angepaßt ist, und zwar in zweierlei Hinsicht. Oft genug ist heute die logisch-mathematisch-technische Denkfähigkeit, die Gescheitheit, die am höchsten geschätzte menschliche Fähigkeit. Man versucht, die Erziehung schon im Kindesalter ganz auf dieses Denken auszurichten. Genetiker, die von einer „Verbesserung" des Menschen träumen, zielen gerade auf das Noch-gescheitermachen ab. Dann aber wird unser Denken immer mehr inhaltlich auf die Mechanismen abgerichtet. Viele Menschen sehen in der Welt nichts anderes mehr als Mechanismen, und zuletzt ist auch – nach mehreren Zwischenstufen – unser eigenes Gehirn zu einem Objekt geworden, das ganz mechanisch abläuft. Das Gehirn ist aber auch der Sitz unseres eigenen Denkens. Und nun ist etwas Merkwürdiges geschehen, ohne daß man es richtig gemerkt hat. Man hat die bisher verfolgte Gedankenlinie auf den Kopf gestellt. Man faßt unser eigenes Denken als Folge, sozusagen als Begleiterscheinung eines mechanischen Ablaufs in unserem Gehirn auf von irgendwelchen elektrischen Strömen, die in den Nervensträngen des Gehirns fließen oder von chemischen Umsetzungen in den Gehirnzellen. In Wirklichkeit ist aber unser Denken schon längst *Voraussetzung* für alles, was wir von unserem Gehirn wissen. Wir müssen die Experimente planen – also denken – die uns Aufschluß über die Gehirnfunktionen geben. Wir können gar nicht von Gehirnströmen usw. reden, ohne *vorher* schon gedacht zu haben, ohne also das Denken vorauszusetzen. Offenbar verwechselt man hier Ursache und Wirkung.

Aber was ist die Folge? Wenn das Denken eine Begleiterscheinung eines mechanischen oder elektrischen Ablaufs ist, dann muß es auch in den Rahmen der Möglichkeiten eines Mechanismus eingepaßt werden. Wie könnte nun ein Denken aussehen, das in solcher Weise einem mechanischen Ablauf zugeordnet und ihm äquivalent ist? Es liegt auf der Hand. Dieses Denken muß selbst ganz mechanischer Art sein. Es ist uns ja auch gelungen, Maschinen zu konstruieren, die uns einen Teil unseres Denkens abnehmen. Diese Maschinen leisten eben genau das, was von einem mechanischen bzw. elektrischen Ablauf bestenfalls erwartet werden kann: ein Ersatz für ein ebenfalls ganz mechanisch ablaufendes Denken. Aus A folgt B, aus B folgt C, usw. (vgl. 3. Ist ein lebender Organismus eine Maschine? – Oder eine Maschine ein denkender Organismus). Ein solcher Automat ist – selbstverständlich – völlig unfähig zu irgend etwas, was einem selbständig Gedachten entspricht. Er kann keinen Begriff bilden, geschweige denn so etwas wie einen Einfall haben. Dadurch, daß wir unser eigenes Denken selbst nur als Folge eines mechanischen Ablaufs im Gehirn ansehen, reduzieren wir es selbst auf diesen niedrigsten Grad, das ganz mechanische Folgern, und berauben es jeder Selbständigkeit. Von der Descartes-Galilei'schen Spaltung führt eine gerade (wenn auch nicht zwangsläufige) Linie bis zu diesem tiefsten Punkt der Selbstdegradierung unseres eigenen Denkens.

Zwangsläufig ist die Entwicklung aber keinesweg. Die Galilei'sche Spaltung bedeutet das Abtrennen einer speziellen Klasse von Naturerscheinungen, – der mechanisch verlaufenden, für die Zwecke einer, zu unserer Zeit fruchtbar gewordenen Forschungsrichtung. Wenn wir uns klar darüber sind, daß es Naturerscheinungen ganz anderen, nicht mechanischen Charakters gibt, daß diese sogar den weitaus größten Teil der Naturerscheinungen ausmachen, dann werden wir nicht in Versuchung geraten können, den mechanischen Aspekt zu verabsolutieren. Die Gefahren dieser Verabsolutierung liegen heute offen zutage und wir werden noch eingehender auf sie zurückkommen. Erstaunlich ist, daß sie schon lange vorausgesehen oder vorausgeahnt wurden. Vor 100 Jahren beschrieb *Dostojewski* in seinen „Dämonen" und in anderen Romanen in aller Klarheit die Konsequenzen des rationalistisch-mechanistischen Denkens. Weiter zurück sah *Goethe*, vor 150 Jahren, die Unmöglichkeit und Gefährlichkeit einer solchermaßen beschränkten Wissenschaft. Wir verdanken ihm Anfänge einer naturwissenschaftlichen Betrachtungsweise, die der Galilei'schen entgegengesetzt ist. Als Naturforscher stand er zu seiner Zeit völlig isoliert da – die mathematisch-mechanistische Richtung war im Aufblühen begriffen – und seine Denkweise stieß auf keinerlei Verständnis. Dazu trugen allerdings auch zahlreiche Irrtümer, die *Goethe* im einzelnen unterliefen (besonders in der Farbenlehre), bei. Heute kann man von einer gewissen Renaissance, besonders der Pflanzen- und Tier-morphologischen Arbeiten *Goethes* sprechen, obwohl diese Richtung noch lange nicht an Umfang und Tiefe der Erkenntnis mit der heutigen Physik und ihren Nachbarwissenschaften verglichen werden kann.

Das Grundelement Goethe'scher Naturforschung ist die direkte Erfahrung der uns gegebenen Welt. Sie steht diametral gegenüber dem Galilei'schen Weg, der auf der Messung, dem Analysieren, der mathematischen Behandlung, der Abstraktion, d. h. der Loslösung von unserer direkten Sinneswahrnehmung, beruht. Deshalb die stets größer werdende Entfernung dieser Wissenschaft vom Menschen. Im Gegensatz dazu ist die Basis der Goethe'schen Naturbetrachtung das unmittelbare Phänomen, der Inhalt unserer Sinneswahrnehmung, z. B. die Farbe und die Gestalten. *Goethe* beobachtet die Natur und scheut sich experimentell in sie einzugreifen. Heute verwenden wir ganze Farbikanlagen, um tief in den Atomkern einzugreifen.

Betrachten wir als Beispiel das Gebiet der Pflanzenmorphologie. Es handelt sich darum, Gesetzmäßigkeiten und Zusammenhänge zwischen den Formbildungen im Pflanzenbereich zu erkennen. Es gehört zu *Goethes* bleibenden Verdiensten, z. B. erkannt zu haben, daß zwischen der Form eines grünen Blattes und der eines Blütenblattes ein gestaltmäßiger Zusammenhang besteht. Es kommt nicht darauf an, welche der weitergehenden Behauptungen *Goethe's* der Prüfung der Zeit standgehalten haben. Wichtig ist der Kreis der Phänomene, der erfaßt werden soll und die diesen angepaßte Methode.

Welche Fähigkeiten brauchen wir nun, um Zusammenhänge zwischen Formen zu erfassen: Offenbar die Fähigkeit der unmittelbaren *Anschauung,* das Erkennen der Gesamtgestalt. Das analysierende, mathematisch-quantitative Denken hilft uns wenig. Dementsprechend werden auch durch diese Wissenschaft ganz andere Fähigkeiten in uns gestärkt: Beobachtungsgabe, Erfassen von Ganzheitszusammenhängen. Es sind Fähigkeiten, die der Mensch von Natur aus besitzt und früh in der Kindheit entwickelt (wenn er nicht schon früh durch programmiertes Auswendiglernen verdorben wird), während das scharfe logische Denken eine etwas spätere Erscheinung ist, die sich erst gegen das Jünglingsalter hin ausbildet. Dies muß, nebenbei bemerkt, für die Pädagogik der Naturwissenschaft als Grundelement beachtet werden (vgl. 8. Gedanken zum naturwissenschaftlichen Unterricht).

Es sind also ganz verschiedene geistige Eigenschaften, die durch die eine oder andere naturwissenschaftliche Richtung gepflegt werden. Dementsprechend wird auch der Beitrag zur eigentlichen Menschenbildung, sei er positiv oder negativ, den jede einzelne naturwissenschaftliche Richtung leistet (darunter auch nicht erwähnte oder erst zu schaffende Richtungen), ganz verschieden sein. Schon daraus ergibt sich eine tiefe Verantwortung des Wissenschaftlers. Seine Wissenschaft, besonders wenn sie intensiv betrieben und verbreitet wird (und das ist besonders bei der beschriebenen Galilei'schen Richtung mehr als genügend der Fall) *bildet* oder *verbildet* den Menschen. Wir haben es schon am mechanistischen Denken gesehen. Dazu kommt, daß der innere Reichtum eines Menschen kaum ohne Grenzen ist. Ein überspitztes Vorwärtstreiben einer bestimmten Art zu denken kann sehr wohl zur Verarmung anderer Eigenschaften führen; z. B. kann ein ausschließlich logisch-mechanisches Denken auf Kosten des Gefühlslebens gehen, wie wir an einem Beispiel sehen werden.

Umgekehrt bestehen auch Gefahren, wenn der Goethe'sche Weg ausschließlich und ohne Einschränkung gegangen wird. Er kann leicht zum Phantasieren führen. Die Anschauung muß durch kritisches Denken ergänzt und kontrolliert werden. Heute ist aber doch wohl das Denken über-, und die Anschauung unterentwickelt, so daß solche Gefahren kaum in Erscheinung treten. Erstrebenswert kann nur ein ausgeglichenes Gleichgewicht beider menschlicher Fähigkeiten sein.

Noch einschneidender aber ist die Wirkung der wissenschaftlichen Resultate. Hier kommt alles darauf an, *wie* sie gesehen werden, welchen Platz sie im Licht einer Gesamt-Weltsicht einnehmen. Wir haben im Gefolge von *Galilei* die Mechanismen unter den Naturerscheinungen erforscht. Mit einer Wendung, die nebenbei bemerkt, kaum im Sinne *Galilei's* lag und für die nicht die geringste Berechtigung besteht, hat ein großer Teil der Forscher einen Mechanismus aus der ganzen Welt, einschließlich der Lebewesen, gemacht. Damit wird alles eliminiert, was auf der andern Seite der Galileischen Spaltung liegt: die Sinneswahrnehmung, das Leben, der Geist. Die Konsequenzen sind klar. Einige wenige Bemerkungen müssen genügen:

Wir behandeln heute in wachsendem Maße die Lebewesen, wie wenn sie eine chemische oder technische Anlage wären. Wir züchten und mästen Hühnchen am Laufband, füttern sie mit Antibiotika, um sie am Leben zuerhalten und mit einem Aroma (weil sie sonst nach nichts schmecken), und töten sie in der gleichen Weise. Diese Verachtung für das Leben wirkt auf uns zurück und zerstört in uns selbst den Sinn für Lebendiges, wenn wir in unserer Umgebung nur noch Mechanisches und nichts Lebendiges mehr sehen und besitzen. Genauso verheerend können moderne Tierexperimente

wirken. Um das „Phänomen der Liebe" zu studieren, wurden Babyaffen sofort nach der
Geburt von der Mutter und allen andern Lebewesen getrennt und 2 Jahre lang in völliger
Isolation „aufgezogen". Der Forscher, der das tägliche Jammern und allmähliche Ver-
rücktwerden der Versuchstiere mitansehen konnte, dürfte schlecht qualifiziert sein, von
Liebe zu sprechen[2]). Man kann nicht untersuchen, was man zuerst im Objekt und in sich
selbst zerstört.

In letzter Konsequenz beziehen wir den Menschen in die mechanistische
„Welt"-Anschauung ein und behandeln auch ihn als einen Mechanismus. Die Logik
dieser Entwicklung muß dann zur Leugnung des Menschseins − zur Zerstörung des
Geistes und der Ethik führen. Einen Mechanismus gegenüber hat man keine Achtung
und man erwartet keine ethischen Handlungen von ihm. Der Positivismus demonstriert
auch hier diese Negierung: Ethik ist eine Verhaltensweise der Menschen, arrangiert, um
das reibungslose Funktionieren der Gesellschaft zu gewährleisten. Eine gewisse, dem-
entsprechende Umkehrung ethischer Werte ist in der Praxis bereits im Gang: Wir stellen
oft genug den Mechanismus (die Technik) höher als das Leben. Der Geist gilt noch als
Verzierung unseres Daseins, ist aber kaum richtunggebend für unser Handeln: Die Gier
nach immer neuen Mechanismen und vergrößerter Automatisierung des Lebens wird oft
höher gestellt als das Menschsein. Anders hätten z. B. die „Minispione", die keine Achtung vor der Persönlichkeit des andern Menschen kennen, nicht erfunden werden können;
anders hätte man nicht auf die Idee kommen können, Schulkinder durch meachnisierten
Unterricht abzurichten; anders wären die Bestrebungen mancher Genetiker, die das
Element der Liebe aus der menschlichen Fortpflanzung eliminieren möchten, ganz und
gar unmöglich.

Den Menschen in solcher Weise zur Mechanik zu reduzieren, ist der tiefste
denkbare Punkt der Selbsterniedrigung.

Anders freilich, wenn wir die Mechanismen in ihrer richtigen Perspektive,
d. h. auch in ihrer Begrenzung, sehen. Es gehört zur Verantwortung des Wissenschaftlers,
zu wissen, was er weiß und was er nicht weiß[3]).

Wir werden dann die kristallklare Exaktheit und die Schönheit ihrer mathematisch formulierten Gesetzmäßigkeiten sehen können, ohne falsche und gefährliche
Schlüsse zu ziehen. Je mehr wir außerdem noch imstande sind, uns von der nominalistischen Spaltung loszusagen und wissen, daß diese Gesetze unlösbar mit der Materie
verbunden sind und zu ihr gehören, daß sie folglich ein Teil des geistigen Inhalts der
Welt sind, nicht nur Produkt unseres Gehirns, desto mehr wird auch die Möglichkeit einer
echten, bildenden Kraft wieder zutage treten. Diese wird nicht allein in der Erziehung zur
Logik bestehen, sondern Staunen wecken können über die Tiefe und Weisheit, die in der
Schöpfung, auch schon der toten Materie steckt. Das Wichtigste aber wird sein, daß wir
uns der Existenz *unseres eigenen Geistes* bewußt werden, dem es gestattet ist, Erkenntnis
dieser Gesetze zu erlangen.

Wenn wir über das Wesen der Galileischen Spaltung im klaren sind, ist es
unmöglich, die Mechanismen mit dem Leben zu verwechseln und vice versa. Hierzu
können uns insbesondere die nicht-Galileischen Gebiete der Naturwissenschaft, so wenig
weit sie auch heute entwickelt sind, unschätzbare Hilfe leisten. Ein Studium der Farbenlehre, z. B. zeigt uns, daß die gesehene Farbe etwas anderes ist als der Mechanismus der

---

[2]) Das Beispiel ist aus dem Buch von C. *Roberts* "The Scientific Conscience", New York 1967,
entnommen.
[3]) G. *Huber*, Von der Verantwortung des Wissens, ETH. Kultur- und staatswissenschaftliche
Schriften, Heft 125, Zürich 1966.

Lichtemission durch angeregte Atome. Ohne näher darauf einzugehen, sei nur gesagt, daß die gesehenen Farben eigenen Gesetzmäßigkeiten folgen, die sich nicht eindeutig und vollständig auf die physikalischen abbilden lassen (vgl. 7. Die Naturwissenschaft Goethes). Ähnliches gilt für andere Sinneswahrnehmungen. Wir hören z. B. keineswegs genau das, was in Form von Schallfrequenzen auf uns zukommt. Besonders für das musikalische Hören ist erwiesen, daß das Gehörte manchmal ziemlich weit entfernt ist von dem, was die Frequenz-Ton-Relation ergeben würde[4]. Wir hören einen Akkord „richtig", obwohl zahlreiche Störungen (zu denen auch der sogenannte Einschaltvorgang am Anfang und Ende der Klangdauer gehören) ein Frequenzbild ergeben, das keineswegs die reinen ganzzahligen Verhältnisse zeigt, die der Harmonie des Akkords entsprechen. Diese Tatsachen sind im Grunde genommen längst bekannt. *Kepler*, der an die pythagoräische Tradition anknüpfte und dem wir grundlegende Beiträge zur Harmonielehre verdanken, sprach von dem Urbild (archetypus) der Harmonie, das in dem menschlichen Bewußtsein verankert ist. Wir empfangen Schallfrequenzen in mehr oder weniger reinen oder unreinen Zahlenverhältnissen, aber hören reine Harmonien, die unser Bewußtsein quasi richtig stellt. Auch dem Mathematiker *Euler* (18. Jahrhundert), war diese Tatsache wohlbekannt. Beides, die Frequenzen und die Töne, gehören zusammen, aber sie lassen sich nicht aufeinander zurückführen. Auch unser Farbsinn zeigt „archetypische" Züge, indem er das Bild, durch Hervorrufen der Komplementärfarbe, harmonisiert (vgl. 7. Die Naturwissenschaft Goethes). Durch ein Studium solcher Wissenschaftszweige erfahren wir, wie wenig identisch die Welt der Sinneswahrnehmung mit der Welt der Mechanismen ist.

Mehr noch lehrt uns ein Vertiefen in die Formenwelt der Pflanzen und Tiere, besonders wenn es sich um ein exakt wissenschaftliches Bemühen um die Zusammenhänge der Gestaltung handelt. Die Welt der lebendigen Formen und Farbmuster der Pflanzen und Tiere ist durch eine tiefe Kluft von der Welt der Mechanismen getrennt. Kein physikalisches Gesetz kann sie von sich aus allein hervorbingen, das kann nur etwas ganz anderes – das Leben. Wir verzichten darauf, diese Behauptung ausführlicher zu begründen (vgl. 2. Gilt die Gleichung: Leben = Physik + Chemie?). Der ganze Charakter der physikalischen Mechanismen widerspricht der Bildung solcher lebendigen Gestalten. Klarer noch und selbstverständlicher als bei der toten Materie, ergibt sich, daß die inneren Gesetzmäßigkeiten der Organismen, welche Formen, Muster und eine Farbenwelt aufzubauen vermögen, die bis zu einem unverkennbaren Künstlertum reichen, dem Organismus selbst zugehören und unmöglich nur unserem Denken zuzuschreiben sind. Eine Spaltung in Materie und (unser) Bewußtsein Descartes'scher Art ist hier ganz und gar unmöglich.

Durch die Anschauung der lebendigen Welt und des gewonnenen sicheren Gefühls, daß sie von der Welt des Toten grundverschieden ist, können wir die Achtung vor dem Lebendigen wiedergewinnen, die uns heute so Not tut. Wir besitzen keine so umfassende und tiefe Erkenntnis über die Gesetze des Lebendigen, wie wir sie über die tote Materie besitzen; wir haben Teilerkenntnisse, die uns Einblicke in seine Wirksamkeit gestatten. Aber diese Teilerkenntnisse genügen, um uns die Gewißheit zu geben, daß die Gesetze des Lebendigen andere sind als die der toten Materie. Sie sind von *höherer* Art: Das Lebendige bildet von sich aus eine Fülle von Formen (das Tote höchstens die starre Form der Kristalle; meistens ist es formlos), zeigt geordnete Geschehnisse (das

---

[4] Vgl. z. B. *R. Haase*, Musikerziehung, 21, Heft 5, Wien 1968.

Tote im wesentlichen Unordnung) und vieles mehr. Gestalt und Ordnung ist mehr als Gestaltlosigkeit und Unordnung, das *Leben steht höher als die tote Materie.*

Wir haben großartige Erkenntnisse errungen über die unglaublich komplizierten chemischen und physikalischen Vorgänge im Organismus, die aber alle so sinnvoll für das Leben des Ganzen sind. Diese sollten uns doch viel eher zu einer tiefen Achtung vor dem Leben führen, das diese Strukturen geschaffen hat und benutzt, als daß wir ihren Sinn vergessen und das Leben zum „chemischen System" erklären.

Der Sinn für das Lebendige gehört zu dem Wichtigsten und Notwendigsten, das wir heute als Frucht einer richtig und *ganz* gesehenen Naturwissenschaft gewinnen können und müssen. Diese Erkenntnis ist keineswegs ein Privileg der Biologie. Gerade eine Kenntnis der leblosen Materie führt zwangsläufig zu ihr, wenn ein Organismus mit der leblosen Materie verglichen wird. Freilich ergibt sich diese Erkenntnis nicht, wenn wir uns die Sicht auf anderes als Mechanismen von vorherein versperren. Heute muß es als dringende Erfordernis gelten, in der Naturwissenschaft die *ganze Fülle* der Erscheinungen im Auge zu behalten mit ihrem unerschöpflichen Reichtum, und zu wissen, daß Wissenschaft in irgendeiner spezialisierten Richtung diesen nie ganz erfassen kann. Weder die physikalisch-chemisch orientierte Biologie, noch die reine Morphologie (etwa Goethe'scher Richtung) erschöpfen das Leben. Beide sind notwendig und einmal werden wir auch beide aneinander annähern müssen. Erst dann, in einer Synthese, werden wir eine tiefere Erkenntnis vom Leben gewinnen können.

Ferner ergibt sich hier die erste Stufe einer Ethik unserer Umwelt gegenüber: Leben steht höher als die tote Materie; es ist folglich unmoralisch, es so zu betrachten und zu behandeln, wie wenn es tote Mechanik wäre. Wir müssen es uns versagen, auf die höheren Formen des Lebens näher einzugehen, die Tiere, die ein mehr oder weniger weit entwickeltes Innenleben haben und daher höher stehen als das vegetative Leben und schließlich den Menschen: sein Geist besonders, seine Ethik stellen ihn auch über die Tierwelt. Aus dieser Schichtung des Seins geht eine ethische Ordnung klar hervor: *Jede Erniedrigung eines Wesens, sei es durch wissenschaftlich vertretene Ansichten oder durch Handlungen, in eine tiefere Schicht des Seins, beraubt dieses Wesen gerade seines wertvollsten Besitzes und ist daher unmoralisch*[5]).

Die Verantwortung des Wissenschaftlers muß darin bestehen, seine Wissenschaft im Einklang mit diesen fundamentalen Richtlinien zu erhalten, in den Ansichten sowohl, die er ausspricht und lehrt, als auch in den praktischen Anwendungen. Nur dann kann die Naturwissenschaft *bilden und nicht verbilden.* Ein Verbilden ist es eben, wenn wir eine Wissenschaft vom Menschen allein auf seiner körperlichen Ähnlichkeit mit dem Tier gründen oder eine Wissenschaft vom Lebendigen allein auf seinen inneren physikalischen und chemischen Vorgängen. Ein Bilden ist es, wenn wir alle Aspekte im Auge behalten und wenn sich dann unser Geist mit den Gesetzen der Natur, sei es der lebendigen oder der leblosen Natur, verbinden kann und deren Tiefe an der einen oder anderen Stelle erkennt. Wir erhalten eine Ahnung von der Weisheit, die in der Schöpfung enthalten ist und damit sollte unsere Naturerkenntnis ausmünden in etwas, wofür nur das Wort Ehrfurcht angemessen ist, – Ehrfurcht, wie sie z. B. *Kepler* hatte.

Erinnern wir uns nochmals an *Keplers* Gebet. Seine Bitte, ins Moderne übersetzt, mag etwa lauten:

„ . . ., daß diese Gedankengänge sich vor Deiner Herrlichkeit . . . beugen",

---

[5]) Dieser Gedanke wurde spontan in einer Diskussion mit der Lehrerschaft der Kantonsschule Aarau (Symposium auf Schloß Lenzburg) vorgebracht. Der Autor der Bemerkung war Dr. W. Mettler.

das heißt: daß unsere wissenschaftlichen Gedanken wahr und nicht nur halbwahr sein
müssen; daß wir nicht aus halben Kenntnissen eine ganze Weltphilosophie bauen und
Tier mit Physik und Mensch mit Tier verwechseln. Unsere Gedanken müssen vor der
Gesamtheit der Schöpfung bestehen können.

„ ... daß diese Gedankengänge ... sich dem Heile der Seelen beugen und
dem nie im Wege seien ...", das heißt: Unsere Wissenschaft muß menschenbildend und
nicht verbildend sein. Sie muß in uns eine ethische Grundhaltung der Natur und der
Menschheit gegenüber stärken und darf diese nicht zerstören. Als *Maß für die Wissenschaft* (wie auch, wie ich meinen möchte, für die Kunst), *dem sie unter allen Umständen
unterzuordnen ist, muß gelten, daß sie „dem Heile der Seelen", das heißt dem Menschsein,* das den *ganzen* Menschen begreift, *dienen muß.*

10.   Vom Wert der Naturdinge und der Verantwortung naturwissenschaftlichen Forschens*)

Die Naturwissenschaft und die Technik, die sich auf ihr gründet, bilden heute eine Macht ersten Ranges. Einerseits verdanken wir ihnen eine unerhöhrte Erhöhung unseres materiellen Lebensstandarts, andererseits werden gefährliche Regreßerscheinungen deutlich. Wir wissen, daß Wissenschaft das Leben auf dieser Erde in großem Maßstab gefährden und sogar auslöschen kann, dies auf mehr als eine Weise. Auch das naturwissenschaftliche Denken, dessen Wirkung bis weit in die Geisteswissenschaften hinein sichtbar wird, zeigt diese Zwiespältigkeit. Naturwissenschaft, wenn richtig betrachtet, kann ein bedeutender Bildungsfaktor sein, kann aber auch entwertend wirken, bis zur völligen Degradierung des Menschen selbst. Es kann daher kaum eine dringendere Frage geben, als die nach dem Wesen dieser Wissenschaft, und keine dringendere Aufgabe, als sie von Kanälen abzulenken, die zur Katastrophe führen. Hierin liegt Verantwortung nicht nur der angewandten Wissenschaft, sondern auch der wissenschaftlichen Forschung selbst.

Beginnen wir mit einer Frage: Wie verhält sich die heutige Menschheit der Natur gegenüber? Man kann nicht behaupten, daß diese Haltung einheitlich ist. Wir kennen alle die edle These *Albert Schweitzers*, die als ethischen Grundsatz die Forderung nach Ehrfurcht vor dem Leben erhebt. Anderseits läßt sich nicht leugnen, daß wir die leblose wie die lebende Natur für unsere Zwecke in nie dagewesenem Maße ausbeuten. Nicht nur das, wir betrachten es auch als Fortschritt, die Ausbeutungsmethoden zu verbessern, wobei das „Bessere« einzig und allein an dem materiellen Nutzeffekt für die Menschheit oder für einzelne interessierte Menschen gemessen wird, was also andere als momentane Nützlichkeitsgesichtspunkte ausschließt. Hier stehen sich offenbar zwei Haltungen in schroffem Gegensatz gegenüber. Wir dürfen nicht von vornherein sagen, daß der eine Gesichtspunkt ethisch höher steht als der andere. Das Ausbeuten der Natur ist ja auch erforderlich, um die Menschen zu ernähren und zu kleiden, was sicher nicht als unmoralisch bezeichnet werden darf. Ehrfurcht vor dem Leben würde aber offenbar der Ausbeutung gewisse Grenzen setzen.

So müssen wir also fragen: Warum sollen wir Ehrfurcht vor dem Leben haben (natürlich nicht nur vor dem menschlichen, sondern auch vor dem Leben der ganzen Natur)? Wie weit geht unser Recht auf Ausbeutung? Gibt es so etwas wie eine Verantwortung unsererseits der Natur gegenüber? Wenn wir einen andern Menschen verehren, dann wissen wir ja meistens warum. Es mag seine Geistesgröße, seine Güte oder irgend etwas sein, das unsere eigenen entsprechenden Eigenschaften übersteigt.

Sollte also Leben ganz allgemein etwas sein oder besitzen, das unsere eigenen Kräfte in irgendeiner Weise transzendiert? Nur so ließe sich *Albert Schweitzer's* These überhaupt verstehen. Unsere Frage läuft also auf die ontologischen Fragen der Naturobjekte hinaus: Was sind sie? Sind sie etwas anderes oder *mehr* als das Stück Materie, das wir sehen und greifen, das wir brauchen und das uns nützlich ist?

Dies sind Fragen, die in erster Linie von der Naturwissenschaft selbst beantwortet werden können und müssen – allerdings nur von einer Naturwissenschaft, die sich jeden vorgefaßten Urteils enthält, die unverstümmelt ist und die *ganze Fülle* des Seins der Naturdinge im Auge behält. Andernfalls könnte uns gerade das entgehen, was

---

*) Vortrag gehalten vor einem internationalen Gremium von Psychiatern in Twann/Schweiz und vor der Gesellschaft für Verantwortung in der Wissenschaft, Universität München, 1968.

die Ehrfurcht gebietet. Es zeigt sich also schon hier, daß ethisches Verhalten der Natur gegenüber, wie es *Albert Schweitzer* fordert, und Naturwissenschaft selbst und ihre Ergebnisse keineswegs unabhängig voneinander sind. Im Gegenteil: Es besteht eine innige Verflechtung. Weder kann Ethik (der Natur und dem Menschen gegenüber) ganz frei von naturwissenschaftlichen Tatsachen und Erkenntnissen sein, noch ist Naturwissenschaft selbst so ethisch neutral und wertfrei, wie es heute meist behauptet wird.

Wenn wir nun die ontologische Frage nach Wesen und Sein der Naturdinge stellen, zu denen hier auch der Mensch gerechnet werden soll, denn er ist ja auch – wenn auch nicht nur – Teil der Natur, so begegnen wir auch hier ganz verschiedenen Welten. Es hat immer, auch in der jüngsten Vergangenheit, Biologen gegeben, und es gibt sie heute, die den grundsätzlich anderen und höheren – dieses Wort wird zu begründen sein – Status der lebendigen Naturdinge gegenüber den leblosen klar gesehen und gefordert haben. Wir brauchen dabei nicht auf *Aristoteles*, *Paracelsus* oder *Schopenhauer* zurückzugehen. Um nur einige Namen aus der neuesten Zeit zu nennen: *Troll*, *Portmann*, *v. Uexküll*, *E. S. Russell* und viele andere sind nicht müde geworden, ihre Forschung auf das zu lenken, was den tiefen Unterschied von Leben und Leblosem ausmacht, ohne daß wir dabei ihre Thesen alle im einzelnen unterschreiben müssen. Trotzdem ist diese Richtung geradezu an die Wand gedrückt worden durch eine viel mächtigere Strömung, die ihre Macht von den exakten Wissenschaften herleitet, die ja seit ca. 350 Jahren in der Erkenntnis der leblosen Materie überaus erfolgreich waren. Es gab dann Forscher, die nicht nur die erfolgreiche Physik und Chemie auf lebende Organismen anwandten, sondern die auch glaubten, dadurch eine *erschöpfende* Behandlung der Lebensvorgänge erreichen zu können.

Einen ersten Höhepunkt erreichte dieser biologische Materialismus im 19. Jahrhundert (von früheren Tendenzen gleicher Richtung abgesehen). Den zweiten Höhepunkt erleben wir jetzt, und ob die Spitze schon erreicht ist, bleibt fraglich. Die letzten Jahrzehnte zeitigten geradezu atemberaubende Fortschritte in unserer Kenntnis der physikalischen und chemischen Vorgänge im Organismus. Besonders nennen möchte ich unsere Einblicke in die Nerven- und Gehirnfunktionen und die Molekularbiologie, insbesondere die Molekulargenetik. So setzte sich bei vielen Biologen die Meinung fest, daß Leben sich auf die Molekularphysik und Zellchemie vollständig reduzieren lasse. Heute ist es eine weit verbreitete, wenn nicht die vorherrschende Meinung, daß Vererbung und Wachstum identisch sind mit der Spaltung der Chromosomen und den daran anschließenden chemischen Vorgängen, daß Empfindungen, Gefühle und Gedanken Begleiterscheinungen von physikalischen Nervenvorgängen sind usw. Einer der Höhepunkte dieses biologischen Physikalismus, wie man es besser nennen sollte, wurde in einer Definition des Menschen erreicht, die der amerikanische Genetiker *Lederberg* kürzlich formulierte: Der Mensch *ist* (der Gebrauch dieses Verbums verdient, beachtet zu werden), wenigstens genotypisch, (d. h. was seine angeborenen Anlagen, nicht seine erworbenen Eigenschaften betrifft), eine 2 m lange Kette von Sauerstoff-, Stickstoff-, Wasserstoff- usw. -Atomen. Gemeint sind die Kettenmoleküle, die den chemischen Hauptbestandteil der Chromosomen bilden und die (oder viele) Erbeigenschaften enthalten. Wir haben hier die vollständige Reduktion des Menschen und natürlich aller anderen Organismen, auf ein atomphysikalisches System vor uns.

Eine andere These ähnlicher Art läuft darauf hinaus, das menschliche Gehirn grundsätzlich mit den modernen Rechenautomaten und Datenverarbeitungsmaschinen zu identifizieren. Äußerlich besteht eine gewisse, nicht allzugroße Ähnlichkeit, wenn man Nerv mit Draht und Gehirnzelle mit Transistoreinheit identifiziert. Die These wird so weit getrieben, daß man annimmt, die Maschine könne sich von allein weiterentwickeln, fortpflanzen und versichern, sie habe Bewußtsein (!), wenn sie nur groß und kompliziert genug gebaut wird, was allerdings bis jetzt nicht möglich ist.

Es ist klar: Weder vor einer Kette von Atomen, noch vor einer Datenverarbeitungsmaschine haben wir besonderen Anlaß, Achtung zu haben. Das Bild, das hier sowohl von den Naturdingen als auch vom Menschen entworfen wird, schließt überhaupt jede Ethik – und weit mehr – aus. Wenn der Mensch eine Kette von Atomen „ist", dann kann ich mich ihm gegenüber gar nicht ethisch verhalten, und ich selbst, der ich auch eine solche Kette „bin", bin natürlich auch außerstande, mich ethisch zu verhalten. Eine Atomkette kann das nicht.

Die genannten Thesen sind in ihrer krassen Form freilich Extremfälle. Aber auch für die verschiedenen abgeschwächten Versionen des biologischen Physikalismus, die bei Forschern sehr weit verbreitet sind, sind die Konsequenzen kaum anders. Wie wir sehen werden, folgen nicht nur der Verlust der Ethik, sondern auch andere Einbußen, die das ganze menschliche Gefühls- und Geistesleben betreffen. Es handelt sich folglich auch nicht um ein wissenschaftliches Gedankenspiel, sondern um eine Situation von größter Tragweite.

Wir müssen uns also fragen: Ist diese Auffassung vom Leben wahr? Wieviel Wahrheit kann sie enthalten? Wenn eine „Kette von Atomen" als Bild eines Organismus oder ein verdrahtetes System von Transistoren als Bild des Gehirns gebraucht wird, dann ist klar, daß damit auch die volle und ausschließliche Gültigkeit der Physik im Organismus gemeint ist. Anders hätten diese Vorstellungen keinen Sinn. Unsere Frage ist also kurz die: Kann die Physik, einschließlich Atomphysik, die Vorgänge im lebendigen Organismus erklären? Kann sie im Organismus voll und ganz gültig sein?

Es ist leicht, zu zeigen, daß die erste Frage nur mit „nein" beantwortet werden kann. Auch die Antwort auf die zweite Frage wird wahrscheinlich „nein" lauten. Ich kann nur einige wenige der zahllosen Argumente kurz nennen. Der Organismus zeigt Eigenschaften in seinem Wesen, die deshalb nicht aus der Physik und Chemie folgen können, weil die zugehörigen Begriffe in der Physik gar nicht vorkommen. Der Organismus ist ein *gestaltetes* Wesen. Er ist gegliedert in Organe, die jedes für sich Gestalt und Struktur haben. Jedes Organ erfüllt eine Funktion, die *sinnvoll* ist für das Leben des Ganzen. Man denke an Gestalt von Wurzel, Blatt, Blüte und ihre Funktionen. Die Funktionen sind koordiniert: die Wurzel muß Wasser aufnehmen, das Blatt muß atmen und durch Photosynthese Eiweiß produzieren (und nicht umgekehrt), wenn die Pflanze leben soll. Die Vorgänge sind zielgerichtet. Schon das Wachstum ist ein Vorgang, der auf das Ziel der Wurzel-, Blatt- und Blütenbildung, hin ausgerichtet ist. Wenn eine Steppenpflanze imstande ist, mit ihren Wurzeln 5 m tief in den Boden vorzustoßen, wenn vorher keine Feuchtigkeit zu finden ist, dann „sucht" die Wurzel das Wasser und dies ist ein Ziel.

Die Physik kennt die Begriffe Gestalt, Koordination, Sinn des Geschehens, Zielgerichtetheit, nicht. Ein sich in der Natur selbst überlassenes, lebloses, physikalisches System verhält sich so, wie es das physikalische Gesetz für den Moment diktiert, wobei zahlreiche zufällige Einflüsse von außen eine Rolle spielen, was im allgemeinen zu mehr oder weniger ungeordneten Zuständen, ohne sinnvolles Verhalten, führt. Bestenfalls entsteht die starre Form eines Kristalls, aber niemals gegliederte Gestalt, niemals sinnvolles Geschehen, nie ein erstrebtes Ziel. In den Molekülen der Keimzelle ist der künftige Organismus begründet. Wie soll durch atomphysikalisches Wirken allein daraus ein Strauch mit roten Blüten entstehen?

Die Forschung wird uns vielleicht darüber belehren, daß es einen Mechanismus gibt, der dafür sorgt, daß eine Wurzel so lange weiter nach unten wächst, bis sie

Feuchtigkeit findet. Aber wenn wir ihn kennten – die Frage wäre nur verschoben und sogar verschärft. Sicher wäre dieser Mechanismus kompliziert, wie viele andere, die wir im Bereich des Lebens kennen. Aber wie konnte er entstehen, wer oder was hat ihn erdacht und erbaut? An dem *Sinnvollen* der Konstruktion können wir doch nicht vorbeigehen, ohne das Wesentliche zu übersehen und von allein entsteht ein solcher Mechanismus nicht.

Die Andersartigkeit biologischen Geschehens hat ihr materielles Spiegelbild: Der Bau eines Organismus ist, physikalisch gesehen, von einer Kompliziertheit und besitzt einen Grad von Geordnetheit, die jede Vorstellung übersteigen. Es ist möglich, etwas von dem Grad der Geordnetheit in Zahlen auszudrücken. Man kann die Eiweißmoleküle in der Zelle betrachten, die aus langen Ketten von Aminosäuren bestehen, von denen jede an der richtigen Stelle stehen muß. Man kann einzelne Organe des Lebewesens betrachten, die von einer überaus komplizierten, aber wohl-geordneten Struktur sind. Man kann nun fragen, wieviele ungeordnete Zustände es in jedem Fall geben kann, verglichen mit dem einen geordneten, den die Natur verwendet. Wir wollen auf die Einzelheiten der Rechnung nicht eingehen (näheres in 2. Gilt die Gleichung: Leben = Physik + Chemie? und 5. Die Evolution). Man kommt auf Zahlen mit Hunderten bis Millionen von Nullen! Von all diesen Zuständen hat die Natur nur einen oder wenige ausgewählt.

Diese Geordnetheit und Komplexität wird vom Organismus verwendet, weiter ausgestaltet und weiter entwickelt. – Auch der Mensch kann Ordnung schaffen. Er tut dies z. B., wenn er eine Maschine konstruiert. Aber der Grad dieser Ordnung ist vernachlässigbar, verglichen mit dem, was ein lebendiger Organismus in sich enthält und schafft. Neben vielem anderen verrät der Bau eines Organismus allerhöchste Ingenieurkunst, die die des Menschen um Größenordnungen übersteigt. Im Aufbau dieser Konstruktionen, die der Organismus lediglich als Bauplan durch Vererbung mitbekommen hat, erweist sich das Leben selbst im höchsten Maße als schöpferisch.

Damit ist schon an erster, relativ primitiver Stelle das genannte Bild des Menschen unglaubwürdig geworden. Dies gilt für jeden Organismus. Schon das vegetative Leben wird nicht durch das Gedankengebäude der obigen Definitionen erfaßt. Im Aufbau eines Organismus sind offenbar Gesetzmäßigkeiten am Werk, die nicht-physikalischer Art sind und die wir in ihrem Wesen vorderhand ganz einfach nicht kennen.

Die Physik kennt Wellen und Frequenzen von Schwingungen, aber keine „Farbe" und keinen „Ton". Sie kennt auch keine Freude, keinen Schmerz, keine Liebe. Weder die Sinnesqualitäten, noch die einfachsten Seelenempfindungen lassen sich folglich aus einem atomphysikalischen Bild *ableiten*. Die Neurophysiologen wissen, daß zwischen den materiellen Vorgängen im Nervensystem und diesen Seelenregungen ein enger Zusammenhang besteht. Gehirnverletzungen eliminieren die Möglichkeit mancher Empfindungen, elektrische Stimulation kann manche von ihnen erregen. Umgekehrt können seelische Ereignisse tiefe körperliche Folgen haben. Die Psychologie und die psychosomatische Medizin wissen ja genug davon zu berichten. Seelische Qualitäten und physikalisch-chemische Vorgänge sind inkommensurabel. Auseinander ableiten lassen sie sich jedenfalls nicht. Es besteht eine Art Wechselspiel, das wir in ihrem Wesen einfach noch nicht verstehen. Wir haben nicht einmal die Begriffe, die uns erlauben würden, physikalische Prozesse und seelische Vorgänge in Beziehung zu bringen. Was wir wissen, sind einige empirische Tatsachen. Da es sich um ein Wechselspiel verschiedener Seinsebenen handelt, ist es unmöglich, daß man von der physikalischen Seite her allein diese Vorgänge verstehen kann. Wir können die Qualität des Schmerzgefühls nicht durch die

Begriffsbildungen der Physik, durch elektrische Spannungen und Ströme in einem Nerv ausdrücken.

Die Existenz des Empfindungslebens – beim Menschen überhaupt des seelisch-geistigen Lebens – spiegelt sich im Organismus, in der Existenz des Nervensystems und Gehirns, wieder. Dieses ist wohl das komplizierteste Gebilde, das wir überhaupt kennen. Sein Maß an Ordnung dürfte wohl alles übersteigen, was wir selbst sonst in Organismen feststellen. Das menschliche Gehirn enthält 10 Milliarden Neuronen, die durch Nervenstränge in der kompliziertesten Weise verbunden sind. Von jedem Neuron gehen rund 100 Nervenstränge aus.

Noch einen andern Schluß können wir mit großer Wahrscheinlichkeit ziehen. Seelische Ereignisse sind körperlich wirksam. Schamgefühl erzeugt Blutansammlung im Gesicht. Angst erzeugt Schweißausbruch usw. Beides kann rein seelischen oder gedanklichen Ursprungs sein und braucht nicht auf äußeren Sinneseindrücken zu beruhen. Beim Gedanken an ein Examen kann ich z. B. Herzklopfen haben. Wir haben keinerlei Anlaß, andere als seelische oder gedankliche Gründe als die primären anzusehen. Hier sind es also offenbar rein seelische Kausalfaktoren, die physikalisch wirksam geworden sind. Daraus folgt aber, daß die physikalischen Gesetze im lebenden Körper nicht genauso und ausschließlich gelten können, wie in lebloser Materie, an der sie entdeckt wurden und für welche allein ihre Gültigkeit erwiesen ist.

Es ist deshalb absurd, anzunehmen, das Empfindungsleben des Menschen könne völlig durch atomphysikalische Gegebenheiten und ihre Gesetze bestimmt werden.

All dies betrifft auch die höhere Tierwelt. Man müßte schon ganz blind sein, wenn man einem Pferd, einem Hund, einer Affenmutter Freude, Schmerz, Liebe und vieles andere absprechen wollte. Auch ein Hund ist kein „atomphysikalisches System".

Wir kommen zu den eigentlich menschlichen Eigenschaften: Die Fähigkeit der Begriffsbildung, die Schöpferkraft, die Ehrfurcht, die Freiheit, die Ethik, das Selbstbewußtsein (die Fähigkeit der Introspektion). Wir wollen nicht behaupten, daß kein Tier Spuren von Gedankenbildungen oder Ausdrucksmöglichkeiten, die man entfernt auch „Sprache" nennen könnte, aufweisen kann. Aber in den höheren Manifestationen der genannten menschlichen Fähigkeiten ist die Kluft zwischen Mensch und einem Schimpansen oder Delphin sicher unüberbrückbar. Wir wissen wohl wenig darüber, wie weit diese Eigenschaften, etwa ein Impuls des Gewissens, noch an die körperlichen Vorgänge gebunden sind, aber sicher machen wir uns lächerlich, wenn wir behaupten wollten, die Schöpferkraft Mozarts in der Komposition der Zauberflöte sei durch die Anordnung von Atomgruppen in seinen Chromosomen „definiert" gewesen. Aus der Atomphysik läßt sich nichts Derartiges ableiten. Wenn wir an die Freiheit des Menschen denken, die bis zu einem gewissen Grad doch ohne Zweifel existiert, dann können wir unseren vorgenannten Schluß noch verstärken: Gerade dann, wenn wir eine Bindung des menschlichen Geistes an den Körper annehmen, kann die Physik, die nur ein strenges Gesetz kennt, nicht mehr im menschlichen Körper voll gültig sein. Die Physik läßt nun einmal keine Freiheit zu.

In dem nur-physikalischen Bild des Menschen fehlen also *grundsätzlich* alle lebendigen, seelischen und geistigen Eigenschaften des Menschen. Sie fehlen nicht nur – das ist ja offensichtlich – sie lassen sich aus ihm auch in keiner Weise ableiten. Dadurch erweist sich dieses Bild als ein *Zerrbild*, das den Menschen auf ein totes „physikalisches System" reduziert.

Ebensowenig ist das Gehirn mit einer Datenverarbeitungsmaschine zu identifizieren. Wäre es so, dann könnte der Mensch nichts anderes denken, als eben „Daten verarbeiten". Er hat aber auch Dinge erfunden, u. a. die Datenverarbeitungsmaschine (von anderen Funktionen des Gehirns ganz zu schweigen). Wären Gehirn und Maschine äquivalent, dann müßte die Maschine ein Gehirn erfinden können (ausführlicheres über den Vergleich Gehirn-Maschine in 3. Ist ein lebender Organismus eine Maschine? – Oder eine Maschine ein denkender Organismus?).

Auch das kybernetische Bild des menschlichen, wie auch des tierischen Gehirns, ist ein Zerrbild, das den Menschen darauf reduziert, „Daten zu verarbeiten".

Mit der Erkenntnis, daß das *nur*-physikalische Bild des Menschen, wie überhaupt eines jeden Organismus, ganz einfach falsch ist, sind wir noch nicht zu Ende. Aus unseren Betrachtungen folgt auch eine gewisse *Wertordnung*. Natürlich ist die Bewertung von Dingen etwas, das nicht aus der Naturwissenschaft abgeleitet werden kann. Bewertung ist immer transzendenten Ursprungs. Wenn wir aber von der Tatsache ausgehen, daß es Werte gibt – das menschliche Leben ohne Bewertungen in irgendeiner Form ist ja ganz undenkbar – dann kann Naturwissenschaft uns helfen, diejenige Rangordnung der Dinge zu finden, die wir brauchen, wenn wir verantwortlich handeln wollen. Allerdings kann das nur eine Naturwissenschaft sein, die der ganzen Fülle der Naturerscheinungen gegenüber offen ist und sich nicht von vornherein auf gewisse Aspekte der Natur, etwa auf das Meßbare und Berechenbare, beschränkt. Es kann kein Zweifel bestehen, daß nach allen menschlichen Wertmaßstäben, Gestalt, Ordnung und vor allem die Fähigkeit, Ordnung aufzubauen, von höherem Wert ist, als Unordnung und Gestaltlosigkeit. Ein Haus enthält einen Wert, der nicht der gleiche ist wie der der Steine, aus denen es gebaut ist. Sein Wert besteht in seiner sinnvollen Gestalt, in dem Bauplan, der durch die Anordnung des Baumaterials materiell realisiert ist. Sein Wert wurde ihm durch den Architekten und Baumeister verliehen. Von allein entsteht kein Haus. Der Organismus baut sich aber von allein auf. Er weist ein sinnvolles Geschehen auf, das auf das Ziel des Aufbaus höherer, sinnvoller, unvorstellbar hoher Ordnung gerichtet ist. Dieses ist von höherem Wert als Sinnlosigkeit, Ungeordnetheit und Zielblindheit. Ohne den Eingriff menschlicher Intelligenz sind dies aber Eigenschaften, die dem Leben allein eigen sind. Dies allein schon beweist, daß *Leben höher steht als leblose Materie*. Es mag auch noch andere Gründe geben, die zum gleichen Schluß führen, aber es genügt ja, wenn wir einen nennen.

Daß ein beseeltes, empfindendes Lebewesen zu einer höheren Rangordnung gehört als ein unbeseeltes, kann wohl nicht bezweifelt werden. Es hat ontologisch einen Mehrbesitz, den das unbeseelte Wesen nicht hat. Wir scheuen uns, ein Tier unnötig zu töten oder zu verletzen, dort wo wir weit weniger Bedenken haben, eine Pflanze zu brechen.

Schließlich muß dem Menschen ein weiterer Rang eingeräumt werden. Wir haben von den Eigenschaften gesprochen, die er besitzt und die das Tier nicht oder nur andeutungsweise besitzt. Allein der Besitz einer Ethik gibt ihm einen Rang über dem Tier. Nicht daß er „besser" wäre, ganz im Gegenteil: er kann als Mensch wesentlich niederträchtiger und schlechter sein als jedes Tier. Aber gerade deshalb steht er ontologisch höher: ihm ist bis zu einem gewissen Grad die Freiheit gegeben, schlecht oder gut zu sein und zu handeln; dem Tier ist sie nicht oder nur in einem sehr geringen Maß gegeben.

Zu den Bedingungen des Menschseins gehört der religiöse Aspekt: Die Tatsache, daß unter allen Geschöpfen der Mensch das einzige ist, das sich „von Gott angesprochen" fühlen darf [1]), was sich u. a. in der Existenz seines Gewissens, der Liebe,

---

[1]) Ich benutze die Formulierung eines mir bekannten Theologen.

seinem Gefühl für Verantwortung und manchen noch wesentlich tiefer liegenden Dingen ausdrückt. Dadurch allein schon unterscheidet sich der Mensch ganz grundsätzlich vom Tier. Aber wir sind zum Menschen von der naturwissenschaftlichen Seite her gekommen und schon hier sind die Unterschiede unzweideutig gewaltig.

Zur Wertung der Naturdinge tragen auch Eigenschaften bei, die wir bis jetzt nicht genannt haben. Dazu gehören sicher die ästhetischen und künstlerischen Qualitäten der Naturdinge. Wir machen ja im täglichen Leben häufig Gebrauch von solchen Werten, z. B. wenn wir Blumen schenken, oder wenn wir farbenprächtige Vögel bewundern. Die Werte liegen vor für jeden, der sie sehen will, in der Gestaltung der Pflanzen, in jedem Kristall, in der Bewegungskunst vieler Tiere, in der Musterung von Fischen, Schlangen, Schmetterlingen usw. Gewiß stehen wir hier am Rande dessen, was man füglich Naturwissenschaft nennt, obwohl diese Dinge auch durchaus naturwissenschaftliche Implikationen haben (vgl. 8. Gedanken zum naturwissenschaftlichen Unterricht). Aber sie dürfen für eine *ganze* Sicht der Natur nicht ignoriert werden, vor allem nicht, wenn wir vom Wert der Dinge reden. Zum Wert der Naturdinge gehört ihre Ästhetik und ihr künstlerischer Wert. Diesen, z. B. in einer Landschaft, zu zerstören, heißt eben auch Werte zerstören. Selbstverständlich kommen auch diese Qualitäten nicht in dem physikalischen Bild der Naturdinge vor.

Wir haben verschiedene Bilder des Lebens und des Menschen genannt, die die Lebewesen grundsätzlich oder in der Hauptsache als physikalische Objekte ansehen. Sie haben sich als Zerrbilder erwiesen, Verzerrungen nicht nur quasi in einer Seitendimension, in der etwa gewisse gleichwertige Bestandteile weggelassen oder verkümmert wären. Es sind auch *Zerrbilder nach unten, in der Wertdimension*. Sie sind entwertend in jeder Hinsicht.

Es gibt Tendenzen in der Wissenschaft, die diese Tatsache deutlich illustrieren. Man hat schon oft den Eindruck, als gehöre es zum wissenschaftlichen Habitus, menschlich Hochstehendes als weniger wissenschaftlich zu bewerten als menschlich Minderwertiges. Oft genug steht Liebe bei Wissenschaftlern niedriger im Kurs als Sex. Vor einigen Jahren äußerte sich der (inzwischen verstorbene) Genetiker *Muller* dahingehend, daß die Liebe zu Familienmitgliedern ein „genetischer Egoismus oder, wenn man will, ein aufgeklärter, beschränkter Altruismus" sei. Hilfreich sein zu Familienmitgliedern habe in darwinistischem Sinn einen Selektionswert, weil dadurch das Überleben der Familie gefördert würde und damit dieselben Gene, die „hilfreich sein" bedeuten, weiter vererbt werden. Der „genetische Egoismus" wird also als etwas Wissenschaftlicheres angesehen als das simple Faktum der Liebe von Vater zu Sohn, und es scheint, daß Altruismus, wenn er wissenschaftlich aufgeklärt ist, zum Egoismus wird. Wenn in der wissenschaftlichen Fachliteratur Ausdrücke wie die „fabrication of humans" auftreten, dann kann man wohl kaum drastischer die Verachtung für das menschliche Leben ausdrücken.

Was wir unter der Wertung der Naturdinge und des Menschen verstanden haben, darf natürlich nicht als starres Schema betrachtet werden. Es wäre gewiß unsinnig, einer Wanze, weil sie ein Tier ist, einen „höheren Wert" zuzuschreiben als einer Eiche. Mehr als eine Richtlinie in ganz großen Zügen ist nicht gemeint. Es liegt uns auch fern, über den inneren Wert anorganischer Objekte (z. B. Kristalle) gering zu denken.

Nachdem wir festgestellt haben, daß die Naturdinge nicht wertfrei sind und der Mensch selbstverständlich erst recht nicht, so ist klar, daß es auch eine Ethik gegenüber den Naturdingen geben muß. Natürlich ist auch Ethik transzendenten Ursprungs. Sie beruht auf der Existenz des Gewissens oder anderen tiefen Gründen. Wir

müssen sie als Grundbedingung des Menschseins ansehen[2]). Nach allen ethischen Maßstäben aber ist es unmoralisch, Werte zu zerstören, ganz besonders dann, wenn wir sie
nicht ersetzen können. Es ist unmoralisch, ein Wesen seines höchsten Wertes zu berauben.
Deshalb haben wir eine ethische Verpflichtung den Naturdingen und natürlich erst recht
dem Menschen gegenüber. Sie gründet sich darauf, daß Leben von einer weisheitserfüllten Ordnung ist, und diese aufbaut, die unser Schaffungsvermögen um Größenordnungen
übersteigt. *Leben verrät eine Schöpferkraft, die die unsere transzendiert. Deshalb ist uns
Ehrfurcht vor dem Leben geboten,* wie wir Ehrfurcht haben sollen vor dem, was größer
ist als wir selbst.

Die Stufung des Seins, wie wir es grob beschrieben haben, gebietet uns
entsprechendes Verhalten. Die Pflanze ist kein physikalisch-chemisches System und darf
folglich nicht als solches angesehen und behandelt werden. Das empfindende Tier ist auch
kein Mechanismus, den man wie eine Maschine behandeln darf, die auf Laufband
Fleisch produziert. Die Fähigkeit des Tiers, Schmerz zu empfinden, im Gegensatz zur
Pflanze, darf nicht ignoriert werden. Eine gewisse Freiheit der Bewegung gehört auch zu
seinem Wesen und daher zu seinem naturgegebenen Recht.

Schließlich ist der Mensch kein Tier. Es ist die Meinung vertreten worden,
man könne den Menschen dadurch „verbessern", daß man seine Fortpflanzung durch
künstliche Befruchtung regelt: Das Sperma hervorragender (wer beurteilt, wer „hervorragend" ist?) Samenspender soll tiefgekühlt aufbewahrt werden und kann zur Befruchtung tausender, ausgewählter Frauen dienen. Es ist sogar vorgeschlagen worden, dies
von Staats wegen zu tun, indem nur genetisch „erwünschte" Paare eine Lizenz für Nachkommenschaft erhalten. (Technisch wäre das heute durchzuführen). Dadurch wird der
Mensch auf das Niveau des Zuchtstiers (oder tiefer) reduziert. Manche glauben sogar,
eine Verbesserung durch direkte Eingriffe in das Erbmaterial erreichen zu können, ganz
im Einklang mit der oben genannten Definition des Menschen. Hier wird der Mensch zum
chemischen System, zum Objekt für die Retorte.

Aber nicht um eine Verbesserung des Menschen handelt es sich, sondern um
eine Zerstörung gerade der menschlichsten Eigenschaften des Menschen. Bei den Zuchtwahlvorschlägen handelt es sich, wenn sie erzwungen sind, um eine Vergewaltigung, wie
sie noch kein politisches System erreicht hat. Ist die Zuchtwahl freiwillig, dann handelt es
sich auf alle Fälle um die Zerstörung eines der wesentlichsten Attribute des Menschen —
der Liebe. In jedem Fall handelt es sich um eine Schädigung der menschlichen Persönlichkeit.

Manipulierung des Erbmaterials wird natürlich auch bei Tieren versucht.
Durch physikalische oder chemische Eingriffe werden bleibende Mutationen des Vererbten erzeugt. Wenn es sich nicht um belanglose Kleinigkeiten handelt, sind diese
Mutationen schädlich: Ratten ohne Kiefer, Totgeburt, fehlende Gliedmaßen usw. Dies
ist nicht überraschend. Nachdem was wir über die überaus hohe Ordnung im Organismus
gesehen haben, können wir kaum erwarten, daß wir diese Ordnung durch physikalische
Eingriffe noch erhöhen können. Es ist nicht zu erwarten, daß wir durch Eingriffe *auf einer
niederen Ebene,* d. h. der physikalisch-chemischen, *einen Organismus auf seiner höheren*

---

[2]) Ethik ist nicht zu verwechseln mit den Verhaltensnormen in der Gesellschaft, die nur z. T.
wirklich ethisch begründet sind. Zum Teil sind sie zum reibungslosen Zusammenleben nötig,
oft nur ein consensus omnium, manchmal von oben diktiert und ausgesprochen unethisch.
Ethik, die auf Gewissen beruht, muß sich oft *gegen* die letzteren Arten von Normen wenden,
wie das auch immer wieder geschieht. Der Positivismus, der Ethik auf Verhaltensnormen
reduzieren will, zerstört damit die echte Ethik.

Ebene, der des Lebens, fördern. Man mag es als einen Fortschritt der Wissenschaft bezeichnen, mißgestaltete Kreaturen erzeugen zu können – ein Fortschritt des Lebens sind sie nicht.

Die Mißachtung der lebendigen Qualitäten der Naturdinge dürfte auch auf uns selbst zurückwirken. Wir brauchen sie ja für unser eigenes Leben. Ihre systematische Behandlung mit chemischen und physikalischen Mitteln und Methoden dürfte kaum das Lebendige in ihnen, ohne gleichzeitige Regreßerscheinungen, fördern, wodurch auch ihr *lebendiger Wert* für uns oft genug in Frage gestellt sein wird[3]).

Wenden wir uns nun der Hauptfrage zu, der Verantwortung in der wissenschaftlichen Tätigkeit und Forschung. Bei der Frage der angewandten Wissenschaft können wir uns kurz fassen. Es ist selbstverständlich, daß der Forscher, der Dinge erfindet oder macht, auch die Verantwortung für ihre Wirkung hat. Es ist ein ganz und gar unhaltbarer Standpunkt, wenn manche heute sagen: „Die Wissenschaft erlaubt uns, dies oder jenes Ding zu machen, das Leben in nie dagewesener Weise schädigt." Oder: „Wir können durch Eingriffe in das Gehirn Menschen zu willenlosen Wesen machen oder dergleichen mehr. Wir sind Forscher, unsere Tätigkeit ist wertfrei, wir machen das alles im Interesse der Wissenschaft. Die Verantwortung dafür, was daraus wird, haben aber die andern". Erinnern wir uns besser an *Leonardo da Vinci*, der das von ihm erfundene Unterseeboot nicht baute und sogar die Pläne zerstörte, weil er den Mißbrauch voraussah und fürchtete. Wer Dinge macht, die nicht wertfrei sind, dessen Tätigkeit ist eben auch nicht wertfrei.

Wir haben auch die Verantwortung für die Ausbeutung der Natur. Der höhere Wert des Menschen gegenüber der Natur, bedeutet nicht, daß er mit ihr beliebig verfahren kann. Sicher ist uns die Natur zur Nutzung gegeben und wir brauchen sie zu unserem Unterhalt. Der vielzitierte Schöpfungsauftrag: „Macht euch die Erde untertan und herrscht über die Fische im Meer" usw. gehört wohl zu den am meisten mißbrauchten Worten. Herrschen heißt, daß wir die geschenkten Dinge zwar gebrauchen dürfen, heißt aber auch, daß wir die Verantwortung für sie tragen. Das Bibelwort ist kaum so zu lesen: Vernichtet, was der Schöpfer euch gegeben hat und treibt Raubbau damit. Die Achtung vor dem Leben zieht die Grenze da, wo notwendige Nutzung in zerstörerische Verschwendung oder Zerstörung durch das verzerrte, mechanistische Bild von den Dingen übergeht. Die Verantwortung liegt bei allen, insbesondere ist sie aber den Naturforschern auferlegt, die heute die Macht der Vernichtung haben.

Die Verantwortung des Forschers beginnt aber keineswegs erst bei der Anwendung seiner Wissenschaft. Es besteht heute die sehr weit verbreitete These von der Wertfreiheit der Wissenschaft. Es ist gewiß sehr plausibel, zu sagen, daß die Erforschung der Wahrheit über die Natur kaum einer ethischen Bewertung unterliegt. Trotzdem dürfte sich diese These wohl als ein verhängnisvoller Irrtum erweisen, für den wir noch bitter werden büßen müssen. Es fragt sich eben, was man unter Wahrheit versteht.

---

[3]) Über die hier nur andeutungsweise angeführten Regreßerscheinungen der einseitig mechanistischen Wissenschaft vgl. das ausführlich dokumentierte Werk von *F. Wagner:* Die Wissenschaft und die gefährdete Welt, München 1964. Auch *H. J. Meyer*, Die Technisierung der Welt, Tübingen 1961. Als Entgegnung auf die Manipulationsversuche des Erbmaterials vgl. den Sammelband: Menschenzüchtung, herausgegeben von *F. Wagner*, München 1969.
Im Zusammenhang mit dem Inhalt dieses Kapitels sei auch auf die gründlichen Analysen von *Richard Schwarz* verwiesen, z. B. in: Beilage zu Das Parlament, 23. Dez. 1964 und 21. Dez. 1968, sowie die dort zitierten Schriften.

Gehen wir zu unserem physikalischen Bild des Organismus zurück. Wenn wir glauben, daß Empfindungen aller Art nichts anderes als physikalische Nervenvorgänge sind, dann hat das Konsequenzen: Physikalische Vorgänge zu beeinflussen ist nicht unmoralisch. Dann wäre es aber auch erlaubt, in die Nerven- und Gehirnvorgänge – etwa zwecks Manipulation des Menschen (und erst recht des Tiers!) – einzugreifen. Bis vor kurzem konnte man das nicht. Heute haben wir die Macht dazu. Durch die falsche mechanistische Anschauung vom Empfindungsleben werden daher die physikalisch-chemischen Eingriffe in das Innenleben von Tier und Mensch *legitimiert* – sie sind ja, so glaubt man, nichts anderes als physikalische Veränderungen.

Genauso steht es mit der chemischen Auffassung vom Leben. Der Biochemiker macht Entdeckungen über das chemische Funktionieren des Organismus. Er übersieht, daß Leben nicht nur Chemie ist. Er glaubt, Leben sei komplizierte Chemie. Damit legitimiert er jeden chemischen Eingriff in den Organismus, z. B. auch jede genetische Manipulation.

Wenn wir den lebendigen Organismus und den Menschen lediglich als ein physikalisch funktionierendes System *ansehen*, dann ist es auch legitim, ihn wie ein solches zu *behandeln*. Dann darf man ihn beliebig chemisch und physikalisch manipulieren, was heute auch fast hemmungslos bei den Tieren geschieht. Daß es nur eine Frage der Zeit ist, bis auch der Mensch Laboratoriumsobjekt wird – auf dem Weg sind wir – dürfte klar sein. Und daß dies einem moralischen Selbstmord gleichkommt, braucht wohl auch nicht besonders aufgezeigt zu werden.

Ein Beispiel dazu: Es ist bekannt, daß Mongolide 47 statt der üblichen 46 Chromosome besitzen. Beurteilt man den Menschen nach seinen Chromosomen, so ist der unvermeidliche Schluß, daß Mongolide keine Menschen sind (der Schluß ist auch schon tatsächlich gezogen worden!). Folglich könnte man auch mit ihnen verfahren, wie man heute z. B. mit Versuchstieren verfährt?

Eine weitere Folge ist notwendigerweise eine innere Verödung des Menschen. Wenn ich glaube, meine Empfindungen sind nur Nervenströme, dann muß ich mein Vertrauen in den Wert dieser Empfindungen verlieren. Dann kann ich selbst meine eigene Liebe, meine Ehrfurcht, meine Freiheit, mein Gewissen nicht mehr ernst nehmen. Ich kann einen anderen Menschen nicht mehr achten, vor elektrischen Strömen hat man schließlich keine Achtung. Gewissen, Liebe, Ehrfurcht sind Grundattribute des Menschen. Sie gehören auch zur Freiheit. Ohne Gewissen und Verantwortung ist Freiheit ein Unding. Ein Mensch, der nichts von diesen Attributen hat, ist kein Mensch mehr. Leere, Zynismus und Verzweiflung über die Sinnlosigkeit des Lebens sind die unvermeidliche Folge. Man wird nicht leugnen können, daß die Zeichen schon weitherum sichtbar sind.

Die mechanistische Weltsicht ist *Schuld am Leben* und ist *Schuld am Menschen.*

Es dürfte nun klar sein, *wo* die Verantwortung des Forschers liegt. Sie liegt in den Schlüssen, die er aus seinen Forschungen zieht, in den Meinungen, die er für sich und andere bildet. Diese *wissenschaftliche Meinungsbildung ist nicht wertfrei.* Sie ist es in zweifacher Hinsicht nicht. Wissenschaftliche Meinungen haben sehr reale Konsequenzen: sie legitimieren Anwendungen, die dem Leben nützen oder schaden können. Wir werden nicht glauben, daß wissenschaftliche Wahrheit, wenn es ganze, unverstümmelte Wahrheit ist, dem Leben schaden wird. Eine Teilwahrheit, die, wenn sie zur ganzen Wahrheit erklärt wird, eben zur Unwahrheit wird, kann das aber wohl. Deshalb gehört es zur Verantwortung des Forschers, sich Rechenschaft über die Reichweite seiner Resultate abzulegen und nicht über die Grenzen seiner Forschungsmethode hinaus

Schlüsse zu ziehen, die nicht gerechtfertigt sind. Damit ist natürlich nichts gegen die physikalisch-chemische Erforschung der Lebensvorgänge, mit ihren wunderbaren Resultaten, an sich gesagt. Unser Einwand richtet sich gegen die Grenzüberschreitung, die in diesen Vorgängen das ganze Leben sehen will.

Zweitens gibt es auch eine direkte Verantwortung der Wahrheit gegenüber. Ideen haben Wirkung weit über ihren unmittelbaren Bereich hinaus und weit in die Zukunft hinein. Die Geschichte demonstriert das deutlich. Unsere heutige technische und geistig vertechnisierte Welt beruht auf der großen Gedankenwende, die vor mehr als 300 Jahren durch *Galilei, Descartes* und anderen initiiert wurde, und zuletzt in Überschreitung ihrer Grenzen, zum heutigen biologischen Physikalismus geführt hat.

Wertfreie Wissenschaft gibt es nicht. Wenn sie wahr ist, ihre Grenzen kennt und ihre *Zielsetzung dem Menschsein dient,* kann sie unendlich bildend und fördernd sein. Das gilt auch für die Erforschung der Materie. Halbwahrheiten und Grenzüberschreitungen aber können katastrophale Konsequenzen haben.

Es muß uns klar sein, daß all dies sehr viel von einem Forscher verlangt. Er muß Einsichten haben, die über sein Spezialgebiet hinausreichen. Aber Forschenkönnen ist auch ein Privileg. Die überaus große Verantwortung, die die Forschung heute für die Zukunft trägt, rechtfertigt auch entsprechende Forderungen.

Wir haben Bestrebungen erwähnt, die den Menschen verbessern wollen. Wenn wir das anstreben, dann müssen wir allerdings da angreifen, wo der letzte und höchste erreichte Punkt des Lebens liegt: das ist die geistig-moralische Seite des Menschen. Hier müssen wir angreifen, nicht auf der Ebene seiner physikalisch-chemischen Konstitution. Eine Kenntnis seiner Chromosomenstruktur ist dazu weder nötig noch hinreichend. Hier, in der Sphäre des Ethischen bestehen seine Entwicklungsmöglichkeiten; und hier einzugreifen, ist notwendiger denn je. Nur eine erhöhte Einsicht in den inneren Wert der Naturdinge und ein erhöhtes Bewußtsein der Verantwortung der Natur und dem Menschen gegenüber kann verhindern, daß wir blindlings alles Lebendige, in Theorie und Praxis, entwerten und damit uns selbst in höchstem Maße gefährden. Der Fortschritt wird nicht darin bestehen, daß wir zum Mond fahren, die lebendigen Dinge in naturwidriger Weise manipulieren, daß wir die Mineralwerte der Erde immer schneller verschleudern und endlich kommenden Generationen eine zweifelhafte Erbschaft von nicht mehr heilen Lebenselementen, Luft, Wasser und Erde hinterlassen; Fortschritt wird darin bestehen *müssen,* daß es Menschen geben wird, die aus tieferer Einsicht in den Wert der Dinge die Verantwortung für das Lebendige, für die Natur und den Menschen, zu tragen gewillt und dazu imstande sind.

11.   Über das Verstehen von Naturerscheinungen*)

Wenn ich einen Bleistift in die Höhe hebe und loslasse, so fällt er zu Boden. Wir sagen, es sei die Schwerkraft, die ihn herunterzieht. Eine Erklärung können wir das aber nicht nennen. Wir ersetzen ja vorderhand nur ein Phänomen, das Herunterfallen, durch einen abstrakten Begriff, die Schwerkraft. Etwas anders wird es schon, wenn wir hören, wie in der Küche nebenan ein Porzellangeschirr auf dem Steinboden zerschellt. Wir sagen uns: da ist der Frau Müller ein Teller aus der Hand gerutscht und die Schwerkraft ist schuld, daß er zu Boden fiel. Die Schwerkraft ist jetzt der allgemeinere Begriff, der das Phänomen des Herunterfallens verschiedener Gegenstände – Bleistift, Teller oder Papierschnitzel – zusammenfaßt.

Seit der Schöpfung der exakten Wissenschaft durch *Galilei* lieben wir es, an die Naturerscheinungen mit Maßstab und Uhr heranzugehen. *Galilei* fragte sich, wie schnell die Körper fallen und fand durch Beobachtung und Nachdenken, daß sie alle, ob schwer oder leicht, gleich schnell fallen, oder genauer gesagt, mit der gleichen konstanten Beschleunigung. Wenn wir jetzt beobachten, wie ein Ziegel vom Dach fällt und feststellen, daß er $1\frac{1}{2}$ Sekunden braucht, um von dem 11 m hohen Haus zum Boden zu gelangen, dann dürfen wir sagen, daß wir dieses spezielle Phänomen, einschließlich seines ganzen quantitativen Aspekts, auf Grund des allgemeinen Fallgesetzes verstehen.

Das Erstaunliche bei diesem „allgemeinen" Fallgesetz (wie auch bei allen anderen Gesetzen der exakten Wissenschaften) ist, daß es offensichtlich gar nicht immer stimmt. Ein Papierschnitzel flattert ja wesentlich länger herum, bis es den Boden erreicht, als der Bleistift. Als ein Schüler *Galilei* fragte, was er dann sagen würde, wenn sich herausstellte, daß es doch Körper gibt, die verschieden schnell fallen, war die Antwort: „Um so schlimmer für die Körper!" In dieser Antwort ist eine bedeutsame Wahrheit verborgen. Wir begreifen natürlich sofort, daß es der störende Einfluß des Luftwiderstandes ist, der das Papierschnitzel so im Fallen verzögert. Im luftleeren Raum fällt es, wie man in einem klassischen Versuch der Physik sieht, genauso schnell wie ein Stück Blei. Das Fallgesetz gilt also nach der Elimination aller störenden Einflüsse. In unserer materiellen Welt können die Störungen weitgehend, aber nie völlig, behoben werden. Das Fallgesetz ist also ein abstraktes Gesetz: abstrakt heißt: losgelöst von den Störungen. Ein Idealbild, dem nichts in der Natur völlig genau entspricht. *Galilei* erkannte das Gesetz in dieser seiner Reinheit. „Um so schlimmer für die Körper" meint: dann sind sie eben so (schlecht) beschaffen, daß die Störungen zu stark sind. Wir können dem Idealbild durch ausgewählte Versuchsbedingungen näher kommen, aber ganz erreichen können wir es nie.

Wir gehen einen Schritt weiter, indem wir den Kreis der erfaßten Phänomene größer spannen. Es gibt eine Legende, nach der *Newton*, der Nachfolger *Galileis*, einst unter einem Apfelbaum saß und (was er schon seit langem tat) über die Planetenbewegung nachsann. Da fiel ihm ein Apfel auf den Kopf. In diesem Moment konzipierte er das allgemeine Gesetz der Gravitation. Das Fallen des Apfels und das Kreisen der Planeten um die Sonne hatte den gleichen Grund: die gegenseitige Anziehung aller Körper. Ob die Legende wörtlich zu nehmen ist (sie soll von *Newton* selbst stammen), weiß ich nicht; sie enthält aber auf alle Fälle eine tiefe Wahrheit über den Prozeß des Erkennens, auf den wir noch zurückkommen werden. Auch das Gravitationsgesetz enthält die quantitativen Aspekte der entsprechenden Phänomene.

Mit der Erkenntnis des allgemeinen Gravitationsgesetzes haben wir ein echtes Verständnis für zahlreiche Einzelphänomene, einschließlich ihrer quantitativen

---

*) Ringvorlesung der Universität Zürich 1966/67, erschienen in „Universitas", Sept. 1968.

Einzelheiten, gewonnen. Verstehen, das heißt hier: wir führen das Einzelphänomen auf ein allgemeines, uns nun bekanntes Gesetz zurück. Wir erkennen den Zusammenhang zwischen vielen Einzelphänomenen, die äußerlich ganz verschieden aussehen mögen: gleich schnelles Fallen aller Gegenstände auf der Erde, Kreisen der Planeten auf Ellipsen um die Sonne, Ebbe und Flut des Meeres, die durch die Anziehung des Mondes bedingt sind, usw. Gesetz ist auch hier das Idealbild, das in der äußeren Natur nie rein realisiert ist. Es ist aber eine *Realität* – nicht nur ein Erzeugnis unseres Gehirns – die die Erscheinungen durchdringt und beherrscht. Die Körper hätten ja keinen Grund sich so zu verhalten, wie wir es uns ausdenken. Sie verhalten sich aber nach dem Gesetz.

Lange Zeit glaubte man, die Schwerkraft sei ein endgültiges Naturphänomen, das nicht weiter reduzierbar ist. Goethe würde es ein „Urphänomen" genannt haben (wenn er es nicht tatsächlich tat). In diesem Fall ist wohl der Ausdruck „Urgesetz" treffender. Es handelt sich ja um Dinge, die als Phänomen ganz verschieden sind, aber durch ein einheitliches Gesetz erfaßt werden.

Mit der Erkenntnis des Urgesetzes ist der vorläufig letzte Schritt zum Verständnis der betreffenden Erscheinungen getan – es sei denn, dieses Gesetz ließe sich noch weiter, auf ein allgemeineres, reduzieren, das einen noch größeren Kreis von Phänomenen umfaßt. Dies ist tatsächlich in unserem Fall in gewissem Sinn geschehen, und zwar durch die allgemeine Relativitätstheorie. Die Phänomene, die hier auftreten, sind geringfügiger Art, aber zur Prüfung sehr wichtig: eine minime Ablenkung von Lichtstrahlen in der Nähe der Sonne und ähnliches. Das grundsätzlich Wichtige ist aber, daß Gravitation auf geometrische Eigenschaften des Raumes zurückgeführt werden konnte. Der Raum, in dem wir leben, entpuppte sich als ein gekrümmter Raum. Eine gekrümmte Fläche ist unmittelbar anschaulich. Ein gekrümmter Raum ist dem mathematischen Denken genauso leicht zugänglich, aber mit der Anschauung nur sehr schwer zu erfassen. Die Folge der Krümmung ist eine abweichende Geometrie, in der die Gesetze *Euklids* nicht mehr alle gelten. Zum Beispiel hat das Dreieck Sonne-Merkur-Venus nicht mehr genau eine Winkelsumme von 180° (wie es auch bei einem Dreieck auf einer Kugelfläche der Fall ist). Die Abweichungen werden durch die im Raum vorhandenen Massen festgelegt. Statt des Urgesetzes der Gravitation besitzen wir nun ein anderes Urgesetz, das die Geometrie des Raumes bestimmt, damit dann auch die Bewegung der Körper im Raum.

Urgesetze dieser Art beherrschen die ganze Physik und unser Erfolg in der Erkenntnis der physikalischen Erscheinungen kann daran gemessen werden, daß es nur ganz wenige solcher Urgesetze gibt, von denen jedes viele Phänomene umfaßt.

Mehr noch, die Urgesetze der Physik haben sich, wenn der Ausdruck erlaubt ist, als recht „gefräßig" erwiesen. Sie griffen auf Nachbargebiete über. So verstehen wir heute die wichtigsten Tatsachen der Chemie. Wir verstehen, warum sich Atome zu Molekülen zusammenfügen, warum diese so und nicht anders reagieren. Verstehen heißt, wir erkennen sie als Folgen der wenigen Urgesetze der Physik – in diesem Fall der Atomphysik.

Neuerdings werden dieselben atomphysikalischen Gesetze auf biologische Vorgänge angewandt, und zwar auch mit einem gewissen Erfolg. Allerdings – um unser Bild weiter zu gebrauchen – das Futter, das die physikalischen Gesetze brauchen können, ist sehr einseitig. Sie können ihrer ganzen Natur nach nur Phänomene „verdauen", die ihrer eigenen mathematischen Struktur gemäß sind. Es handelt sich eigentlich weniger um Phänomene als um Meßresultate, die wir durch Apparate aus den Vorgängen der Natur und ihren Kausalzusammenhängen gewonnen haben. Die ganze Erscheinungswelt unserer Sinneserfahrung, z. B. die Farben, Töne usw., verstehen wir dadurch nicht, oder nur insofern, als sie auch einen quantitativ-meßbaren Aspekt hat.

Genauso steht es mit den Lebenserscheinungen, von denen nur das Meßbare, d. h. die physikalisch-chemischen Prozesse im Organismus, dem Verständnis durch das physikalische Gesetz nähergebracht wird. Der Physiologe, der Gehirnströme studiert und gewisse Speichermechanismen entdeckt, ähnlich denen des sogenannten Elektronengehirns, versteht damit, daß es im Organismus einen Mechanismus gibt, der Daten aufbewahrt. Er versteht damit das Gedächtnis, das eine seelische Erscheinung ist, noch lange nicht. Das Gedächtnis ruft ganze Bilder vergangenen Erlebens hervor, sei es spontan, sei es durch den Willen, einschließlich ihrer Gefühlsnuancen. Ein gefühlsbetontes Bild ist keine Sammlung von Daten. Es besteht heute eine weitverbreitete, aber irrige Meinung, daß man etwas erst versteht, wenn man ein mechanisches Modell gefunden hat, das mehr oder weniger zu der Erscheinung paßt. Da die meisten Naturerscheinungen aber nichtmechanischer Art sind, versteht man diese dadurch gerade nicht.

Es ist ein riesiges Feld von Erscheinungen, das nicht durch das physikalische Gesetz verstanden werden kann. Wir begeben uns auf schwierigeres Gebiet, wenn wir fragen, was hier Verständnis heißt, aus dem einfachen Grund, weil wir verhältnismäßig wenig verstehen. Die Gebiete, um die es sich hier handelt, sind längst nicht so stark gepflegt worden, wie die Physik. Trotzdem, und gerade deshalb, müssen wir ihnen hier Raum gewähren. Die Wichtigkeit einer Wissenschaft hängt nicht davon ab, wie weit sie heute fortgeschritten ist, sondern von dem Raum, den sie in einem Gesamtbild einnehmen sollte. Wir wollen zwei Gebiete der Naturwissenschaft betrachten, die beide ihren Ursprung *Goethe* verdanken: die Farbenlehre und die Pflanzenmorphologie. Beide können wir natürlich nur kurz betrachten (mehr in 7. Die Naturwissenschaft Goethes).

Die Farbenlehre beschäftigt sich mit der von uns direkt gesehenen Farbe. Mechanische Modelle, die die Farberscheinungen erklären sollten, hat schon *Newton* erdacht. Sie haben später zur Entdeckung der physikalischen Parallelerscheinungen des Lichts, den elektromagnetischen Wellen, geführt. *Goethe* hat diese physikalischen Vorstellungen oder Modelle abgelehnt, aus Gründen, auf die wir hier nicht eingehen wollen. Er blieb ganz in der Anschauung der reinen Phänomene, d. h. der Farben selbst. Wir wollen ihm hier folgen, natürlich nicht, weil wir seine Ablehnung des physikalischen Bildes heute teilen könnten, sondern aus folgendem Grund: Es ist gewiß wahr, daß zwischen den elektromagnetischen Wellen und den von uns gesehenen Farben eine Brücke führt. Es ist die bekannte Beziehung zwischen Wellenlänge und Farbe. Aber erstens ist diese Beziehung etwas ganz Empirisches und es fehlt uns jedes tiefere Verständnis dafür. Zweitens ist sie nur in speziellen, idealisierten Fällen richtig; allgemein betrachtet ist sie falsch, weil unsere Farbwahrnehmung eines bestimmten Flecks von der ganzen Umgebung abhängt, und noch von vielen andern Faktoren. Farbphänomene und das physikalische Gesetz lassen sich nicht zur Deckung bringen. Farbenlehre ist deshalb eine Wissenschaft in eigenem Recht, unabhängig von Physik, und wir müssen uns fragen, inwiefern wir etwas von Farbphänomenen verstehen können und was Verstehen heißt.

Auch *Goethe* wußte, daß Verstehen bedeutet, den speziellen Fall auf den allgemeinen zurückzuführen. Wenn wir aus der Welt der Farberscheinungen nicht heraustreten wollen, dann muß es (nach *Goethe*) letzten Endes ein Phänomen geben, das den Namen „Urphänomen" verdient, aus dem alle anderen Farberscheinungen ableitbar sind, das die Farben erstmalig aus dem elementaren unbunten Licht entwickelt. *Goethe* sah in der bekannten Erscheinung des Durchgangs von Licht durch ein trübes Medium das Urphänomen: das farblose Licht färbt sich gelb bis rot, das trübe Medium, gegen einen dunklen Hintergrund gesehen, wird blau. Der Begriff „trüb" muß allerdings allgemeiner gefaßt werden, als es der übliche Sprachgebrauch anzeigt. Die Luft, die den Himmel blau erscheinen läßt, ist gerade nicht trüb. Der Himmel ist am tiefsten blau, wenn die Luft klar ist. Jeder Physiker weiß, daß die Dichteschwankungen der Luft dafür verantwortlich sind. Aber darauf kommt es nicht an.

Es gibt zahllose Phänomene, die Spezialfälle dieses Urphänomens sind. *Goethe* versuchte auch andere Farberscheinungen aus diesem Urphänomen abzuleiten. Das ist ihm nur sehr teilweise gelungen. Seine Ableitung der prismatischen Farberscheinungen ist unhaltbar. Meines Wissens ist auch seither kein ähnlicher Versuch ernsthaft unternommen worden. Wir wissen nicht, ob die Farbphänomene alle auf ein einziges „Urphänomen" reduziert werden können. Vielleicht ist es nötig, mehrere Urphänomene zu fordern, was der Existenz mehrere Urgesetze in der Physik entspräche. Andererseits hat *Goethe* durchaus Erfolg damit gehabt, ganze Klassen von Phänomenen des Farbsehens zusammenzufassen. Zum Beispiel sagte er: das Auge hat die Eigenschaft, die Gegenfarbe (= Komplementärfarbe) hervorzurufen. Hierunter fallen eine ganze Reihe von Phänomenen: die farbigen Schatten, bei denen die Tendenz besteht, den Schatten in derjenigen Farbe zu sehen, die komplementär zur Gesamtbeleuchtung ist: die Nachbilder, die wir sehen, wenn wir einen farbigen Fleck angestarrt haben und dann den Blick auf eine weiße Wand lenken, und anderes mehr. Hier ist das Wort „Verstehen" durchaus am Platze, wenn sich ein spezielles Phänomen auf den allgemeinen Goetheschen Satz zurückführen läßt. Wir könnten diese Tatsache (daß das Auge die Gegenfarbe hervorruft) ebenfalls ein Urphänomen nennen. Ein durchgreifendes Verständnis der gesamten Farb-Phänomenologie fehlt uns noch. Farbenlehre, wie viele andere Gebiete der Wissenschaft, die nicht-physikalischer Natur sind, waren seit *Newton* und sind bis heute Stiefkinder der naturwissenschaftlichen Forschung geblieben.

Was also ist ein Urphänomen? *Goethe* sagt uns seine Meinung (§ 175 der Farbenlehre, etwas gekürzt): „Das, was wir in der Erfahrung gewahr werden, sind meistens nur Fälle, welche sich . . . unter allgemeine empirische Rubriken bringen lassen . . . welche weiter hinauf deuten . . . Von nun an fügt sich alles nach und nach unter höhere Regeln und Gesetze, die sich aber nicht . . . dem Verstande, sondern gleichfalls durch Phänomene dem Anschauen offenbaren. Wir nennen sie Urphänomene, weil nichts in der Erscheinung über ihnen liegt, sie aber dagegen völlig geeignet sind, daß man stufenweise . . . bis zum gemeinsten Falle der täglichen Erfahrung niedersteigen kann. „Es ist ganz ähnlich wie beim Naturgesetz, nur handelt es sich um ein Phänomen, das sich dem „Anschauen und nicht dem Verstande offenbart".

Das Urphänomen ist also keine einzelne sinnliche Erscheinung, es ist das Gemeinsame einer Klasse sinnlicher Phänomene, ein Grenzpunkt, der mehr die geschaute Idee der Phänomene als die sinnliche Erfahrung selbst ist. Das Urphänomen ist (genau wie das Urgesetz) sinnlich nicht erfahrbar, aber die Erscheinungen können ihm sehr nahekommen. Kein einzelnes, spezielles Phänomen darf als Urphänomen ausgesondert und bezeichnet und damit *über* andere Phänomene der gleichen Art gestellt werden. Wenn der Himmel in noch so tiefem, reinem Blau erscheint, er ist nicht *das* Urphänomen, weil er die Bläue einem ganz speziellen Medium, der Luft mit ihren Dichteschwankungen, verdankt.

Verstehen im Bereiche der Phänomene heißt, einen Einzelfall auf dieses Grundphänomen zu beziehen. Das heißt nicht, daß damit ein Endpunkt des Verstehens erreicht ist. Bei fortschreitender Erkenntnis werden Verbindungen zu anderen Erfahrungsbereichen (z. B. zur physikalischen Welle) auftreten. Das Urphänomen wird einem anderen Urding weichen müssen.

Wenden wir uns nun einem andern Gebiet, der Pflanzenmorphologie, zu, wo wir noch klarer sehen werden. Auch dieses Gebiet geht in seinen Anfängen auf

Goethe zurück, aber im Gegensatz zur Farbenlehre wurde es sehr viel weiter entwickelt und erlebte vor einigen Jahrzehnten eine gewisse Renaissance.

Worum handelt es sich hier? Sicher nicht um eine Aufzählung und Klassifikation aller Pflanzenarten nach irgendwelchen äußeren Merkmalen, wie es *Linné* versucht hat. So etwas mag sehr nützlich sein, schenkt aber nichts, was man mit dem Wort „Verständnis" charakterisieren kann.

Die Pflanzenwelt zeigt sich uns in einer unendlichen Fülle von verschiedenen Formen. Es war *Goethes* Leistung, festgestellt zu haben, daß die Gestalt eines Blütenblattes nicht beliebig ist, sondern eine innere Verwandtschaft mit der Gestalt des grünen Blattes hat. Das Blütenblatt läßt sich gestaltmäßig aus dem grünen Blatt entwickeln, was auch aus der Ontogenese der Blüte eindrücklich folgt. Ob *Goethes* weitergehende Ansprüche, auch viele andere Organe der Pflanze gestaltmäßig aus dem Blatt ableiten zu können, zutreffen, muß wohl eher dem Urteil der Botaniker überlassen bleiben.

Betrachten wir verschiedene Arten von Pflanzen, etwa verschiedene Arten der Samenpflanzen. Sie haben äußerlich ganz verschiedene Gestalten. Und doch ist ihnen ein gemeinsamer Bauplan eigen. *Alle* diese Pflanzen gliedern sich in Wurzel, Stengel, Blatt, Blüte usw. Der gemeinsame Bauplan gestattet es nun, die Gestalt einer speziellen Pflanze in stetiger Weise in die einer andern Pflanze überzuführen. Betrachten wir z. B. eine gewöhnliche Pflanze mit Stengel und Blatt. Zwischen Stengel und Blatt befinden sich noch die Achselknospen. Wir führen diese Form in eine gewisse Kaktusart über. Die Blätter werden kleiner und verkümmern bis auf einen kleinen Rest. Das Rindengewebe der Sproßachse erweitert sich und wird zu einem dicken, fleischigen, grünen Wasserspeicher, den man äußerlich fast mit einem Blatt verwechseln könnte. Die Achselknospen entwickeln sich in die Dornen des Kaktus. So verstehen wir die Kaktusgestalt in ihrer Verwandtschaft zu anderen Samenpflanzen (Bild 6). Daß die Zuordnung der Organe richtig ist, sehen wir aus der Existenz von Zwischenformen. Durch Abwandlung, Vergrößerung, Verkleinerung, Deformation der Einzelorgane entstehen tausendfältige Formen, alle aber abgeleitet aus einem allgemeinen Prinzip, einem allen gemeinsamen Bauplan. Daß hier auch Fallen gestellt sind – Formen, die ähnlich aussehen, aber miteinander nichts zu tun haben – weiß jeder Forscher.

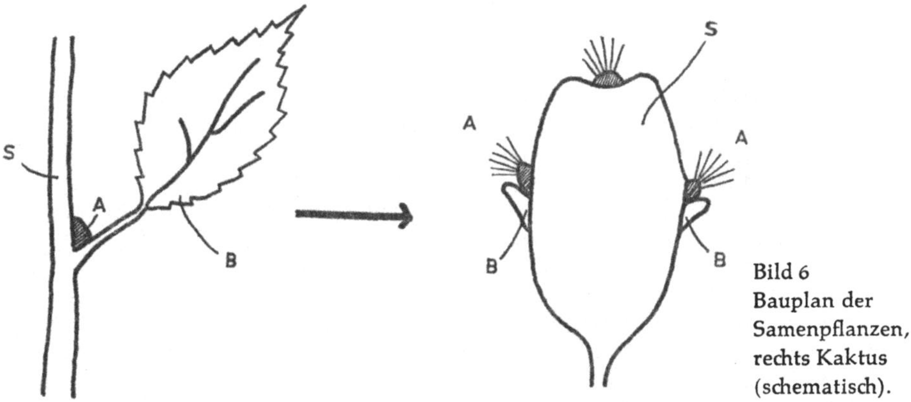

Bild 6
Bauplan der
Samenpflanzen,
rechts Kaktus
(schematisch).

Goethe hat für dieses Allgemeine, einer großen Klasse von Pflanzen Zugrundeliegende den Begriff „Urpflanze" geprägt. Hier handelt es sich nicht um eine in der Natur existierende Pflanze, auch ganz und gar nicht um etwas, was etwa historisch als

Ahne aller Samenpflanzen existiert haben könnte. Es handelt sich um ein Urbild, nach dem z. B. alle Samenpflanzen gebaut sind. Die Urpflanze verhält sich zu einer bestimmten, realiter existierenden Pflanze ungefähr so, wie sich eine allgemeine Baukonzeption für verschiedene Häuser zu einem einzelnen, später gebauten Haus verhält. Dabei soll die Baukonzeption lediglich die allgemeinen Elemente enthalten, es muß Zimmer, ein Dach und eine Küche geben, Wasser und Elektrizitätsleitung usw. Die Ausgestaltung im einzelnen (auch die künstlerische!) bleibt noch frei. – Doch hinkt auch dieser Vergleich, wie alle Vergleiche, besonders wenn man etwas Lebendiges mit einer nicht-lebenden Struktur vergleichen will. Wenn wir bei einer bestimmten Pflanze ihre einzelnen Organe auf das Urbild, das ur-pflanzliche Schema zurückzuführen können, dann dürfen wir sagen, daß wir etwas von der Morphologie der Pflanze verstanden haben. Heute müßte man den Begriff „Urpflanze" erweitern. Wir müßten auch die Funktionen der einzelnen Organe in Betracht ziehen und somit viele funktionelle Eigenschaften in diesen Begriff einbeziehen. Auch die Funktionen der einzelnen Organe der Samenpflanzen sind gleich oder ähnlich. Die Wurzel nimmt Wasser auf, das Blatt atmet und produziert Eiweiß, die Blüte dient der Fortpflanzung usw. All dies und mehr gehört zum Bauplan, zur Ur-pflanze.

Drei Begriffe haben wir geprägt, die mit der Vorsilbe „Ur" beginnen: die Urgesetze der exakten Wissenschaften, das Urphänomen in einem Wissenschaftszweig, der sich auf die Phänomene allein stützt und die Urgestalt oder Urpflanze der Morphologie. Wenn wir eine spezielle Naturerscheinung auf eines dieser Ur-Dinge zurückführen können, dann können wir von Verständnis sprechen; wir kennen das Ur-ding oder die Ur-sache, auf der sie beruht. Ursache ist im allerweitesten und wörtlichsten Sinn zu verstehen, als die „Sache" – ob Gesetz, Phänomen, Gestalt oder etwas anderes – die am Grunde der Erscheinung steht.

Zwei Fragen tauchen hier wohl sofort auf: Haben wir die Liste der Urdinge erschöpft? Davon kann überhaupt keine Rede sein. Wir haben ja nur speziell ausgewählte Gebiete der Naturwissenschaft betrachtet. In andern Gebieten müssen sich zwangsweise neue Fragen stellen und neue Ur-sachen müssen auftreten. Ganz kurz nur seien die inneren Vorgänge in einem Lebewesen betrachtet:

Eine zugefügte Wunde in einem Tier heilt. Sehr komplizierte physikalische und chemische Vorgänge finden statt. Von einem Verständnis kann aber wohl erst die Rede sein, wenn wir die Vorgänge mit dem Heilen der Wunde, mit dem Ziel des Geschehens im Organismus in Zusammenhang bringen. Die Zielgerichtetheit des Vorgangs ist offensichtlich. Manche Biologen haben deshalb versucht, den Endpunkt des zielgerichteten Vorgangs anzugeben. Etwa: die Wiederherstellung der lebenden Ganzheit, Erhaltung des Lebens, Fortpflanzung. Hier wären neue Ur-sachen (*causa finalis* von *Aristoteles*) aufgetreten. Wenn wir etwa die „Wiederherstellung der lebenden Ganzheit" als allgemeines Gesetz, als eine Ur-sache ansehen, dann können wir z. B. von Verständnis sprechen, wenn ein abgeschnittener Zweig einer Pflanze, der in die Erde versetzt wird, wieder Wurzel schlägt und später weitere Sprossen und Blüten treibt. Wir haben das spezielle Verhalten dieser Pflanze auf das allgemeine Finalgesetz – die Wiederherstellung der Ganzheit – zurückgeführt. Es gibt unzählige Phänomene im Bereich des Lebendigen, die auf diese Final-ur-sache zurückgeführt werden können. Auch hier ist der Einzelfall einem allgemeinen untergeordnet. Freilich, ein tieferes Verständnis dieser Vorgänge müßte auch nach der anderen Seite hin, der des physikalischen Geschehens vorstoßen und beide in Harmonie bringen. Von einem Verständnis in diesem Sinne sind wir wohl noch sehr, sehr weit entfernt.

Eine zweite Frage: Haben wir in den Urdingen wirklich das letzte Erkennbare vor uns? Auch hiervon kann keine Rede sein. Am Beispiel des Gravitationsgesetzes haben wir gesehen, wie neue Erkenntnis das „Urgesetz" auf ein weiteres „Ur-Urgesetz" zurückführt. Die Urdinge sind also relativer Art, abhängig vom zeitweiligen Stand der Erkenntnis. Auch die Urpflanze *Goethes* wird einmal weichen müssen – wir wollen es jedenfalls hoffen – einer tieferen Erkenntnis, die die Gestaltung nur als Teil eines Urwesens des Organischen begreift. Hierin müßte letzten Endes auch die gesamte funktionelle Wirkungsweise des pflanzlichen Geschehens und – wohl in weiter Ferne – der Zusammenhang mit dem physikalisch-chemischen Geschehen enthalten sein. Immer aber wird Verständnis der Naturdinge darin bestehen müssen, das einzelne im Rahmen des Allgemeineren, des Urbildes, begreifen zu können. Unser Verständnis wird um so tiefer sein, je größer der Rahmen ist, den das Urbild umfaßt, je mehr Phänomene hineinfallen.

Was sind nun diese Ur-dinge? Wir haben es schon gesagt. Sie sind nichts in der materiellen Natur tatsächlich Existierendes. Die Urpflanze ist es genausowenig wie das Gesetz der Physik. Sie können auch keine bloßen Erzeugnisse unseres Gehirns allein sein. Was hätte sonst die Natur mit ihnen zu tun? Es sind Urbilder, nach denen die Dinge und Vorgänge der Natur sind und geschehen, die die Natur durchdringen und beherrschen. Wir werden an die „Ideen" der Platonschen Ideenlehre erinnert. Naturgesetze waren *Plato* unbekannt. Er kannte die Begriffe und viele Gesetze der Geometrie. Der Begriff „Gerade" oder „Kreis" war eine solche Idee. In der Natur gibt es keine exakten Geraden und keine Kreise. Es sind Begriffe, die wir rein bilden, aber nur näherungsweise sinnlich erfahren können. Etwas Ähnliches sind wohl unsere „Urdinge". Nur sind es keine starren nur-geistigen Begriffe, wie bei *Plato*, die mit Materie und Natur überhaupt nichts zu tun haben, sondern sie sind maßgebend für das Geschehen in der toten wie der lebendigen Natur. Sie sind aufs allerinnigste mit den Dingen der Natur verbunden, sie sind ein wesentlicher Aspekt der Natur – ihr geistiger Inhalt. Vielleicht darf man sie die Innenseite der Natur nennen. Materie und das Gesetz, dem sie folgt, sind eine Einheit. Materie ohne das Gesetz gibt es nicht. Während bei *Plato* die „Ideen" etwas sind, das von der (ziemlich verachteten) materiellen Welt scharf getrennt ist, müssen wir nun in der Naturwissenschaft die Ur-dinge als integralen Bestandteil der Natur selbst betrachten, ohne den es überhaupt keine Natur geben kann.

Wir haben es uns abgewöhnt, von der Wirkung des Geistes in der Natur zu sprechen. Es ist wohl die vorherrschende Meinung, daß die Mathematik eine Schöpfung des menschlichen Geistes ist, der allein im menschlichen Bewußtsein zu Hause ist, im Gegensatz zur Planton'schen Auffassung. Die Gesetze der exakten Wissenschaften, vornehmlich der Physik, sind mathematisch formuliert und können auch nur so formuliert werden. So glaubt man wohl meist, daß auch diese Schöpfungen des Menschen sind. Nur wären sie nicht so frei, wie andere Schöpfungen, weil sie den Tatsachen der Naturvorgänge, die das Experiment liefert, gerecht werden müssen.

Es ist aber genau der umgekehrte Schluß, den wir ziehen müssen. Die physikalischen Gesetze *sind* Gesetze der *Natur* und gehören zu ihrem Wesen. Da sie mathematisch formuliert sind, so ist auch Mathematik im Wesen der Natur verankert. Dies allerdings konnte *Plato* noch nicht wissen[1]). Es ist eine Tatsache, über die wir nicht genug staunen können!

Dies alles ist keineswegs ein bloßes Philosophicum, das den Forscher unberührt lassen könnte. Gewiß, der Physiker beschränkt sich auf das Auffinden der Gesetze und braucht sich um philosophische Zusammenhänge nicht zu kümmern. Denken wir aber nun an einen lebenden Organismus. Er weist in seinem Verhalten eine gewisse

---

[1]) Die pythagoräische Relation zwischen Ton und Zahl dürfte er allerdings gekannt haben.

Zielgerichtetheit auf, die so offensichtlich ist, daß man sie doch wohl kaum ignorieren kann. Und er besitzt noch viele andere, wesentlich tiefere, innere Eigenschaften. Wie kann man hier das Gesetz seines Verhaltens von dem Objekt, dem Organismus selbst, trennen? Die Gewöhnung an das dualistische Denken, das die Dinge in Materie einerseits und nur-menschlichen Geist andererseits spaltet, hat die Anerkennung der inneren Eigenschaften des Organismus, wie z. B. seine Zielgerichtetheit, ungeheuer erschwert, und ihr den Vor-wurf des Mystizismus und Anthropormophismus eingebracht. Eine Zielgerichtetheit ist ja auch kaum verständlich, wenn wir nicht grundsätzlich bereit sind, das Gesetz des Verhaltens als Wesensinhalt dem Objekt selbst zuzuschreiben.

Es ist kein Einwand gegen unsere Feststellung, daß die Ur-sachen zu den Naturdingen gehören, wenn wir sagten, daß diese bei fortschreitender Erkenntnis all-gemeineren, umfassenderen Ur-sachen weichen müssen. Unsere Erkenntnisfähigkeit ist beschränkt und wir können nur jeweils gewisse Aspekte dieser Ur-sachen erkennen.

Ich halte die Gewöhnung an das dualistische Denken, das auf *Descartes* zurückgeht (vgl. 9. Der Bildungswert der Naturwissenschaft), für einen der folgen-schwersten Irrtümer, der einer unvoreingenommenen Naturerkenntnis im Wege steht, und an dessen Folgen wir noch lange zu tragen haben werden.

Fassen wir zusammen: Die *Ur-sachen*, auf die wir das Verhalten der Natur-dinge zurückführen, und die *Dinge bilden eine Einheit. Sie begreifen heißt, sie in dieser intimen Zusammengehörigkeit erkennen.*

Vielleicht ist es nicht allzu abwegig, wenn wir auch einen zweieinhalb-tausend Jahre alten Ausspruch des *Parmenides* für diesen, unseren Standpunkt in An-spruch nehmen:

τὸ γὰρ αὐτὸ νοεῖν ἐστίν τε καὶ εἶναι,   oder: „Denn dasselbe ist Erkennen und Sein". Heißt das nicht soviel wie: Was wir mit unserer Erkenntnis erschließen, nämlich das innere Wesen der Naturdinge, ihre Ur-sachen, *ist* ihr wahres Sein?

Nun wollen wir noch eine letzte Frage aufwerfen und zu beantworten ver-suchen: Wie kommen wir zur Erkenntnis dieser Ur-sachen? Alle, die je eine kleinere oder größere Entdeckung in der Naturwissenschaft gemacht haben, sei es auch nur eine Ent-deckung von längst Bekanntem – und das hat fast jeder einmal erlebt – werden sie wohl verschieden beantworten, aber es werden gemeinsame Züge auftreten.

Eines ist sicher: auf völlig rationalem Wege geschieht es nicht. Wir können nicht mit Logik und Mathematik allein, und auch nicht durch eine Ansammlung noch so vieler Daten und experimenteller Resultate, ein Naturgesetz, eine Ur-sache deduzieren. Es ist ein verbreiteter Irrtum, zu glauben, man habe mit einer Ansammlung von Daten schon wissenschaftliche Arbeit geleistet. Die Legende um *Newton* sagt uns vieles. Ein Apfel fiel ihm auf den Kopf. Die Idee des allgemeinen Gravitationsgesetzes kam zu Newton. Nicht er zu ihr. Sie fiel ihm ein. Jeder, der je eine Entdeckung gemacht hat, spricht von einem „Einfall". Freilich, von allein kommt der Einfall nicht, intensive Gedankenarbeit geht so gut wie immer voran, sogar bei einem Genie, wie *Newton* es war. Der wesentliche Schritt zur Erkenntnis ist aber der Einfall. Er braucht nicht plötzlich zu kommen, er kann sich allmählich einstellen. Oft stellt sich ein Einfall auch als falsch heraus. Verlaß ist nicht auf ihn. Er muß nachgeprüft werden, an den Tatsachen, durch Experimente, durch kritisches Denken. Erst dann stellt sich im Innern des Forschers allmählich das Gefühl der Sicherheit ein, daß es sich um Wahrheit handelt. Vielleicht haben manche Begnadete von vornherein das Gefühl der Sicherheit, aber das Gewissen der Wahrheit gegenüber wird immer die Nachprüfung verlangen.

Was ist es nun, was dem Forscher ein-fällt? Wir wollen uns nicht festlegen; aber das Wort „einfallen" deutet doch darauf hin, daß etwas von außen in uns hereinkommt? Es ist wieder *Plato*, der es uns bestätigt. Was wir mit den Begriffen Ur-sachen zusammenfaßten, war zu *Platons* Zeiten, wie gesagt, unbekannt, aber er kannte die „Urbilder" der Geometrie. Die Erkenntnis ihrer Gesetzmäßigkeiten war für ihn ein Wahrnehmen der Ideen, d. h. dieser Urbilder mit dem Auge des menschlichen Geistes. Unser Geist hat sicher Zugang zu den Dingen der Natur und ihren Ursachen. Wir würden sie sonst nicht erkennen. Und wenn uns ein Einfall kommt und wir ein Gesetz erkennen, was anderes kann es sein als ein Wahrnehmen des Urbildes im doppelten Sinn: im gewöhnlichen Sinn des Sehens, und im allerwörtlichsten Sinn des Wahr-nehmens, des Für-wahr-Haltens?

Für den Forscher gibt es kein größeres Glück, als wenn ein solcher Einfall zu ihm kommt. Aber damit wollen wir keinem Forschersnobismus das Wort reden. Jeder Schüler und jeder Student erlebt es, wenn er Zusammenhänge erkennt und ihm „ein Licht aufgeht". In dieser Tätigkeit des Nachentdeckens liegt wenigstens ein Teil des Bildungswerts der Wissenschaft. Eine Mechanisierung des Unterrichts, die diesen Sinn für das Entdecken abstumpft, ist deshalb das Gegenteil von Erziehung: sie bildet nicht, sie verbildet.

Wenn wir Naturwissenschaft betreiben, besonders in der Reinheit des Strebens nach Naturerkenntnis, dann schärfen wir unser inneres Auge für die Wahrheit. Deshalb legte Plato auch so großen Wert auf das Erkennen der „Ideen". Hier können wir den geistigen Inhalt der Welt in ihrer Reinheit erleben, während er in der materiellen Welt, der leblosen wie der lebendigen, nie ganz rein zum Ausdruck kommt. Die reinen Ideen, die von Gott geschaffen sind, nicht die äußere materielle Wirklichkeit, sind nach *Plato* Wahrheit (oder wenigstens ein Teil von ihr).

In der Geometrie gab es schon damals die reinen Gesetze, die Ideen, die Wahrheit sind. Heute können wir sie überall in der Naturwissenschaft finden, sofern diese nicht misinterpretiert wird. Unsere Ur-sachen, (oder „Ideen", wenn wir sie so nennen wollen), *sind* die geistige Realität der Naturgesetzlichkeit. Wir haben Zugang zu ihnen, und hierin liegt die Verbindung zwischen menschlichem Geist und äußerer Natur (vgl. 9. Der Bildungswert der Naturwissenschaft).

Naturwissenschaft ist heute allerdings auch durchsetzt mit ganz anderen Motiven, die alles andere als ein Suchen nach Wahrheit sind. Manche dieser Motive haben ihre Berechtigung, manche aber nicht. Manchmal ist sie schon bis zur Unkenntlichkeit entstellt und dient üblen Zwecken. Darum brauchen wir diesen inneren Sinn für die Wahrheit.

12. Über das innere Wesen der Naturdinge*)

Wir wissen von uns selbst, daß wir ein Innenleben haben, daß wir hören, sehen, Schmerz empfinden, Dinge wollen, denken, usw. Es ist das sicherste Wissen, das wir überhaupt haben. Genauer gesagt, mit absoluter Sicherheit weiß „ich" es nur von „mir" selber. Freilich gehört hierzu ein gewisses reflektives Bewußtsein, das gestattet, daß „ich" auch „mich selbst" beobachten kann und über „mich" nachdenken kann.

Unser ganzes Leben beruht aber darauf, daß ich dieses Innenleben auch von meinem Nachbarn weiß und als selbstverständlich voraussetze. Jedes Wort, das ich zu einem andern Menschen spreche oder schreibe, jedes Wort, das ein anderer Mensch spricht und das ich verstehe, jede Geste einem andern Menschen gegenüber, beweist die Existenz eines dem meinen analogen Innenlebens in dem andern. Das Wissen von dem Innenleben des andern ist sicherer, oder ebenso sicher, wie irgendeine mathematische Beweisführung. Die letztere beruht immer auf Axiomen, deren Wahrheit oder Unwahrheit nicht bewiesen werden kann. Bestenfalls beruhen sie auf einer in uns lebenden „sicheren" Überzeugung, deren Wurzeln aber nicht mathematisch-logischer Art sind, sondern tief in die Metaphysik reichen. Ebenso ist unser Wissen von dem Innenleben des anderen Menschen transzendenter Art. Keine bloße Sinnesbeobachtung des Verhaltens anderer, keine reine „Verhaltensforschung" allein, kann den *logisch* zwingenden Schluß auf die Existenz des Innenlebens anderer vollziehen. Beobachtung des andern kann zu Aussagen *über* den Inhalt seines Innenlebens (z. B.: „Er *freut* sich heute über seinen Erfolg", „Er betrachtet aufmerksam ein Bild", „Er langweilt sich", usw.) führen. Dadurch wird auch mein Wissen über die Existenz seines Innenlebens erhärtet und bestätigt. Primär aber beruht dieses Wissen nicht auf sinnlicher Beobachtung, im Gegenteil, die Interpretation jeder Beobachtung setzt die Existenz des Innenlebens als *factum* voraus. – Bestätigt wird das Innenleben des andern ferner durch die Sprache. Der andere sagt: „*Ich* freue mich", und benutzt dabei das Wort „ich", auf sich selbst bezogen, das ich (auf mich bezogen) wiederum sofort verstehe. Selbst erlebe ich allerdings nur mein eigenes Innenleben, nicht das des andern. Ich nehme das Innenleben des andern quasi von außen wahr, auf eine im wesentlichen transzendente Weise, die dann noch in mannigfaltiger Weise durch allerlei Beobachtung bestätigt wird. – Dieses quasi von-außen-Wahrnehmen eines inneren Wesen wird die Grundlage für das folgende sein.

Der Grundfehler der positivistischen Philosophie, die jedes metaphysische Element ablehnt und ignoriert, besteht darin, daß sie das, was sie leugnet, längst vorausgesetzt hat und voraussetzen muß, bevor sie ihre eigenen Thesen aussprechen kann. Sie möchte das „Verhalten", das ein Ausdruck des Innenlebens ist, als das einzig „Reale" ansehen, das Innenleben selbst aber leugnen. Aber schon diese Aussage setzt voraus, daß der Leser sie versteht, also ein Innenleben hat. Wir müssen die metaphysische Tatsache des Innenlebens als primäre Voraussetzung jeder menschlicher Aktivität, auch jeder wissenschaftlichen Tätigkeit ansehen.

Es ist ein gewisser, aber nicht allzugroßer Schritt, wenn wir behaupten, daß auch die höheren Tiere ein gewisses Innenleben haben, von dem manche Teile dem unseren gar nicht so fern stehen. Gewiß, hier fehlt die gegenseitige Verständnismöglichkeit durch die Sprache. Um so eindrücklicher aber sind andere Verständnismöglichkeiten und andere Möglichkeiten der Einsicht:

Daß ein Tier Schmerz empfinden kann, steht außer jedem Zweifel. Wir

---

*) Vortrag, gehalten vor der Gesellschaft für Ganzheitsforschung im Oktober 1967 in Filzmoos, erschienen in der Zeitschrift für Ganzheitsforschung (Wien) 12, 12, 1969.

brauchen nur einem Hund auf den Schwanz zu treten, um es zu wissen. Wir wissen auch, daß ein Hund sich freut, wenn er an seinem Herrn emporspringt, der vielleicht eine zeitlang abwesend war. Jeder, der einmal ein Lieblingspferd besessen und geritten hat, weiß von der intimen gegenseitigen Verständigung von Roß und Reiter, die sich auch in der perfekten Ausführung der gemeinsamen Tätigkeit des Reitens darstellt. Es gibt viele Beispiele, die das Verständnis zwischen Mensch und Tier, auch sogar zu relativ primitiven Tieren demonstrieren. Verständigung setzt aber wieder Innenleben auf beiden Seiten voraus. Wer einmal im Zoo dem Paar, Affenmutter und Affenbaby, zugesehen hat, wird wissen, daß hier das Wort „Liebe" genauso anzuwenden ist, wie im analogen menschlichen Bereiche. Auch hier ist dieses Wissen transzendenter Art, fast ebenso sicher wie beim Menschen. Man muß schon ganz erblindet sein gegenüber diesen, zwar metaphysischen, aber ganz elementaren Tatsachen, die Grundlage und Anfang des ganzen menschlichen Lebens sind, wenn man ein Gefühlsleben in Tieren leugnen will.

Ebenso selbstverständlich ist es, daß Tiere sich untereinander verständigen, was wiederum auf ein Innenleben der Tiere schließen läßt. Die Verhaltensforschung (wenn sie nicht von vornherein mechanistisch und sinnentfremdend umgedeutet wird) gibt eine Fülle von Aufschlüssen. Wenn Bienen durch ihr „Schwänzeln" genaue Mitteilungen an andere Bienen machen, so kann man wohl kaum bezweifeln, daß auf beiden Seiten auch ein gewisses Maß von Erleben existiert.

Die mechanistisch-positivistische Richtung der Biologie faßt Wahrnehmung und Verhalten der Tiere und des Menschen als neurophysiologische Vorgänge auf, die sich als elektrische und chemische Vorgänge in den Nerven und im Gehirn darstellen. Diese werden oft als erschöpfende Beschreibung der Vorgänge angesehen. Allenfalls werden Empfindung und Denken als beifällige Nebenprodukte der physiologischen Vorgänge betrachtet. Natürlich ist unser Innenleben irgendwie an das Nervensystem gekoppelt. Aber physikalische und chemische Vorgänge allein haben keine Gefühle und keine Gedanken und erst recht keine Willensimpulse. Ihr Begriffssystem enthält sie nicht. Sie können also auch keine Gefühle als „Nebenprodukte" produzieren, wie etwa brennendes Holz Kohlendioxid als Nebenprodukt produziert. Das Innenleben hat seinen eigenen Status, der nicht auf materielle Vorgänge reduzierbar ist.

Der Zusammenhang, der zwischen dem erlebten Innenleben und den materiellen physiologischen Vorgängen besteht, ist vorderhand ein ungelöstes Rätsel. Wir wissen nur, daß er besteht, und sogar recht eng ist. Jede Nervenreizung produziert eine Empfindung. Es ist anzunehmen, daß jeder Empfindung und vielleicht auch jedem Gedanken ein gewisser Vorgang im Gehirn zugeordnet ist. Ob das immer, z. B. bei den höheren Tätigkeiten des menschlichen Geistes – etwa einem religiösen Gefühl, einem ethischen Impuls, einem Einfall, den wir haben mögen – der Fall ist, wissen wir nicht.

Es ist eine wichtige Frage, ob die Zuordnung zwischen seelischem Erleben und den materiellen Vorgängen im Gehirn eindeutig sein kann. Die Antwort ist so gut wie sicher „nein". Doch wollen wir dies hier nicht genauer ausführen. Wir wollen es offen lassen (vgl. dazu 2. Gilt die Gleichung: Leben = Physik + Chemie? und 5. Die Evolution).

Die Ähnlichkeit des Nervensystems von Tier und Mensch und die erwiesene Tatsache, daß bei Menschen den Nervenvorgängen ein Innenleben zugeordnet ist – und umgekehrt, – sollte es als einzig vernünftigen Schluß erscheinen lassen, daß auch Tiere ein Innenleben haben, dessen Ausdruck wir ja mehr als deutlich erleben.

Steigen wir im Tierreich tiefer hinab zu den mehr primitiven Tieren, so wird deren Innenleben uns immer fremder und sicherlich auch primitiver. Was sollen wir über das Innenleben der Fische oder einer Schlange sagen? Und doch müssen wir annehmen, daß da, wo Sinneswerkzeuge sind, auch Sinnesempfindungen existieren, da wo ein Nervensystem existiert auch ein irgendwie geartetes, wenn auch noch so dumpfes und primitives Innenleben vorhanden ist.

Aber auch die Tätigkeit eines Organismus deutet auf ein gewisses Innenleben hin. Wenn wir einen gewissen Weg gehen, so haben wir mehr oder weniger bewußt eine Absicht, dorthin zu gehen. Außerdem empfinden wir unsere eigene Tätigkeit des Gehens. Wir empfinden jede Mukelbewegung, sofern sie nicht ganz automatisch vor sich geht. Wir empfinden – wenn wir wollen und darauf achten – auch unser Atmen. Wenn die Spinne ein Netz baut, so werden wir ihr keine schöpferische, bewußt geplante Tätigkeit zubilligen, die analog einer menschlichen, mit Vorsatz ausgeführten Handlung ist. Ihr Organismus führt sie offenbar als innere Gesetzmäßigkeit zum Netzbau. Aber ein Gefühl des Bedürfnisses zu bauen, ein Befriedigtsein nach dem vollendeten Bau, ein dumpfes Bewußtsein, nun auf die Fliege warten zu können, ein Hungergefühl, ist doch wohl als wahrscheinlich anzunehmen. Und weiter hinunter: Auch die Raupe frißt, hat also wohl Hunger, ein dumpfes Gefühl, das dem unserigen analog sein mag? Oder die Ameise, die im Rahmen ihres Sozialwesen sich am Bau des Ameisenhaufens beteiligt, empfindet sie etwas, und, wenn ja, was?

Wir befinden uns an der Grenze, an der wir vermuten, daß ein empfundenes Innenleben aufhört, während eine ganz unbewußte organische Aktivität in vollem Gange ist. Es scheint, als ob diese Grenze alles andere als scharf ist.

Auch hier, bei den Tieren, kann natürlich keine Rede davon sein, daß wir deren Innenleben selbst erleben können. Wir nehmen es, noch mehr als beim Menschen, *von außen wahr*, oder, wie im Falle der niederen Tiere, erschließen es. Die stetige Linie, die aber vom Menschen, z. B. von seiner erlebten Gesichtswahrnehmung, bis zur Biene (die sogar ultraviolett und polarisiertes Licht wahrnimmt) führt oder vom Hungergefühl des Menschen bis zum Fressen der Raupe hinunter, läßt wohl keine Zweifel aufkommen, daß ein solches Innenleben existiert.

Jenseits der Grenze, bei der das erlebte Innenleben aufhört, herrscht eine völlig unbewußte, reichhaltige organische Tätigkeit mannigfaltigster Art, Wachstum, Fortpflanzung und vieles Andere. Vor allem bei den Pflanzen ist ja wohl sicher, daß von einem empfundenen Innenleben keine Rede sein kann. Eine gänzlich unbewußte organische Aktivität finden wir aber auch bei Mensch und Tier. Die überwiegende Mehrzahl der organischen Prozesse ist ja ganz unbewußt. Ein Kind weiß nicht, was passiert, wenn es wächst, wir wissen nicht, was passiert, wenn eine Wunde heilt, wir sehen höchstens von außen, daß es geschieht. Diese rein organischen und ganz unbewußten Vorgänge existieren in der Pflanze wie im Menschen, sie sind nichts weiter als das gesetzmäßig-organische Verhalten der Lebewesen.

Wir sind auf diese Vorgänge auf dem Weg vom erlebten, also auch bewußten Innenleben her gekommen. Ein Teil der Vorgänge in Tier und Mensch sind mit Erlebnissen verbunden, ein Teil nicht. Wo ein Innenleben existiert, da ist die Verbindung mit dem Organischen auch im allgemeinen sehr eng, z. B. bei den Nervenvorgängen und den Empfindungen. Es ist möglich, daß die Existenz eines, wenn auch noch so primitiven, Nervensystems die notwendige Voraussetzung für die Existenz eines erlebten Innenlebens ist. Hier also, auf alle Fälle, besteht eine sehr enge Verbindung zwischen organischer Tätigkeit und innerem Erleben. Wir dürfen aber nicht vergessen, daß auch das Nervensystem nicht für sich allein isoliert dasteht. Es ist mit dem übrigen Organismus, seinen Organen und Funktionen unlösbar verbunden. Es muß durch den Blutkreislauf ernährt werden, es ist umgekehrt Voraussetzung für andere organische Funktionen, wie Muskelkontraktion.

Wir können den Schluß kaum vermeiden, daß eine *stetige Linie von unserem bewußten Innenleben zu den unbewußten organischen Vorgängen* führt, zu Vorgängen also, die einer gewissen, dem Organismus innewohnenden Gesetzmäßigkeit folgen. Wir kommen zu der ganzen, komplexen und vielfältigen organischen Tätigkeit und ihren Gesetzmäßigkeiten.

Die Linie hört auch nicht beim tierischen Organismus, der ein Nervensystem hat, auf. Sie setzt sich zum pflanzlichen, nicht empfindenden Organismus fort. Die Ähnlichkeit vieler Strukturen und Funktionen, z. B. Zellstruktur, Wachstum, Fortpflanzung, sowie die enge gegenseitige Abhängigkeit von Pflanze und Tier, läßt ja keinen Zweifel darüber aufkommen, daß alles Leben als ganzes zusammengehört, daß also auch Verbindungen zwischen tierischen und pflanzlichen Funktionen und ihren inneren Gesetzmäßigkeiten existieren. Denken wir z. B. an den intimen Zusammenhang zwischen Blüte und Biene. Die Welt der Blütenpflanzen könnte sich nicht fortpflanzen wenn die Bienen nicht ein *erlebtes* Innenleben hätten – Wahrnehmung der Blüte und den Trieb Nektar aufzunehmen.

Auch der vegetative Organismus hat ein Innenleben. Es ist unbewußt. Es umfaßt die ganze Gesetzmäßigkeit des Organismus, die sich in Wachstum, Fortpflanzung, Funktionsweise und der Gestaltung mit allen ihren vielfältigen Attributen äußerlich sichtbar darstellt. Wir wollen uns die Bezeichnungsweise der Basler Biologen *Portmann* und *Zoller* zu eigen machen, die von der *Innerlichkeit* des Organismus sprechen[1]). Ontologisch ist das von „mir" erlebte, bewußte Innenleben eine Seinsstufe, die total verschieden ist von dem quasi von außen konstatierten Gesetz des Organismus. Trotzdem zwingt uns der nun einmal feststehende enge Zusammenhang zwischen Organtätigkeit und Erlebnis, in dem einen die Fortsetzung des andern zu sehen: d. h. wenn wir im Tier ein erlebtes Inneres annahmen, dann müssen wir auch seinem Organismus, wie auch der Pflanze, ein nicht erlebtes Innenwesen, eine Innerlichkeit zubilligen. Außer in uns selbst, betrachten wir ja beides sowieso von außen.

Dieser Standpunkt wird erhärtet durch die Entdeckung der Psychologie, daß es ein „unbewußtes Seelebenleben" gibt. Es existiert demnach etwas in uns, das zwar unbewußt ist, aber an die Oberfläche des Bewußtseins dringen *kann*, folglich also eine Verbindung zu dem erlebten Innenleben hat. Andererseits ist bekannt, daß dieses unbewußte Seelenleben *körperlich* wirksam sein kann. Also bestehen auch Fäden zu der organischen Tätigkeit. Somit ist eine unmittelbare und ununterbrochene Verbindung zwischen Organischem und Seelischem hergestellt. Kann hier der Schluß vermieden werden, daß ganz allgemein die organische Aktivität ein unbewußtes Innenleben des Organismus ist, das sich stetig an das bewußte, erlebte anschließt? – Dasselbe folgt in umgekehrter Richtung aus der bekannten Tatsache, daß es Menschen gibt, die es fertigbringen, gewisse, normalerweise ganz unbewußte, Organfunktionen bewußt zu machen und zu beeinflussen (z. B. indische Fakire).

Wir ziehen noch eine Schlußfolgerung, deren Sinn und Bedeutung weiter unten erhellen wird und hier fast trivial erscheint: Die Gesetzmäßigkeiten, die in einem Organismus walten, *gehören zu ihm als seinem innersten Wesen.* Sie sind nicht nur Produkt unseres eigenen Denkens.

Der Weg führt noch eine Stufe weiter. Zu der organischen Tätigkeit gehören auch mannigfaltigste physikalische und chemische Prozesse. Man denke nur daran, wie

---

[1]) Was ich in meinem Buch M. u. N. E. das „typisch Lebendige" genannt habe, ist genau dasselbe.

viel an chemischen Umsetzungen bei der Wundheilung erforderlich ist. Oder man denke daran, daß der Fundamentalprozeß des Wachstums, die Zellteilung, durch molekulare Prozesse eingeleitet wird. Organische Prozesse sind ohne diese physikalischen und chemischen Prozesse gar nicht denkbar. Auch diese also gehören der Innerlichkeit des Organismus an. Die Gesetzmäßigkeit dieser Prozesse ist Teil der Innerlichkeit des Organismus.

Es ist hier nicht der Ort zu diskutieren, wie weit die physikalisch-chemischen Gesetzmäßigkeiten im Organismus mit den bekannten Gesetzen der toten Materie übereinstimmen, oder wie das Verhältnis von toter und lebendiger Gesetzmäßigkeit tatsächlich ist. Es ist dies natürlich eine tiefe Frage, die weit von der Beantwortung entfernt ist. Sicher ist aber, daß die im Organismus waltenden physikalischen und chemischen Gesetze bis zu einem gewissen, und zwar recht hohen, Grad mit denjenigen in toter Materie übereinstimmen. Der Körper unterliegt der Schwerkraft, die Strömungsgesetze gelten im Blutkreislauf, chemische Umsetzungen finden im Körper statt, usw. Von einer groben Verletzung der Physik und Chemie im Organismus kann ja gar keine Rede sein, obwohl natürlich das Verhalten eines Organismus und seine Gesetze, von denen der toten Materie grundverschieden sind. Viel eher erweckt es den Eindruck, als ob das *Leben* die Physik und Chemie für *seine Zwecke* benutzte, und das in überaus sinnvoller Weise[2]). Jedenfalls führt doch wohl ein stetiger Weg von den physikalisch-chemischen Vorgängen im Organismus zu denjenigen in lebloser Materie. Wenn wir die ersteren mit zur Innerlichkeit des Organismus rechnen mußten, dann müssen wir in letzter Konsequenz auch in lebloser Materie von einem inneren Wesen sprechen, das zu ihr unlösbar dazugehört. Dieses innere Wesen ist nichts weiter als das uns wohlbekannte physikalische (und chemische) Gesetz. Wir werden also zu dem Schluß geführt, daß das physikalische Gesetz etwas mit der Materie unlösbar Verbundenes ist. Wir können es die *Innenseite* der Materie nennen, in Anspielung an die beim Organismus gebrauchte Terminologie.

Es besteht also, grob gesprochen, folgende Zuordnung:

Leblose Materie:	Organismus:		Empfindendes Lebewesen:
Physikalisches Gesetz ⟷	Innerlichkeit ⟷	unbewußtes Seelenleben	⟷ Bewußtsein

Ein Gesetz ist etwas Geistiges. In der Form, wie es in der Physik auftritt, ist es starr und unbeweglich. Das physikalische Gesetz gilt ja als „ewig gültig" und folglich als ein für allemal festgelegt. Es ist das geistige Korrelat oder, wenn wir wollen, der geistige Inhalt der leblosen Materie. Ebenso sind die Gesetzmäßigkeiten des lebenden Organismus, die schon ganz anders sind als die der toten Materie (siehe unten), der geistige Inhalt des Lebewesens. Natürlich ist das nicht zu verwechseln mit dem individualisierten menschlichen Geist, dessen wir uns bewußt sind der bis zu einem gewissen Grad frei und schöpferisch ist.

Unser Weg hat uns also zu der Feststellung eines überaus intimen Zusammenhangs von „Geist und Materie" – ein immer wieder diskutiertes Problem – geführt, ein Zusammenhang, der so unlösbar ist, daß man schon von Identität sprechen

---

[2]) Eine 100prozentige Gültigkeit der physikalischen Gesetze im lebenden Organismus kommt allerdings auch kaum in Frage. Vgl. darüber 2. Gilt die Gleichung: Leben = Physik + Chemie? Dies gilt wahrscheinlich in erster Linie im molekularen Bereich.

könnte oder sollte. Materie ohne das Gesetz, das sie befolgt, ist undenkbar. Wir würden natürlich in unserer Terminologie die Materie, den Körper, das was wir sehen, greifen, kurz von außen wahrnehmen, das äußere Wesen des Naturobjekts nennen. Aber den Körper durch Sinneswahrnehmung erfahren, impliziert auch schon das Walten physikalischer Gesetze in ihm. Wir sehen ihn ja nur, wenn er beleuchtet ist und Licht reflektiert, was er nur kraft seiner physikalischen Eigenschaften kann. Wir erfahren die Härte eines Gegenstands nur, wenn sein physikalisches Gefüge eben so ist, daß er auf Druck nur wenig reagiert. Das äußere Wesen eines Objekts verschmilzt mit seiner physikalischen Gesetzmäßigkeit in einer Einheit.

Die moderne Physik exemplifiziert dies auch in eindrücklicher Weise. Die Materie ist zu einer langen Serie von sogenannten Elementarpartikeln reduziert worden, die nur durch komplizierte Laboratoriumsversuche sichtbar werden. Unterschieden und identifiziert werden sie durch Begriffe, die schon ein hohes Maß von physikalisch-mathematischer Erkenntnis voraussetzen. Das einzige, was bei diesen Elementarpartikeln noch an die übliche Materie erinnert, ist ihre Masse. Aber auch diese ist keine „ewige Konstante", die Partikel lassen sich ja ineinander umwandeln und zum Teil in andere Energieformen umsetzen. Was sie im Grunde charakterisiert, sind, in der Sprache der Physiker, ihre gruppentheoretischen Eigenschaften, Spin, Isopin und dergleichen mehr. Populärer und weniger exakt ausgedrückt, kann man dies als Symmetrieeigenschaften bezeichnen, wobei man sich allerdings vor einer räumlich-anschaulichen Vorstellung hüten muß. Es sind abstrake Symmetrien in abstrakten, unanschaulichen Räumen. Mit andern Worten: Die Gesetzmäßigkeiten der letzten Einheiten der Materie, also ihr geistiger Inhalt, ist schon vorausgesetzt, bevor diese überhaupt genannt und identifiziert werden können!

Über das Verhältnis von Materie und Gesetz gibt es weit auseinanderklaffende philosophische Einstellungen. Heute dürfte bei den meisten Wissenschaftlern die dualistische Einstellung bewußt oder unbewußt vorherrschen: das Gesetz ist das Resultat menschlichen Denkens über die Naturerscheinungen, das versucht, diese in präziser, zusammenfassender, mathematischer Form zu „beschreiben". Das häufig gebrauchte Wort „beschreiben" besagt schon, daß man nicht gewillt ist, das Gesetz selbst als objektive, der Natur zugehörige Tatsache anzusehen.

Historisch geht dieser Dualismus weit zurück. Schon im Griechentum finden wir die scharfe Trennung von Körper und Seele, insbesondere bei *Plato* und *Aristoteles*. Weitere Etappen auf dem Weg sind dann die mittelalterliche Trennung von Ding und Begriff, die Descartes'sche Spaltung von Materie und menschlichem Bewußtsein – mit Gott als Bindeglied. Das letzte Stadium ist der im 18. Jahrhundert entstandene Positivismus, der heute mehr denn je das wissenschaftliche Denken beherrscht. Das Naturgesetz wurde seines geistigen Inhalts entkleidet und wurde zur bequemen formelmäßigen Zusammenfassung von Meßdaten.

Nun findet sich aber gerade bei *Plato* auch der Ansatzpunkt für eine nicht gespaltene Naturauffassung, nämlich in seiner Ideenlehre. Allerdings mit einer Modifikation. Die Platonschen „Ideen", wie das „Gute", das „Schöne", oder der Begriff Dreieck gehören einer rein geistigen Welt an, die von der Materie scharf getrennt ist, zu der aber der menschliche Geist Zugang haben kann. Auch das Naturgesetz (etwa der Physik) ist ein solches Urbild, eine „Idee". Aber es *wirkt in der Materie*, es ist ihr eigentliches inneres Wesen, ohne das es überhaupt keine Materie gibt. Unser Bewußtsein hat Zugang zu diesen Urbildern, indem es sie, im Erkenntnisakt „wahrnimmt". Hier verbindet sich menschlicher Geist mit dem geistigen, inneren Wesen unserer Außenwelt.

Wenn wir uns diesen Standpunkt zu eigen machen, dann ist der Schritt zu den Lebensvorgängen zwar immer noch ein großer Schritt, aber nicht von prinzipiell anderer Natur. Wir finden Gesetzmäßigkeiten und Verhaltensweisen, die ganz anderer Art sind, als die physikalischen und chemischen. Gesetze, die den *ganzen* Organismus begreifen. Der Organismus baut sich selbst auf, nach einem „Bauplan", der in der Keimzelle enthalten ist. Dieser umfaßt die ganze Gestaltung und Funktionsweise des Organismus. Dazu ist aber – um einen anthropomorphen Ausdruck zu gebrauchen – das „Ablesen" des Bauplans nötig. Dies geschieht durch den Organismus selbst, der offenbar die Fähigkeit hat, dem Sinn des Plans entsprechend, sich selbst zu gestalten (nicht wie bei einer Maschine, wo ein menschlicher Mechaniker den Plan liest und verwirklicht).

Der Bauplan darf als „Idee" im Platon'schen Sinn aufgefaßt werden, nach der sich der Organismus gestaltet. Sie ist auch der zentrale Begriff in der Goethe'schen Pflanzenmorphologie – er nannte sie Urpflanze. Die Fähigkeit des *„Ablesens" des Bauplans durch den Organismus ist der eminenteste Ausdruck seiner Innerlichkeit.* Hier ist es unumgänglich, die Innerlichkeit des Organismus ihm selbst zuzuschreiben. Es ist undenkbar, sie nur als Produkt unseres Denkens aufzufassen. In einer in menschliches Bewußtsein und äußere Materie gespaltenen Welt wie sie Descartes sah, kann ein solches inneres Wesen keinen Platz finden.

Nun sind viele Forscher, nach dem so erfolgreichen Vorgang der Physik, mehr oder weniger bewußt in der cartesischen Denkrichtung befangen. Die Folge ist, daß sie das was wir als Ausdruck der Innerlichkeit bezeichnet haben als nicht-wissenschaftlich, weil nicht-physikalisch, oder gar als etwas „Mystisches" empfinden und folglich ablehnen. Die Folge ist eine verkrampfte, einseitig physikalisch-mechanistische Auffassung des Organismus, die oft soweit geht, den Organismus *nur noch* als physikalisch-chemisches System zu verstehen. Damit geht gerade das, was das Leben vom Tod unterscheidet, verloren.

Verstehen wird man also etwas vom Lebendigen nur dann, wenn man sich von der dualistischen Spaltung lossagt und zu dem Gedanken durchringt, daß die „Innerlichkeit" eines Organismus ein wesentlicher, sogar sein wesentlichster, Teil ist. Diese unterscheidet sich von der leblosen Materie (physikalisches Gesetz) u. a. grundsätzlich dadurch, daß sie dem Aufbau einer lebendigen Ordnung dient, während tote Materie im allgemeinen (nach den Gesetzen der Physik) der Unordnung zustrebt. Da Ordnung mehr ist als Unordnung, so unterscheidet sich auch ontologisch ein Organismus von lebloser Materie durch einen *Mehrbesitz:* den Bauplan mit seiner koordinierenden Ordnung.

Gehen wir unsern Weg weiter zurück, so kommen wir zum erlebten Innenleben der Tiere und des Menschen. Wenn man dieses nicht geradezu ableugnet (wie es im extremen Positivismus geschieht), dann ist die Folge der dualistischen Spaltung die unüberbrückbare Trennung von Seele und Körper. Beide hängen aber erfahrungsgemäß auf engste zusammen. Das berühmte Leib-Seele-Problem kann also beim dualistischen Standpunkt nicht einmal ins Auge gefaßt werden. Wenn es überhaupt je einer Lösung entgegengeführt werden soll, dann ist die Vorbedingung, daß die Innerlichkeit des Organismus, und zwar angefangen vom physikalischen Gesetz bis zum Erleben des Tiers zusammen mit seinem Körper als Bestandteil des Wesens gesehen wird.

Auch das höhere Tier hat einen Mehrbesitz gegenüber dem vegetativen Organismus, weil Erleben mehr ist als Unbewußtheit.

Unser Weg in der Betrachtung des inneren Wesens führt schließlich zum Menschen zurück – zu unserem Ausgangspunkt. Es ist leicht festzustellen, daß der Mensch auch dem Tier gegenüber einen Mehrbesitz an Innerlichkeit besitzt – den Geist. Natürlich ist der menschliche Geist völlig verschieden von dem, was wir als geistiges Element in der Natur, als ihr Innenwesen, schon in der leblosen Materie als Gesetz, erkannt haben. Er ist bis zu einem gewissen Grad frei, vor allem aber individualisiert, als eine jedem Menschen eigene und *in jedem Menschen verschiedene Innerlichkeit*. Der Mensch hat Selbstbewußtsein, er und nur er sagt „ich" zu sich selbst. Er kann sich beobachten und über sich nachdenken. – Dies war die Voraussetzung für den Anfang unserer Betrachtung. Diesem unserem Geist ist es möglich, Einblicke in das Innenwesen der Naturdinge, in ihren geistigen Inhalt zu gewinnen. Dies tun wir, wenn wir echte Naturwissenschaft betreiben.

Wir fanden einen ununterbrochenen Faden, der vom Innenleben des Menschen bis zum physikalischen Gesetz der anorganischen Natur führt. Das heißt natürlich gar nicht, daß das, was wir inneres Wesen genannt haben, auch überall wesensgleich wäre. Im Gegenteil: wir wurden durch aufsteigende Schichten des Seins geführt, die kategoriell verschieden sind. Empfindungen und Gesetze der Natur sind verschiedene Dinge. Zweierlei folgt aber aus unsern Betrachtungen: Erstens sind die genannten Kategorien inneren Wesens, wo sie zusammen existieren (die Pflanze hat z. B. keine Empfindungen), aufs innigste miteinander verflochten. Zweitens sind sie überall integraler Bestandteil des Naturobjekts. Die Schichten inneren Seins waren schon *Aristoteles* bekannt. Nicht umsonst nennt er die Innerlichkeit der Pflanze auch Psyche, Seele (wir vermeiden sonst diesen Ausdruck an dieser Stelle, da er zu Mißverständnissen führt). Die Zugehörigkeit zum Organismus war ihm selbstverständlich. Es muß uns heute ebenso selbstverständlich werden, daß auch das Naturgesetz der leblosen Materie unlösbarer Teil des Naturobjekts ist.

Wir haben nun einerseits die intimste Verflechtung aller Wesensschichten festgestellt, untereinander, und mit dem, was wir Materie oder Körper nennen. Andererseits aber haben wir auch die kategorielle Verschiedenheit eben dieser Wesensschichten betont. Wie ist das zu verstehen?

Wir begegnen hier wohl dem tiefsten Problem der Naturwissenschaft oder Naturphilosophie, das selbstverständlich weit von einer Lösung in wissenschaftlichem Sinn entfernt ist. Dem westlichen Denken, das schon lange an diese dualistische, besser gesagt, pluralistische Denkform gewohnt ist (wir sprachen ja von mehreren Wesensschichten) fällt es besonders schwer, die Einheitlichkeit in einer Vielfalt grundsätzlich verschiedenen Wesens zu begreifen. Wir sind zu sehr „descartesisiert", um dies leicht begreifen zu können. Obwohl von einer Lösung keine Rede sein kann, dürften einige Andeutungen am Platze sein.

Wir gingen davon aus, daß wir ein Innenleben haben. Wir wissen davon bewußt durch Nachdenken über uns selbst, durch Introspektion. Aber meistens sind wir nicht in einem solchen Zustand des Nachdenkens über uns selbst. In einem mehr kontemplativen und weniger reflektierenden Bewußtseins-Zustand, z. B. wenn wir ganz in einem Erlebnis aufgehen, werden uns die Gegensätze unserer verschiedenen Wesensschichten weit weniger bewußt. Alle Komponenten, die zum Erlebnis beitragen, – das sind sicherlich körperliche und seelische – bilden eine Einheit, während das reflektierende Selbstbewußtsein zurücktritt. *Niels Bohr* sprach in diesem Sinne von komplementären Bewußtseins-Zuständen. Schon bei einer einfachen Sinneswahrnehmung, die für uns doch unbedingt etwas Einheitliches ist, spielt Körperliches und Empfindungsmäßiges zusammen, z. B. die Vibration im Trommelfell, die Vorgänge im Gehörnerv und die Tonempfindung. Wenn ich mich einer Beobachtung etwa einer Landschaft hingebe oder einen bestimmten Gedanken denke, dann kann ich nicht gleichzeitig die Ströme in meinem Gehirn, die etwa auftreten, untersuchen. Eine solche Untersuchung würde sofort mein ganzes Erleben und meine Gedanken ändern und stören. Ich müßte meine Gedanken auch auf das Experiment richten.

Erst unser Nachdenken trennt die Dinge in Nervenvorgang und Empfindung. Das Tier dürfte kaum zu solcher Selbstreflexion, wie wir sie eben vornahmen, fähig sein. Vielmehr dürfte es sich selbst mit Körper und Empfindung als ein Ganzes, als Einheit in der Natur fühlen. Es scheint, daß es erst unsere analysierende, daher *einschränkende*, Beobachtung und unser Nachdenken ist, das die Trennungslinien deutlich werden läßt. Einschränkend ist die analysierende Beobachtung deshalb, weil sie den Blick notwendigerweise auf spezielle Aspekte des Objekts konzentriert. Die Antithese von Körper und Innerlichkeit und ihre verschiedenen Wesensschichten treten erst durch unsere Beobachtung deutlich auseinander, wie wir noch an paar Beispielen sehen können:

Den Körper sehen wir mit den Augen und greifen wir mit den Händen. Eventuell untersuchen wir ihn mit Instrument und Nachdenken, wobei wir vielleicht entdecken, was in den Nerven eines Hundes vor sich geht. Ganz andere Wege gehen wir aber, wenn wir etwas über seinen Charakter erfahren wollen und z. B. seine Treue zu seinem Herren gewahr werden. Hier spielt ein unmittelbares transzendentes Wahrnehmen eine Rolle. – Oder: Wir untersuchen die Chemie des Stoffwechsels in einer Pflanze und finden das Walten chemischer Gesetze in ihr oder wir finden die Formel des Blütenfarbstoffs. Dabei entgeht uns bestimmt die Morphologie des Blatts oder der Blüte; sie interessiert auch nicht in diesem Zusammenhang. Anders, wenn wir uns in die Morphologie vertiefen, um in das Wesen ihres Bauplans einzudringen oder gar ihre künstlerischen Qualitäten in uns aufnehmen. Hierbei konzentrieren wir uns durch unser Anschauen auf Qualitäten, die mehr die lebendige Innerlichkeit der Pflanze betreffen, während uns die Chemie nicht interessiert. Es ist unser analysierendes Beobachten, das die Trennung der Seinsschichten unterstreicht, wenn nicht hervorruft.

Natürlich ist dieses unser trennendes Eingreifen notwendig, da unser Erkennen nicht soweit vorgeschritten ist, daß wir die ganze Fülle der Wirklichkeit auf einmal erfassen können. Was aber not tut, ist, zu wissen, daß es sich dabei um verschiedene Aspekte derselben Wirklichkeit handelt, in denen sich die Welt zeigt, und die aufs engste miteinander verflochten sind. Das innere Wesen eines Naturdings ist nicht ein von uns geschaffenes Gedankengebilde. Das, was wir Äußeres und Inneres genannt haben und die verschiedenen Schichten der Innerlichkeit sind Aspekte derselben *einen Wirklichkeit*, die jedes Naturding ist.

Man kann die geschilderten Verhältnisse kaum kürzer, prägnanter und exakter ausdrücken als durch die drei vor zweieinhalbtausend Jahren formulierten Worte

Heraklits: ἓν διάφερον ἑαυτῷ
oder: Das Eine in sich selbst Unterschiedene.
Das heißt doch: Das Eine, das ist das Ganze, in sich Zusammengehörige, nicht als solches zerteilbare Naturding, das sich aber (je nach unserem Beobachten) in verschiedenen Aspekten zeigt. Als greifbare, sichtbare Materie, als Gesetz seines toten oder lebendigen Verhaltens, als beseeltes, empfindendes Wesen, als freie menschliche Persönlichkeit. Keines aber kann ohne das andere existieren, ohne daß das „Eine“, das Ganze in sich verändert, wenn nicht zerstört, wird. Im *Wesen* dieses Ganzen liegen aber auch die verschiedenen in Erscheinung tretenden Aspekte begründet (in *sich selbst* unterschieden!) Ein Hund ist ein Ganzes. Sein Körper (einschließlich seiner chemischen Konstitution!) ist hundemäßig; ebenso sind seine lebendige Gestalt, sein Geruchsinn, sein Seelenleben, das sich in seiner Treue auswirkt, hundemäßig: Die Einheit, durch ihr eigenes Wesen unterschieden. Keine dieser Komponenten, weder der Körper noch sein Seelenleben, können losgelöst werden, ohne daß der Hund aufhört, eben dieser Hund zu sein.

Natürlich ist keine Rede davon, daß *Heraklit* seine Worte in dem skizzierten Sinn verstanden hat. Das war ja bei damaliger Erkenntnis unmöglich. Aber tiefe Erkenntnisse haben die Eigenschaft, in verschiedener Weise gültig sein zu können. *Heraklit* meinte wohl den Kosmos mit dem „Einen". *Hölderlin* (Hyperion) sah in seinen Worten das Wesen der Schönheit. Für uns drücken die drei Worte in eminent klarer Weise aus, wie wir die Naturdinge sehen müssen: Die grundsätzliche Ganzheit ihres Wesens, die sich in der ebenso grundsätzlichen Verschiedenheit ihrer Seinsschichten unserem Auge darbietet. Beide Gesichtspunkte sind notwendig.

Eine Frage dürfte sich noch stellen. Wir sprachen von verschiedenen Wesensschichten, die in den Naturdingen verflochten sind. Wir werden sie im allgemeinen gewahr durch die Art, wie sie sich durch die Materie manifestieren, z. B. wie Leben einen Organismus gestaltet. Die Frage ist, können diese Wesensschichten auch für sich, ohne materielle Verwirklichung bestehen? Die Frage nach der körperfreien Existenz der menschlichen Individualität (vor der Geburt und nach dem Tode) hat ja die Denker immer beschäftigt. Sehr vieles deutet darauf hin, daß die sichtbaren Gebilde der Natur mit ihrem inneren Wesen die Welt bei weitem nicht erschöpfen. Wir haben von den Platon'schen „Ideen" gesprochen, die etwas *nur*-geistiges sind: die Idee des Guten, des Schönen, die mathematischen Ideen usw., von denen wir sagten, daß menschlicher Geist sie „wahrnehmen" könne. – Die Platon'schen Dialoge sprechen von der Unsterblichkeit der Seele und Jahrtausende religiöser Traditionen legen Zeugnis in gleicher Richtung ab, wenn auch in verschiedenen Varianten. Gibt es also einen Kern des menschlichen Wesens, der nicht unbedingt an unseren Körper gebunden ist[3])? Diese Überzeugung (früher fast ein Wissen zu nennen) ist doch erst seit dem Aufkommen des Materialismus verdrängt und verblaßt. – Ist es überhaupt plausibel anzunehmen, daß die geistigen Elemente, die wir überall in der Natur wirkend gefunden haben, *nur* in dieser, ihrer Wirkung auf die Materie bestehen können? Und sollte der Geist, auch der menschliche, die Lizenz für seine Existenz erst von der Materie empfangen müssen, oder ist nicht vielmehr die Materie das Medium, durch das Leben und Geist sich manifestieren? – Ferner mag in diesem Zusammenhang darauf hingewiesen werden, daß es, wenn auch selten aber unbezweifelbar echt, menschliche Erfahrungen gibt, die nicht so aussehen, als seien sie an den Körper gebunden. Man mag sie mystisch oder übersinnlich oder sonstwie nennen. Der Naturwissenschaftler, der sie gern bezweifeln möchte, sei immerhin daran erinnert, daß unter den Namen, die hier zu nennen sind, auch der eines bedeutenden Mathematikers vorkommt, – *Pascal.* Er hat uns Aufzeichnungen über seine Erfahrungen hinterlassen. Es gibt solche auch heute[4]).

Unsere naturwissenschaftlichen Fragen haben uns in die Metaphysik geführt. Eine scharfe Grenze gibt es nicht. Die Antwort auf die Fragen wird mehr ein Überzeugtsein, als ein Beweis nach naturwissenschaftlichem Muster sein müssen. Unser Blick zeigt uns von der Stelle, die wir erreicht haben, eine ganze Welt des Immateriellen, der Transzendenz, von der wir einige Konturen sogar sehr klar und deutlich sehen[5]). Ihre ganze unerschöpfliche Größe werden wir aber wohl nur nach und nach erahnen können. – Lassen wir es nun mit diesem Blick genug sein.

---

[3]) Wir möchten besonders auf das Buch des Psychiaters B. *Staehelin* „Haben und Sein", Zürich 1969 hinweisen. Auf Grund langjähriger psychotherapeutischer Erfahrung kommt der Verfasser zu dem Schluß, daß in jedem Menschen ein Bewußtsein eines unzerstörbaren Kerns seines Wesens wenigstens dämmerhaft existiert, oder geweckt werden kann.

[4]) Ein Beispiel ist in [3]) beschrieben.

[5]) Vgl. dazu auch: E. *Nickel* „Zugang zur Wirklichkeit", Freiburg/Schweiz, 1963. Sein Standpunkt ist dem unseren ähnlich, trotz vieler Verschiedenheiten im einzelnen.

Schluß

Ob der Leser, der dieses Buch bis hierher gelesen hat, wohl ein mehr oder weniger einheitliches Bild gewonnen hat, in dem er die Natur – vom Stein bis zum Menschen – und die Geschehnisse in ihr sehen und einordnen kann? Nun, es war nicht die Absicht, eine systematische Naturphilosophie, oder gar eine „Weltanschauung" (wer könnte sich anmaßen, eine solche aufzustellen und zu vertreten?) vorzulegen. Aus vielen Gründen nicht. Weltanschauungen haben meistens die Eigenschaft, als Ganzes von kurzer Lebensdauer zu sein. Es gibt große Gedanken, die über Jahrtausende hinweg *wahr* geblieben sind und vielleicht sogar über lange Zeiträume gewirkt haben. Vielleicht ist es uns sogar gelungen, den einen oder andern solcher tiefer alter, und immer wieder neuer, Gedanken zu nennen, in einem heute gültigen Sinn. Aber die Welt ändert sich und der Mensch mit seiner Fähigkeit zu sehen und zu erkennen auch. Was er vor 2500 Jahren erkennen konnte, ist nicht dasselbe, wie das, was ihm heute zugänglich ist. Auch ist es keineswegs ein eindeutiges *Mehr* an Einsicht und Erkennen, das unserer Zeit zugesprochen werden könnte. Und damit muß jede Philosophie und jede Weltsicht beweglich und lebendig bleiben. *Sie muß den Menschen frei machen*, mit eigenen Augen zu sehen und zu denken und ihn nicht in ein „System" zwängen. Philosophische Systeme werden allzuoft zum Ausbeutungsobjekt für Dogmatiker und Fanatiker, die sie sogar manchmal in erstaunlich kurzer Zeit in das Gegenteil von dem verwandeln können, was ihr Schöpfer meinte, und die es fertigbringen, die Menschen für lange Zeit in ihre Orthodoxie zu zwingen.

Doch, eine einheitliche Linie sollte in diesem Buch schon erkennbar sein. Aber diese will – neben einigen unabdinglichen Feststellungen – unseren Sinn in der Naturbetrachtung nach möglichst vielen Seiten hin öffnen und nicht einengen, öffnen vor allem nach Richtungen, die nicht in die heutige materialistische Orthodoxie passen.

Vielleicht wird mancher Leser versucht sein, das Gesagte in einen der existierenden Ismen einzuordnen. Der Positivismus, dieses Produkt extremer Geistentfremdung, das unserer Zeit vorbehalten blieb, wird es wohl kaum sein. Es ist aber sehr gut möglich, daß vieles auch wirklich in diese oder jene Philosophie einzuordnen ist. Wir wollen dieser Frage nicht weiter nachgehen. Nur einen solchen „Ismus" wollen wir noch betrachten. Im Anschluß an einen der hier abgedruckten Vorträge wurde von durchaus kompetenter Seite bemerkt, daß das Gesagte eine deutliche Tendenz zum Pantheismus zeige. Die Idee liegt wohl nahe, weil wir ja das innere Wesen und den geistigen Inhalt der Naturdinge immer wieder hervorhoben. Die Frage soll uns Anlaß sein, um einige Bemerkungen über das schon so oft und leidenschaftlich diskutierte, aber immer zentrale Thema „Naturwissenschaft und Religion" anzuschließen.

Natürlich kommt es darauf an, was man genau unter Pantheismus versteht. Wenn man dabei an die Vorstellung denkt, daß es Naturgeister aller Art gibt, die das Naturgeschehen oder einzelne Teile davon regeln, wie sie in alten Religionen und Mythen auftreten, dann kann keine Rede davon sein, daß unsere Betrachtungen etwa in diese Richtung weisen würden. Die Wirkung des Geistes in den Naturdingen zu sehen, heißt noch lange nicht, Serien von Naturgeistern zu supponieren. Nirgends, außer beim Menschen, hatten wir Anlaß, eine besondere Individualisierung des Geistes anzunehmen. Wir sind die Schritte gegangen, die uns naturwissenschaftliche Betrachtungen indiziert haben und diese lassen allerdings unmißverständlich und eindeutig das Walten des Geistes in der Natur erkennen. Ob es zwischen Gott und Mensch individuelle geistige Wesen gibt, wie sie die christliche Religion als Engel kennt, steht hier, wo wir von naturwissenschaftlichen Zusammenhängen sprechen, nicht zur Diskussion.

In dem obigen Sinne müssen wir also eine pantheistische Interpretation des Vorgebrachten ablehnen. Ebenso bestimmt weisen wir die entgegengesetzte These des „Uhrmacher-Gottes" zurück: Einen Gott, der einmal die Welt als Mechanismus konzipiert und geschaffen hat, welch letzterer seitdem sinnlos abklappert wie ein Uhrwerk (wobei nicht klar ist, ob die Uhr einmal stehen bleiben wird – etwa durch den Wärmetod des Universums?), während der „Uhrmacher" sich diskret zurückgezogen hat. Wir müssen diese These ablehnen, nicht nur wegen ihrer völligen Sinnlosigkeit. Diese ist gefährlich genug, weil sie auch die Sinnlosigkeit des menschlichen Lebens zur Folge hätte, was von einem geistigen Selbstmord kaum zu unterscheiden wäre. Wir müssen die These ablehnen, weil höchstens die leblose Materie ihr entsprechen könnte[1]), weil aber alles Leben, vom Protozoon bis zum Menschen ihr widerspricht. Leben ist kein Uhrwerk, sondern selbst schöpferisch, im Kleinen, d. h. in jedem einzelnen Organismus, wie auch im Großen, in der Evolution der Lebewesen, die ein schöpferischer Aufbau in grandiosem Maßstab ist.

Wenn wir an einen Schöpfer denken, dann ist es legitim, den *Abglanz schöpferischen Geistes in der Schöpfung selbst* zu erkennen. Es steht uns deshalb auch frei, das geistige Element, das wir in den Naturdingen erkennen und ahnen, das unseren eigenen Geist um Größenordnungen transzendiert, göttlich zu nennen, wie es *Goethe, Hölderlin* und viele andere getan haben. Wir müssen uns aber hüten, hierin so etwas wie einen „Gottesbeweis" zu sehen, ganz abgesehen davon, daß wir hier nur von dem einen Aspekt des Göttlichen sprechen – dem Schöpfer der Natur. Geist *ist* noch nicht Gott; er dürfte geschaffen sein. Von der Schöpfung aus gesehen erkennen wir die ganze Welt der Transzendenz, das was wir ihren geistigen Inhalt genannt haben. Von dieser Warte aus kann man den Schöpfer wohl vermuten – aber nicht beweisen. Das Höhere kann nicht aus etwas Niederem abgeleitet oder bewiesen werden. Es wäre ein Analogieschluß, aus der Sphäre des Menschlichen entnommen, wie wir etwa von einem Kunstwerk auf den Künstler schließen. Aber da setzen wir menschliche Verhältnisse voraus. Wir können den menschlichen Künstler erschließen, weil wir selbst Menschen sind. Wie weit wir diesen Analogieschluß auf den Schöpfer aufnehmen wollen und in uns wirken lassen, wird Sache jedes einzelnen Menschen bleiben müssen. Es mag z. B. von seiner Bereitschaft zur Verehrung abhängen. Aber damit verlassen wir den Boden wissenschaftlicher Argumente. – Den Ausdruck Pantheismus für Geist schlechthin zu verwenden, halten wir nicht für berechtigt.

Ganz unmöglich ist der umgekehrte Schluß: Aus der Naturwissenschaft den Atheismus begründen zu wollen. Selbst wenn wir die absurde, und als falsch erwiesene These vertreten wollten, daß die Welt ein nach deterministischen Gesetzen ablaufender Mechanismus ist, so wäre immer noch die Frage nach dem Gesetzgeber offen. Der Schluß, daß es keinen Gesetzgeber gegeben habe oder geben könne, entbehrt jeder Logik.

Pascal[2]) schrieb (dem Sinne nach) in seinen Pensées: Wir sähen in der Natur zu viel, um Gott leugnen zu können und zu wenig, um Seiner sicher sein zu können. Viel-

---

[1]) Auch dies ist in Wirklichkeit schon innerhalb der Physik – durch die Quantenmechanik – widerlegt. Vgl. Kapitel 3 meines Buches M. u. N. E, auch 4. Der Pfeil der Zeit, Abschnitt 5.
[2]) Fragment 229, Ausgabe nach *León Brunschwicg.* Wörtlich: „ . . . Da ich zuviel sehe, um zu leugnen, und zu wenig, um gewiß zu sein, bin ich beklagenswert, . . . " In Fragment 556 heißt es: „Alles Wahrnehmbare zeigt weder völlige Abwesenheit noch eine offenbare Gegenwärtigkeit des Göttlichen, wohl aber die Gegenwart eines Gottes, der sich verbirgt. Alles trägt dieses Merkzeichen." – Dies dürfte die gültigste Formulierung sein.

leicht wird mancher Leser finden (und der Autor würde mit ihm übereinstimmen), daß
wir heute schon wesentlich mehr von der Großartigkeit der Natur, der gedanklichen
Tiefe ihrer Gesetze, wie auch von ihrem schöpferischen Wesen, das bis zu höchstem
Künstlertum reicht, erkennen und sehen (und noch viel mehr ahnen) können, wenn wir
offene Augen haben, als es zu *Pascals* Zeiten möglich war. Das würde das Gewicht schon
mehr auf den ersten Teil von *Pascals* Ausspruch legen. An dem Grundsätzlichen seiner
Worte ändert das aber nichts.

Naturwissenschaft läßt den Raum für das Göttliche ganz offen, beweist es
aber nicht. Das dürfte auf einer ganz anderen Ebene liegen, die mit Wissenschaft nichts
zu tun hat. Dagegen deutet sie unzweideutig auf ein Geistiges hin, das die Welt durchdringt, das uns transzendiert, und dessen Spiegelung wir in der sichtbaren Welt erkennen
können.

Wenn wir uns in diesem Sinne vor Mißinterpretationen und einer zu starken
Gewichtsverlagerung nach der einen oder anderen Seite hüten, dann mögen wir uns auch
an die bekannten Goetheverse erinnern:

> Was wär ein Gott, der nur von außen stieße,
> Im Kreis das All am Finger laufen ließe!
> Ihm ziemt's, die Welt im Innern zu bewegen,
> Natur in Sich, Sich in Natur zu hegen,
> So daß, was in Ihm lebt und webt und ist,
> Nie seine Kraft, nie seinen Geist vermißt.

Naturwissenschaft und rationales Denken beweisen das Göttliche nicht.
Wer aber um den Reichtum, die Schöpferkraft und die Tiefe der Natur weiß, und um das
was sie uns noch nicht enthüllt hat, wird sich kaum der Plattheit und Hybris eines Atheismus hingeben können. Er wird mindestens eine Gabe entgegennehmen dürfen –
Ehrfurcht.

Namen- und Sachwortverzeichnis

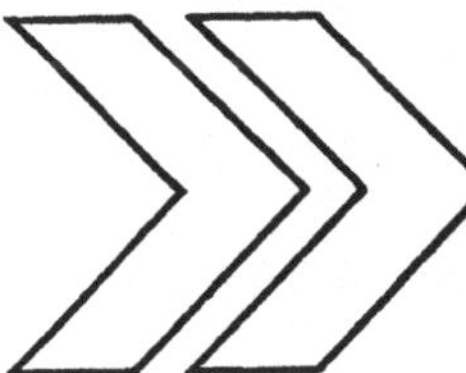

Der Mensch und die naturwissenschaftliche Erkenntnis

Von Prof. Dr. Walter Heinrich Heitler. STUDIEN-AUSGABEN — Die Wissenschaft, Band 116, herausgegeben von W. H. Westphal und H. Rotta. Braunschweig: Vieweg, 4., überarbeitete und erweiterte Auflage, 1966. DIN A 5. VII, 96 Seiten mit 6 Abb. Paperback DM 9,80 (Best.-Nr. 6047)

Inhalt: Newton contra Kepler — Goethe contra Newton — Das Atom — Die Wissenschaft vom Lebendigen — Der Kosmos — Schlußbetrachtung.

Urteil der Presse:

„Heitlers Buch, dessen erste Auflagen schon einen außergewöhnlichen Widerhall und eine englische, dänische, norwegische und japanische Ausgabe fanden, liegt jetzt in einer vierten, umgearbeiteten und erweiterten Auflage vor, deren Gewicht fast dem einer Neuerscheinung gleichkommt. Die schon in den ersten Auflagen eindrucksvolle geistige und pädagogische Klarheit und Darstellungskraft kommt hier, für das zentrale Problem unserer Zeit, zu einer geradezu klassischen Form, die nun auch die Frage der „Ethik der Naturwissenschaft" als neuen Abschnitt miteinbezieht. Die weite und tiefe Wirkung der ersten Auflagen wird dieser schmale Band nur vertiefen und steigern können."

Universitas, Stuttgart

» ## Die Erkenntnis des Lebendigen

Von Prof. Dr. Hans Sachsse. Braunschweig: Vieweg, 1968. DIN C 5.
VII, 289 Seiten mit 35 Abb. und 22 Tabellen. Kartoniert DM 24,80
(Best.-Nr. 8267)

Inhalt: Die Frage nach dem Wesen des Lebendigen — A. Durchfluß-
Gleichgewichte — Was ist Kybernetik? — Die Nachricht als Meßgröße
— Geregelte Systeme — Die Steuerung und das Programm —
Was heißt Lernen? — Die antagonistische Steuerung physiologischer
Gleichgewichte — Gewinn und Grenzen der Anwendung der
Kybernetik in der Biologie — B. Bemerkungen zur kausalen und finalen
Betrachtungsweise — Die Seele als Träger des Lebens — Die Natur-
philosophie des dialektischen Materialismus — Wachstum und
Vererbung informationstheoretisch gesehen — Die Richtung der Natur-
prozesse und der Begriff der Zeit — Die Evolution — Bemerkungen
zum Bewußtsein — Der Mensch in der Natur und der Mensch der Natur
gegenüber — Die Welt an sich und die Welt für uns — Begriffs-
erläuterungen.

» ## Naturerkenntnis und Wirklichkeit

Von Prof. Dr. Hans Sachsse. Braunschweig: Vieweg, 1967. DIN C 5.
IV, 232 Seiten mit 7 Abb. Kartoniert DM 19,80
(Best.-Nr. 8266)

Inhalt: Naturphilosophie als kritische Wissenschaft — A. Die Grundlagen der naturwissenschaftlichen Erkenntnis — Das Ziel der
Erkenntnis: Einsicht oder Voraussicht? — Wege der Begriffs- und
Theorienbildung — Was sagt das Experiment? Die Prüfung
naturwissenschaftlicher Theorien. — B. Begriffe und Theorien des
20. Jahrhunderts — Raum und Zeit. Probleme der Metrik — Was
ist das Beharrende? — Naturgesetzlichkeit — Kontinuum und Diskretion
— Wahrscheinlichkeit — C. Die naturwissenschaftliche Erkenntnis
und die Wirklichkeit — Ist unsere Naturerfahrung eindeutig? — Die
Naturwissenschaft zur Frage nach der Wirklichkeit der Welt —
Wissenschaftliche und existentielle Wirklichkeit.

» # vieweg

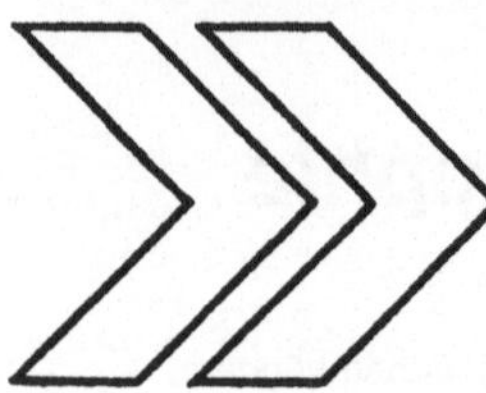

Linguistische Berichte
Forschung · Information · Diskussion

Eine neue Zeitschrift   Warum?

Die Linguistik moderner Prägung gewinnt zunehmend an
Einfluß und greift auch auf andere Fachgebiete über. Eine
schnelle Verständigung der Forschungszentren untereinander
sowie zwischen Universität und Schule ist unbedingt notwendig. Es ist das Ziel der „Linguistischen Berichte", den bisher
nur spärlichen Informationsfluß endlich in Gang zu bringen.
Unabhängig von Titel und Amtswürden berichten Studenten,
Lehrer, Assistenten und Professoren über sämtliche Bereiche
der Linguistik und ihre Anwendung.

Abonnementspreise: 1 Jahr (6 Hefte)   40,80 DM
                   2 Jahre (12 Hefte)   72,00 DM
                   Einzelheft   8,00 DM

Bisher erschienen Hefte 1—6. Bestellen Sie die Ihnen noch
fehlenden Hefte rechtzeitig. Sie könnten allzu schnell ver-
griffen sein! Ein Probeheft liegt für Sie bereit.